“十二五”职业教育国家规划教材
经全国职业教育教材审定委员会审定·修订版
高等职业教育新形态系列教材

机械加工工艺编制

活页式教材

主　编　郭　鹏　李新华
副主编　王少妮　吕震宇　崔剑平
参　编　张守忠　赵国霞　刘　娟
主　审　王守志

北京理工大学出版社
BEIJING INSTITUTE OF TECHNOLOGY PRESS

内容简介

本书突出高等职业教育机械制造类专业岗位能力的培养，按照工学结合、任务导向教学模式编写；遵循专业认知规律，综合了金属切削原理、机械加工方法、刀具、机械制造工艺、夹具等专业知识；打破常规知识点排列顺序，融入每一个任务；注重现场实际及知识运用，培养高职学生工艺设计、应用能力。本书任务编写翔实、严谨且具有代表性，可作为机械加工专业教材，也可以作为从事机械制造类工作的中级工、高级工、技师、高级技师的培训教材。

图书在版编目（CIP）数据

机械加工工艺编制 / 郭鹏，李新华主编 . -- 北京：北京理工大学出版社，2021.9

ISBN 978-7-5763-0352-0

Ⅰ . ①机… Ⅱ . ①郭… ②李… Ⅲ . ①机械加工 - 工艺学 - 高等学校 - 教材 Ⅳ . ① TG506

中国版本图书馆 CIP 数据核字 (2021) 第 190218 号

出版发行 / 北京理工大学出版社有限责任公司
社　　址 / 北京市海淀区中关村南大街 5 号
邮　　编 / 100081
电　　话 / （010）68914775（总编室）
　　　　　（010）82562903（教材售后服务热线）
　　　　　（010）68944723（其他图书服务热线）
网　　址 / http: //www. bitpress. com. cn
经　　销 / 全国各地新华书店
印　　刷 / 河北盛世彩捷印刷有限公司
开　　本 / 787 毫米 ×1092 毫米　1/16
印　　张 / 18
字　　数 / 368 千字
版　　次 / 2021 年 9 月第 1 版　2021 年 9 月第 1 次印刷
定　　价 / 55.00 元

责任编辑 / 孟雯雯
文案编辑 / 多海鹏
责任校对 / 周瑞红
责任印制 / 李志强

前　言

为满足高素质技术技能人才培养目标的要求，本教材立足职业岗位需求，以国家职业标准为依据，以综合职业能力培养为目标，以典型工作任务为载体，以学生为中心，以能力培养为本位组织教材内容。

本教材以“机械加工工艺规程编制”为主线，有机融合“传统机械制造工艺学”“金属切削原理与刀具”“机床夹具”等课程的相关内容，以学习任务为载体，通过任务驱动等多种“情境化”的表现形式，突出过程性内容，引导学生学习相关知识，获得经验、诀窍、实用技术、操作规范等与岗位能力直接相关的知识和技能，使其知道在实际岗位工作中“如何做”“如何做得更好”，易于学生掌握，为学生今后的工作奠定良好的基础。

本教材基于工作过程系统化原则和任务教学法，安排了“机械加工工艺认知与企业见习”“轴类零件加工工艺编制”“齿轮类零件加工工艺编制”“箱体类零件加工工艺编制”“减速器装配工艺编制”等5个任务。每个任务均采用“任务驱动”的模式分步骤组织内容，便于实施“项目导向，学做一体”式教学。每个任务下设“任务目标”“任务描述”“程序与方法”“重点难点”“任务实施”“巩固与拓展”等模块。“程序与方法”模块引导学生按照典型零件工艺编制过程进行学习，融入知识、技能和综合素质的培养。“巩固与拓展”模块以拓展任务、典型案例、拓展知识的形式，巩固、深化所学知识，将知识转化为能力引导。“任务实施”模块设置任务单，在教师的引领下调动多种手段，按照知识与技能学习规律和步骤，通过学习任务单的设计，引领学生自主完成具体的学习性任务，让学生在完成学习任务与拓展任务的过程中建构相应的知识体系。

教材还配套开发了视频、动画等资源，扫码即可观看，帮助学生理解教材中的重点及难点。出版社资源库平台提供了教学资源包，内含电子教案、课程标准、电子课件等内容。纸质教材及配套资源能满足学生自主学习和教师开展线上线下混合式教学的需要。

本教材主要有以下特点和创新点：

——基于机械加工工艺编制过程，系统化、规范化地构建课程内容。设置学习项目和工作任务，每个项目承担不同的培养目标，相对独立，又相互关联，可供不同需求的学校、学生或技术人员有选择地学习。

——基于工作过程导向，凸显职教特色。教材在内容编排上基于企业真实场景和典型工作过程，展现行业新业态、新水平、新技术，同时融入职业素质教育、职业安全教育的内容，以此提高学生的职业素质与职业道德。

——工单式、活页式设计，实现学生有效学习。教材设计凸显以学生为主体，以一系列任务为单位，以任务的“工作活页”属性促进学生有目的学习，学生在任务引导和实施过程中获取资料、分析问题、解决问题，从而获取关键知识和职业能力。

——以可视化内容设计，减少学习难度，并通过图片、逻辑图和资源库中的视频资料等，将复杂问题简单化、形象化，以提高学生的学习积极性和学习效果。

——将学习方法有机融入课程内容，强化学习方法与学习能力的培养，配合行动导向教学方法，通过教、学、做之间的引导和互动，使学生在学习过程中实现学中做、做中学。

本书由山东职业学院郭鹏、李新华担任主编并负责统稿。本书的具体编写分工如下：山东职业学院郭鹏编写任务一，李新华、吕震宇编写任务二，王少妮编写任务三，崔剑平、张守忠编写任务四，赵国霞、刘娟编写任务五。全书由天津中德应用技术大学王守志教授主审。在本书的编写过程中山东法因数控机械设备有限公司技术部部长陈明忠、济南创程机电设备有限公司总经理赵敬伟等提出了宝贵意见和建议，在此表示衷心的感谢。

由于编者水平有限，本书难免存在错误和不足之处，在此恳请广大读者批评指正。

编　者

目　录

学习笔记

任务一　机械加工工艺认知与企业见习

课程思政案例 1-1

课程思政案例 1-2

任务目标

通过本单元的学习，学生达到以下目标：

□ 熟悉常用防护用品及其注意事项；

□ 了解企业的一般管理规定及机械加工工艺规程的制定步骤；

□ 了解产品的一般生产过程；

□ 熟悉机械加工工艺规程概念，了解其制定步骤及制定原则；

□ 了解总结报告要求及其一般格式。

任务描述

● 任务内容

通过企业见习，了解企业生产过程、生产纲领、工序、工步及安全生产等基本知识，掌握常用机械加工工艺文件，了解常用机床设备种类、加工范围及企业要求等。

● 实施条件

（1）生产车间或校内外实训基地，供学生参观见习。

（2）工作服、安全帽、防护眼镜等劳保用品若干套，供学生参观见习时穿戴。

程序与方法

步骤一　见习准备

相关知识

机床旋转速度快、力矩大，存在较多不安全因素，为防止衣服、发辫被卷进机器及手被旋转的刀具刮伤，企业见习时要穿戴劳保用品，遵守劳动纪律。常见的劳保用品有安全帽、工作服、防护眼镜（见图 1-1）等。

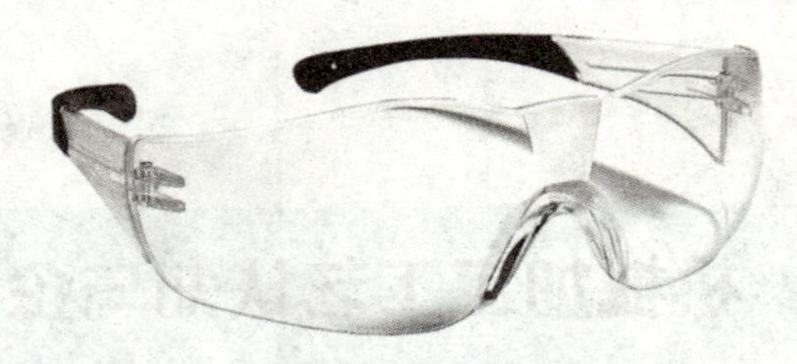

图 1-1　防护眼镜

一、眼睛的防护

眼睛是心灵的窗户，佩戴安全眼镜能防止机械作业中的金属及其颗粒物冲击对眼睛造成的伤害。选择适当的防护眼镜是保护好眼睛的基础，其眼镜片和眼镜架应结构坚固、抗打击；框架周围装有遮边，其上应有通风孔；防护镜片可选用钢化玻璃、胶质黏合玻璃或铜丝网防护镜。

二、头部的防护

头部是人体最脆弱的部位，尤其是在工作中，头部保护显得尤为重要。安全帽主要用于防止女工或留长发的工人的发辫卷进机器受伤。穿戴时，发辫要盘在工作帽内，不准露出帽外。如图 1–2 所示。

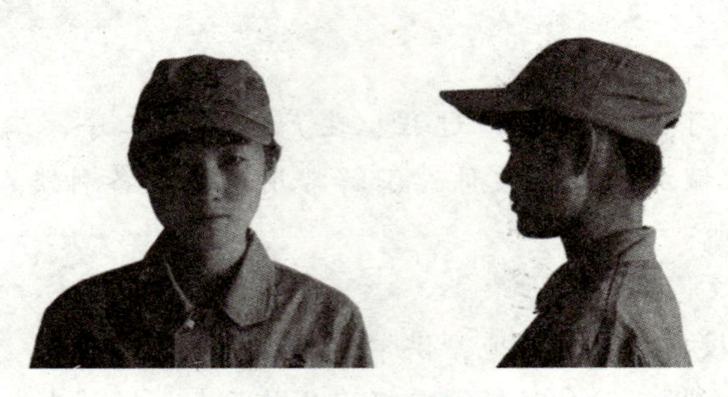

图 1–2　安全帽

三、身体的防护

身体是人体接触外界的主要部分，机械加工中经常遭受机械外伤、热辐射烧伤等伤害。进入机械加工区域应穿戴工作服，且坚持“三紧”原则，即袖口紧、领口紧、下摆紧，如图 1–3 所示。

图 1–3　工作服

四、安全用电

自觉提高安全用电意识和觉悟，坚持“安全第一，预防为主”的思想，确保生命和财产安全，从内心真正地重视安全，促进安全生产。

（1）要熟悉企业生产现场主空气断路器（又称总闸）的位置，

一旦发生火灾触电或其他电气事故，应第一时间切断电源，避免造成更大的财产损失和人身伤亡事故。

学习笔记

（2）不能私拉私接电线、不能在电线或其他电器设备上悬挂衣物和杂物、不能私自加装使用大功率或不符合国家安全标准的电器设备，如有需要，应向有关部门提出申请审批，由电工人员进行安装。

（3）不能私拆卸灯具、开关、插座等电器设备，不要使用灯具烘烤衣物或挪作其他用途，当设备内部出现冒烟、拉弧、焦味等不正常现象时，应立即切断设备的电源，并通知电工人员进行检修，避免扩大故障范围和发生触电事故；当漏电保护器（俗称漏电开关）出现跳闸现象时，不能私自重新合闸。

（4）在浴室或湿度较大的地方使用电器设备（如电吹风）应确保室内通风良好，避免因电器的绝缘变差而发生触电事故。

（5）确保电器设备良好散热，不能在其周围堆放易燃易爆物品及杂物，防止因散热不良而损坏设备或引起火灾。

（6）珍惜电力资源，养成安全用电和节约用电的良好习惯，当需长时间离开或不使用时，要在确定切断电源（特别是电热器具）的情况下才能离开。

（7）带有机械传动的电器设备必须装护盖、防护罩或防护栅栏进行保护才能使用，不能使手或身体进入运行中的设备机械传动位置，对设备进行清洁时须确保切断电源、机械停止工作并确保安全，以防止发生人身伤亡事故。

（8）不要攀爬高压杆塔，不要在高压线路附近放风筝或进行其他活动。

（9）未经有关部门的许可，不能擅自进入配电室或电气施工现场。

想一想：若一位同学在企业见习时不小心触电，你应如何做？

做一做

（1）根据自身情况，准备必需的劳保用品，并练习工作服或安全帽等劳保用品的穿戴。

（2）企业见习时，为什么需要准备劳保用品？一般需要穿戴哪些劳保用品？

应知应会

劳动纪律

劳动纪律又称职业纪律，指劳动者在劳动过程中所应遵守的劳动规则和劳动秩序，是用人单位制定的规范，用于约束劳动者的劳动及相关行为。劳动纪律的目的是保证生产、工作的正常运行；劳动纪律的本质是全体员工共同遵守的规则；劳动纪律的作用是实施于集体生产、工作、生活的过程之中。

劳动纪律的范畴大致包括以下内容：

①严格履行劳动合同及违约应承担的责任（履约纪律）。

②按规定的时间、地点到达工作岗位，按要求请休事假、病假、年休假和探亲假等（考勤纪律）。

③根据生产、工作岗位职责及规则，按质、按量完成工作任务（生产、工作纪律）。

④严格遵守技术操作规程和安全卫生规程（安全卫生纪律）。

⑤节约原材料、爱护用人单位的财产和物品（日常工作生活纪律）。

⑥保守用人单位的商业秘密和技术秘密（保密纪律）。

⑦遵纪奖励与违纪惩罚规则（奖惩制度）。

⑧与劳动、工作紧密相关的规章制度及其他规则（其他纪律）。

（3）阅读下面的安全实习规则，与同学讨论回答下列问题？

应知应会 

安全实习规则

①学生进厂必须接受安全教育，合格后方可进入车间。

②不准在工作场所追逐、打闹或大声喧哗，更不准随便进入其他实习场所。

③严格遵守本岗位的操作规程，确保人身及设备的安全。

④未经同意不准动用或启动非自己所用的设备，不准乱动电闸。

⑤下班离岗时应切断电源，对电烙铁等带高温的工具要做适当处理，方可离去。

⑥未经同意，不得私自动用易燃易腐的物品，发现火情应及时报告。

⑦实习人员要培养良好的工作作风，使用的工具、材料应放置整齐，工作场所要整洁，做到文明实习、文明生产。

①为什么学生进厂必须接受安全教育？

____

____

②为什么下班离岗时应切断电源？是否任何岗位下班时都应切断电源？

____

____

应知应会

学习笔记

触电防护与处理

触电防护是为防止电流的能量作用于人体造成突发性伤害所采取的电气安全措施。触电防护最初是把危险源隔离起来，即把裸露的带电部分绝缘。随着生产的发展，防止触电的措施相继出现，并日趋成熟。保护接地、保护接零、重复接地、高压窜入低压防护等都是防止触电的有效措施，而触电急救则是触电后的紧急救护措施。

触电急救是对触电者采取的紧急救护措施，常见的触电急救有以下几方面。

①使触电者尽快脱离电源。

断开近处的电源开关或拔去电源插头，使触电者脱离电源。如果事故地点离电源开关太远，可以干燥的木棒等绝缘物为工具，拉开触电者或挑开电线，使之脱离电源。如触电者因抽筋而紧握电线，可用干燥的木柄斧等工具切断电线或将干木板等绝缘物插入触电者身下，以隔断电流。如事故发生在高压设备上，应立即通知有关部门停电或戴绝缘手套、穿绝缘鞋，用相应等级的绝缘工具拉开开关或切断电线，或用抛掷裸体金属软线的办法（先将软线的一端可靠接地，然后抛另一端）使线路短路接地，迫使保护装置动作，切断电源。

②现场急救。

触电者脱离电源后，根据触电者的具体情况进行现场紧急救护，并速请医生诊治或送医院。如触电者未失去知觉，则应保持安静；如触电者失去知觉，但心脏跳动和呼吸还存在，应使触电者舒适、安静平卧，保持周围空气流通，摩擦全身，使之发热；如触电者呼吸或心跳停止，应立即进行人工呼吸或胸外挤压。人工呼吸是在触电者停止呼吸后应用的急救方法，先使触电者仰卧，头部尽量后仰，鼻口朝天，下腭尖部与胸部大体保持在一条水平线上，然后使触电者鼻孔或口紧闭，救护人深吸一口气后紧靠触电者的口（或鼻）向内吹气，为时约 2 s；吹气完毕，立即离开触电者的口（或鼻），并松开触电者的鼻孔（或嘴唇），让其自行呼吸，为时约 3 s。

胸外心脏挤压法是触电者心脏跳动停止后的急救方法，先使触电者仰卧在比较坚实的地方，姿势与口对口人工呼吸法相同；然后，救护人跪在触电者一侧或骑跪在触电者腰部两侧，两手相叠，手掌根部放在心窝上，掌根用力垂直向挤压（压出心脏里面的血液），挤压后，掌根迅速全部放松，让触电者胸部自动复原（血液充满心脏）。

学习笔记

步骤二　企业见习

相关知识

一、生产过程

生产过程是将原材料转变为成品所需的劳动过程的总和，包括生产技术准备过程、生产工艺过程、辅助生产过程和生产服务过程等四部分，如图 1–4 所示。

将原材料转化为成品的全过程

图 1–4　生产过程

1. 生产技术准备过程

生产技术准备过程包括产品投产前的市场调查分析、产品研制和技术鉴定等。

2. 生产工艺过程

在生产过程中，凡是改变生产对象形状、尺寸、相对位置和性质，使其成为成品或半成品的过程均称为工艺过程，包括毛坯制造，零件加工，部件和产品装配、调试、油漆和包装等。

工艺就是制造产品的方法。采用机械加工的方法，直接改变毛坯的形状、尺寸和表面质量等，使其成为零件的过程称为机械加工工艺过程。

3. 辅助生产过程

辅助生产过程是为使基本生产过程能正常进行，所必经的辅助劳动过程的总和，包括工艺装备的设计制造、能源供应、设备维修等。

4. 生产服务过程

生产服务过程是为保证生产活动顺利进行而提供的各种服务性工作，包括原材料采购、运输、保管、供应及产品包装、销售等。

为了便于组织生产，现代机械工业的发展趋势是组织专业化生产，即一种产品的生产是分散在若干个专业化工厂进行的，最后集中由一个工厂制成完整的机械产品。如制造机床时，机床上的轴承、电机、电器、液压元件甚至其他许多零部件都是由专业厂生产的，最后由机床厂完成关键零部件和配套件的生产，并装配成完整的机床。专业化生产有利于零部件的标准化、通用化和产品的系列化，从而在保证质量的前提下提高劳动生产率、降低成本。

学习笔记

二、机械加工工艺过程

机械加工工艺过程是由一个或若干个顺序排列的工序组成的，而工序又包括安装、工位、工步和走刀，如图 1–5 所示。

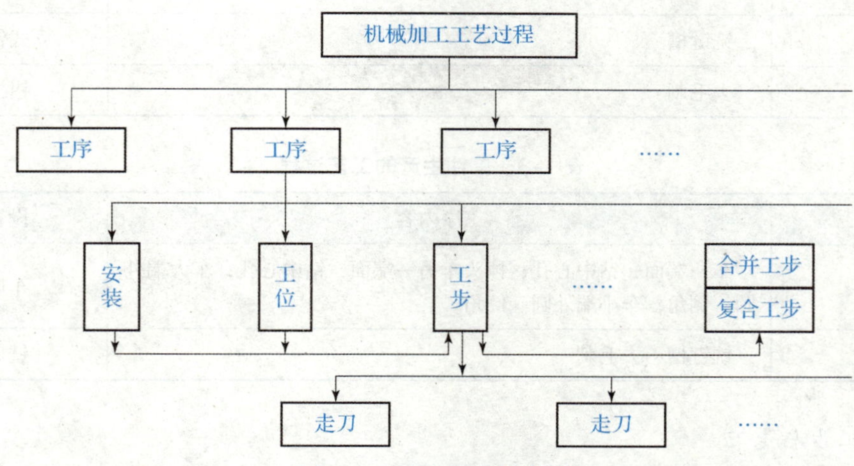

图 1–5　机械加工工艺过程

1. 工序

一个或一组工人，在一个工作地对同一个或同时对几个工件所连续完成的那一部分工艺过程，称为工序。

区分工序的主要依据是设备（或工作地）是否变动和完成的那一部分工艺内容是否连续。零件加工的设备变动后，即构成了另一新工序。

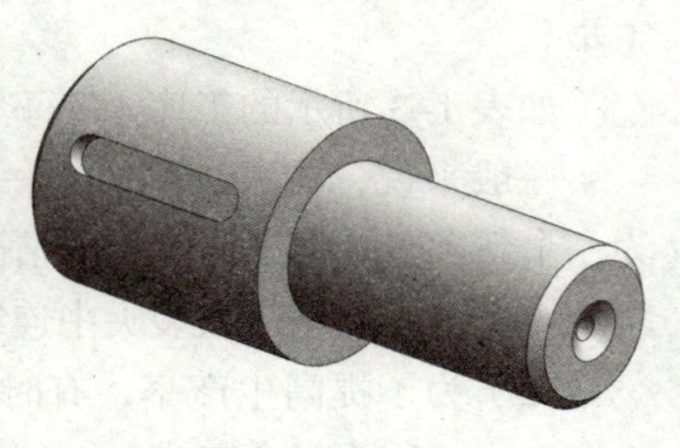

图 1-6　阶梯轴

如图 1–6 所示的阶梯轴，根据加工是否连续和机床的变换情况，小批量生产时，可划分为表 1–1 所示的三道工序；大批量生产时，则可划分为表 1–2 所示的五道工序；单件生产时，则可划分为表 1–3 所示的两道工序。

小批量阶梯轴加工

表 1–1　小批量生产的工艺过程

工序号	工序内容	设备
1	车一端面，钻中心孔；掉头车另一端面，钻中心孔	车床
2	车大端外圆及倒角，车小端外圆及倒角	车床
3	铣键槽，去毛刺	铣床

学习笔记

表 1-2　大批量生产的工艺过程

工序号	工序内容	设备
1	铣端面，钻中心孔	中心孔机床
2	车大端外圆及倒角	车床
3	车小端外圆及倒角	铣床
4	铣键槽	立式铣床
5	去毛刺	钳工

表 1-3　单件生产的工艺过程

工序号	工序内容	设备
1	车一端面，钻中心孔；掉头车另一端面，钻中心孔；车大端外圆、倒角；车小端外圆、倒角	车床
2	铣键槽，去毛刺	铣床

2. 工步与走刀

在加工表面（或装配时的连接表面）和加工（或装配）工具不变的条件下所连续完成的那部分工艺过程称为工步。一个工序可以包括几个工步，也可以只包括一个工步。

如表 1-3 所示的工序 1，每个安装中都有车端面、钻中心孔两个工步。

一般来说，构成工步的任一要素（加工表面、刀具及加工连续性）改变后，即成为一个新工步。但下面指出的情况应视为一个工步。

（1）对于那些一次装夹中连续进行的若干相同的工步应视为一个工步。

（2）为了提高生产率，有时用几把刀具同时加工一个或几个表面，此时也应视为一个工步，称为复合工步。

在一个工步内，若被加工表面切去的金属层很厚，需分几次切削，则每进行一次切削就是一次走刀。一个工步可以包括一次走刀或几次走刀。

想一想： 如图 1-7 所示零件，在同一工序中，连续钻削 4-ϕ15 mm 的孔，为什么可看作一个工步？

批量零件钻孔

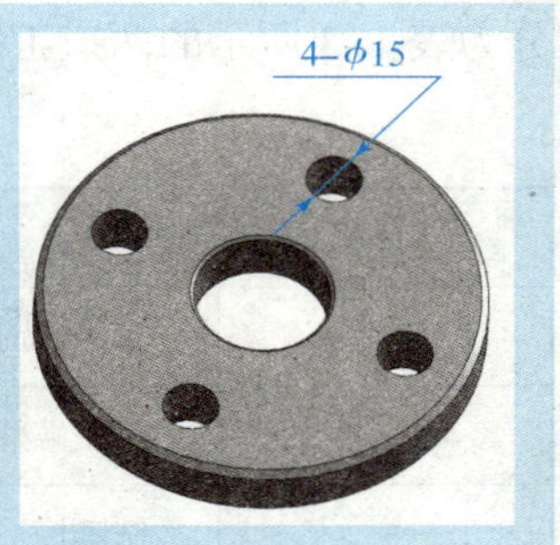

图 1-7　简化相同工步

3. 安装与工位

工件在加工前，在机床或夹具上先占据一正确位置，然后再夹紧的过程称为装夹。工件（或装配单元）经一次装夹后所完成的那一部分工艺内容称为安装。在一道工序中可以有一个或多个安装。

如表 1–3 所示的工序 1 需进行两次装夹：先装夹工件一端，车端面、钻中心孔，称为安装 1；再掉头装夹，车另一端面、钻中心孔，称为安装 2。

为完成一定的工序内容，一次装夹工件后，工件（或装配单元）与夹具或设备的可动部分一起相对刀具或设备固定部分所占据的每一个位置，称为工位。

如表 1–1 所示的工序 1 铣端面和钻中心孔就是两个工位。

提示：

工件在加工中应尽量减少装夹次数，因为多一次装夹就会增加装夹的时间，同时还会增加装夹误差。

因此，生产中常用各种回转工作台、回转夹具或移动夹具，以便在工件的一次装夹后可使其处于不同的位置加工，完成更多的加工内容。

三、机械加工工艺规程

机械加工工艺规程是规定零件机械加工工艺过程和操作方法等内容的工艺文件之一，它是在具体的生产条件下，把较为合理的工艺过程和操作方法，按照规定的形式书写成的工艺文件，经审批后用来指导生产。

常用的工艺文件格式有机械加工工艺过程卡、机械加工工艺卡及机械加工工序卡等 3 种。

1. 机械加工工艺过程卡

机械加工工艺过程卡是以工序为单位，简要说明整个零件加工所经过的工艺路线过程（包括毛坯制造、机械加工和热处理）的一种工艺文件。工艺过程卡中各工序的内容较为简要，一般不能直接指导工人操作，多作为生产管理使用，但在单件小批生产中，由于不编制其他工艺文件，故常以工艺过程卡指导生产，格式如表 1–4 所示。

2. 机械加工工艺卡

机械加工工艺卡是以工序为单位，详细说明整个工艺过程的工艺文件，用来指导工人进行生产、帮助车间管理人员和技术人员掌握整个零件的加工过程，多用于成批生产的零件和小批生产中的重要零件，格式如表 1–5 所示。

3. 机械加工工序卡

机械加工工序卡是在工艺过程卡的基础上，按每道工序内容所编制的一种工艺文件，一般具有工序简图、每道工序详细的加工内容、工艺参数、操作要求及加工设备及工艺设备等，是具体指导工人加工操作的技术文件，多用于大批量生产的零件或成批生产中的重要零件，格式如表 1–6 所示。

表 1–4　机械加工工艺过程卡

	（企业名称）		机械加工工艺过程卡		产品型号		零（部）件图号			
					产品名称		零（部）件名称		共（　）页	第（　）页
	材料牌号		毛坯种类	毛坯外形尺寸		每个毛坯可制件数		每台件数	备注	
	工序号	工序名称	工序内容		车间	工段	设备	工艺装备	工时	
									准终	单件
描图										
描校										
底图号										
装订号							设计（日期）	审核（日期）	标准化（日期）	会签（日期）
	标记	处数	更改文件号	签字	日期	标记	处数	更改文件号	签字	日期

表 1-5　机械加工工艺卡

	（企业名称）		机械加工工艺卡		产品型号			零（部）件图号							
					产品名称			零（部）件名称				共（　）页		第（　）页	
	材料牌号			毛坯种类		毛坯外形尺寸		每个毛坯可制件数		每台件数			备注		
					切削用量					工艺设备名称及编号				工时	
	工装	装夹	工序内容	同时加工零件数	背吃刀量/mm	切削速度/（m·min^{-1}）	每分钟转速或反复次数	进给量/（mm·r^{-1}）	设备名称编号	夹具	刀具	量具	技术等级	准终	单件
描图															
描校															
底图号															
装订号											设计（日期）		审核（日期）	标准化（日期）	会签（日期）
	标记	处数	更改文件号	签字	日期	标记	处数	更改文件号	签字	日期					

学习笔记

学习笔记

表 1–6　机械加工工序卡

	（企业名称）	机械加工工序卡	产品型号		零（部）件图号		
			产品名称		零（部）件名称		共（　）页　第（　）页
				车间	工序号	工序名称	材料牌号
				毛坯	毛坯外形尺寸	每个毛坯可制件数	每台件数
描图				设备	设备型号	设备编号	同时加工件数
描校				夹具编号		夹具名称	切削液
底图号				工位器具编号		工位器具名称	工序工时
							准终　单件
装订号							

	工步号	工步内容	工艺装备	主轴转速/（r·min^{-1}）	切削速度/（m·min^{-1}）	进给量/（mm·r^{-1}）	切削深度/mm	进给次数	工步工时 机动	工步工时 辅助
底图号										
装订号										

											设计（日期）	审核（日期）	标准化（日期）	会签（日期）
	标记	处数	更改文件号	签字	日期	标记	处数	更改文件号	签字	日期				

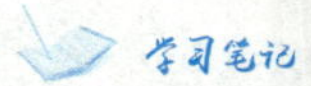

想一想：表 1-1~ 表 1-3 中的“车床”工序内容有没有区别？为什么会这样？

提示：

工艺规程制定的原则是在保证产品质量的前提下，尽量降低产品成本。在制定工艺规程时应注意下列问题：

（1）在保证加工质量的基础上，应使工艺过程有较高的生产效率和较低的生产成本。

（2）应充分考虑和利用现有生产条件，尽可能做到平衡生产。

（3）尽量减轻工人劳动强度，保证安全生产，创造良好、文明的劳动条件。

（4）积极采用先进技术和工艺，力争减少材料和能源消耗，符合环境保护要求。

四、生产纲领及生产类型

企业在计划期内应该生产的产品产量和进度计划称为生产纲领。零件在计划期为一年的生产纲领 N 可按下式计算：

$$N=Q\times n\times(1+a\%)(1+b\%)$$

式中 Q——产品的年生产量（台 / 年）；

n——每台产品中该零件的数量（件/台）；

$a\%$——备品的百分数；

$b\%$——废品的百分数。

生产类型是企业（或车间、工段、班组、工作地）生产专业化程度的分类，一般分为大量生产、成批生产和单件生产三种类型。生产类型的划分主要取决于生产纲领，即年产量。同一种零件生产类型不同，其加工工艺有很大的不同，如表 1-7 所示。

表 1-7 生产类型

件/台

项目		单件生产	批量生产			大量生产
			小批量生产	中批量生产	大批量生产	
生产类型	重型机械	<5	5 ~ 100	100 ~ 300	300 ~ 1 000	>1 000
	中型机械	<20	20 ~ 200	200 ~ 500	500 ~ 5 000	>5 000
	轻型机械	<100	100 ~ 500	500 ~ 5 000	5 000 ~ 50 000	>50 000
工艺特点	毛坯的制造方法及加工余量	自由锻造，木模手工造型；毛坯精度低，余量大		部分采用模锻，金属模造型；毛坯精度及余量中等	广泛采用模锻、机械制造型等高效方法；毛坯精度高，余量小	

续表

<table>
<tr><th colspan="2" rowspan="2">项目</th><th rowspan="2">单件生产</th><th colspan="3">批量生产</th><th rowspan="2">大量生产</th></tr>
<tr><th>小批量生产</th><th>中批量生产</th><th>大批量生产</th></tr>
<tr><td rowspan="8">工艺特点</td><td>机床设备及机床布置</td><td colspan="2">通用机床按机群式排列；部分采用数控机床及柔性制造单元</td><td>通用机床和部分专用机床及高效自动机床；机床按零件类别分工段排列</td><td colspan="2">广泛采用自动机床、专用机床；采用自动线或专用机床按流水线排列</td></tr>
<tr><td>夹具及尺寸保证</td><td colspan="2">通用夹具，标准夹具或组合夹具；划线试切保证尺寸</td><td>通用夹具，专用或组成夹具；定程法保证尺寸</td><td colspan="2">高效专用夹具；定程及自动测量控制尺寸</td></tr>
<tr><td>刀具、量具</td><td colspan="2">通用刀具，标准量具</td><td>专用或标准刀具、量具</td><td colspan="2">专用刀具、量具，自动测量</td></tr>
<tr><td>零件的互换性</td><td colspan="2">配对制造、互换性低，多采用钳工修配</td><td>多数互换，部分试配或修配</td><td colspan="2">全部互换，高精度偶件采用分组装配、配磨</td></tr>
<tr><td>工艺文件的要求</td><td colspan="2">编制简单的工艺过程卡片</td><td>编制详细的工艺过程卡片及关键工序的工序卡片</td><td colspan="2">编制详细的工艺过程、工序卡片及调整卡片</td></tr>
<tr><td>生产率</td><td colspan="2">常用传统的加工方法，生产率低；用数控机床可提高生产率</td><td>中等</td><td colspan="2">高</td></tr>
<tr><td>成本</td><td colspan="2">较高</td><td>中等</td><td colspan="2">低</td></tr>
<tr><td>对工人的技术要求</td><td colspan="2">需要技术熟练的工人</td><td>需要一定熟练程度的技术工人</td><td colspan="2">对操作工人的技术要求较低，对调整工人的技术要求较高</td></tr>
</table>

想一想： 为什么同一种零件，它的生产类型不同，其加工工艺有很大的不同？

五、机械加工工艺制定步骤

机械加工工艺规程的制定一般由 8 个步骤组成，如图 1-8 所示。

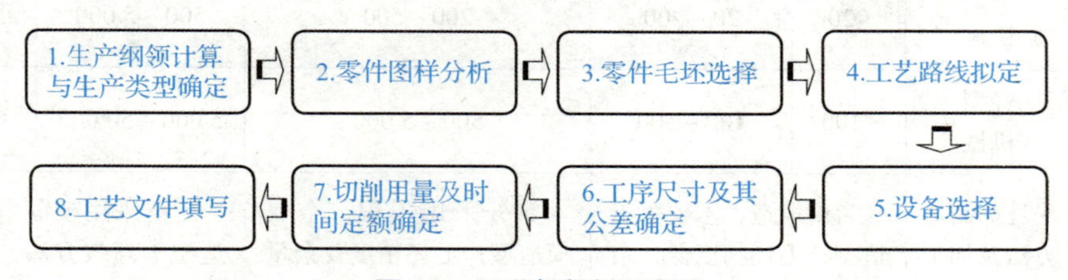

图 1-8　工艺规程制订步骤

1. 零件图样分析

（1）整体分析，熟悉产品的用途、性能及工作条件，明确零件在产品中的位置、作用及相关零件的位置关系。

（2）技术要求分析，主要了解各加工表面的精度要求、热处理要求，找出主要表面并分析它与次要表面的位置关系，明确加工的难点及保证零件加工质量的关键，以便在加工时重点加以关注，如图 1–9 所示。

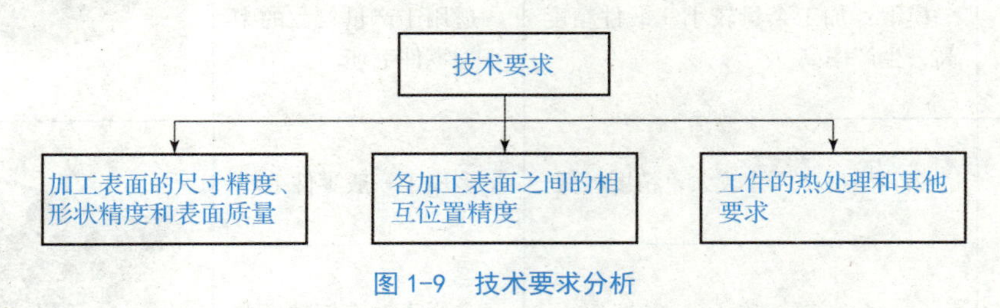

图 1–9 技术要求分析

（3）审查零件的结构工艺性是否合理，分析零件材料的选取是否合理，如图 1–10 所示。零件图样上的技术要求，既要满足设计要求，又要便于加工，而且齐全、合理。

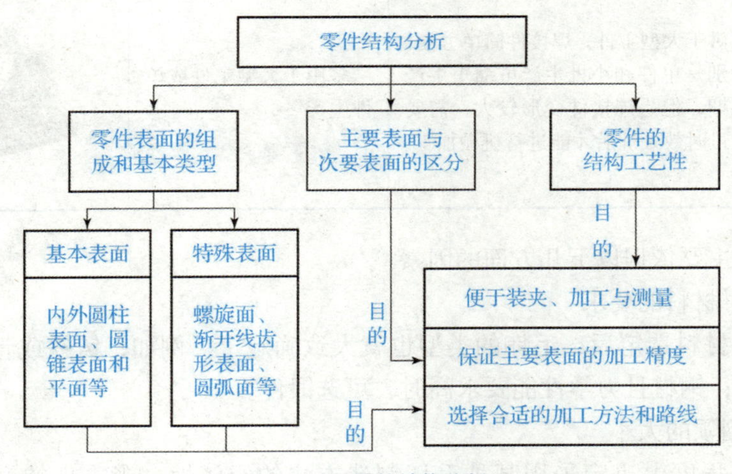

图 1–10 零件结构分析

2. 零件毛坯选择

机械加工中常见的零件毛坯类型有铸件、锻件、型材及型材焊接件四种，见表 1–8。

表 1–8 常见毛坯类型

毛坯类型	特点	应用	图例
铸件	由砂型铸造、金属模铸造、压力铸造、离心铸造、精密铸造等方法获得	常用作形状比较复杂的零件毛坯	

学习笔记

续表

毛坯类型	特点	应用	图例
锻件	自由锻：加工余量大，锻件精度低，生产率不高	适用于单件和小批生产以及大型零件毛坯	
	模锻：加工余量较小，锻件精度高，生产率高	适用于产量较大的中小型零件毛坯	
型材	热轧型材：尺寸较大，精度较低	多用于一般零件毛坯	
	冷拉型材：尺寸较小，精度较高	多用于对毛坯精度要求较高的中小型零件	
型材焊接件	对于大型工件，焊接件简单方便，特别是单件和小批生产可缩短生产周期，但是焊接件变形较大，需要经过时效处理后才能进行机械加工	多用于大型工件或单件生产	

选择毛坯主要依据以下几方面的因素：

1）零件对材料的要求

当零件的材料选定后，毛坯的类型也就大致确定了。例如，铸铁或青铜材料，可选择铸造毛坯；钢材且力学性能要求高时，可选锻件。

2）生产纲领的大小

它在很大程度上决定采用某种毛坯制造方法的经济性。当零件的产量大时，应选精度和生产率都比较高的毛坯制造方法。虽然一次性的投资较高，但均分到每个毛坯的成本中就较少。当零件的产量较小时，应选择精度和生产率较低的毛坯制造方法。

3）零件结构形状和尺寸大小

形状复杂的毛坯，常用铸造方法；薄壁的零件，一般不能采用砂型铸造；尺寸较大的毛坯，往往不能采用模锻、压铸和精铸，常采用砂型铸造。台阶直径相差不大的钢质轴类零件，可直接选用圆棒料；台阶直径相差较大时，则宜用锻件。

想一想： 如图 1-11 所示的车床尾座底盘，材料为 HT200，若小批量生产，毛坯一般选用砂型铸造的铸件；若大批量生产，一般选用金属模铸造。为什么？

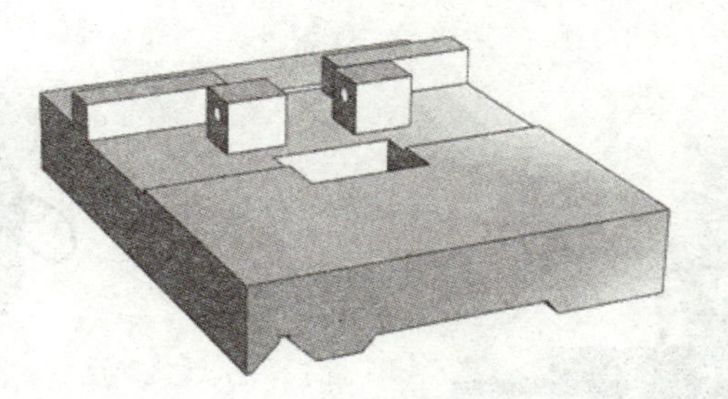

图 1-11　车床尾座底盘

4）现有生产条件

选择毛坯时，还要考虑现场毛坯制造的实际工艺水平、设备状况以及对外协作的可能性。有条件的话，应组织地区专业化生产，统一供应毛坯。

零件毛坯选择思路时，一般按照如图 1-12 所示步骤选择。

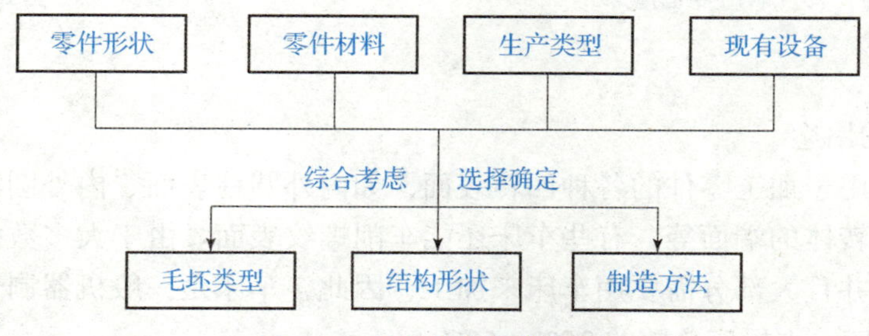

图 1-12　毛坯确定的基本思路

六、金属切削机床

金属切削机床是用切削的方法将金属毛坯加工成零件的机器。若按加工方法和所用刀具进行分类，可分为车床、钻床、镗床、磨床、齿轮加工机床、螺纹加工机床、铣床、刨插床、拉床、锯床和其他机床等 11 大类，如图 1-13 ~ 图 1-16 所示。

图 1-13　C6136A 普通车床

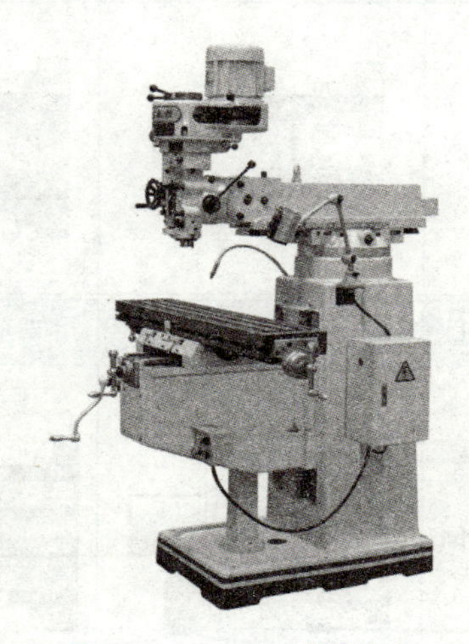

图 1-14　X6323A 普通铣床

学习笔记

学习笔记

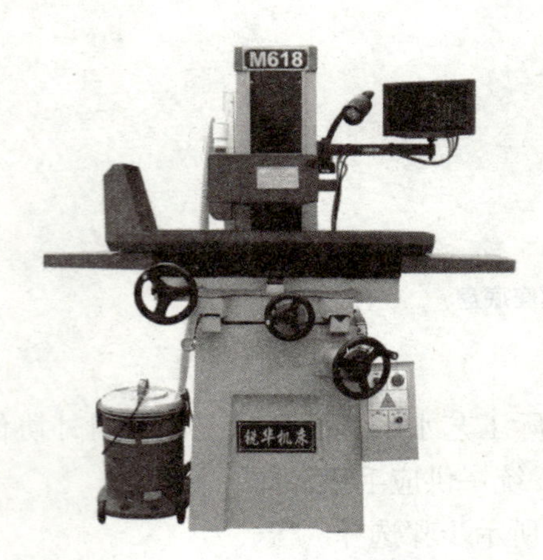

图 1-15　M618 平面磨床

图 1-16　台式钻床

1. 车床

1）车床的用途

车床主要用于加工零件的各种回转表面，如内外圆柱表面、内外圆锥表面、成形回转表面和回转体的端面等，有些车床还能车削螺纹表面。由于大多数机器零件都具有回转表面，并且大部分需要用车床来加工，因此，车床是一般机器制造厂中应用最广泛的一类机床，占机床总数的 35%～50%。

在车床上，除使用车刀进行加工之外，还可以使用各种孔加工刀具（如钻头、铰刀、镗刀等）进行孔加工，或者使用螺纹刀具（丝锥、板牙）进行内、外螺纹加工，如表 1-9 所示。

车削加工范围

表 1-9　车床加工范围

项目	钻中心孔	钻孔	铰孔	攻丝
图例				
项目	车外圆	镗孔	车端面	切断
图例				

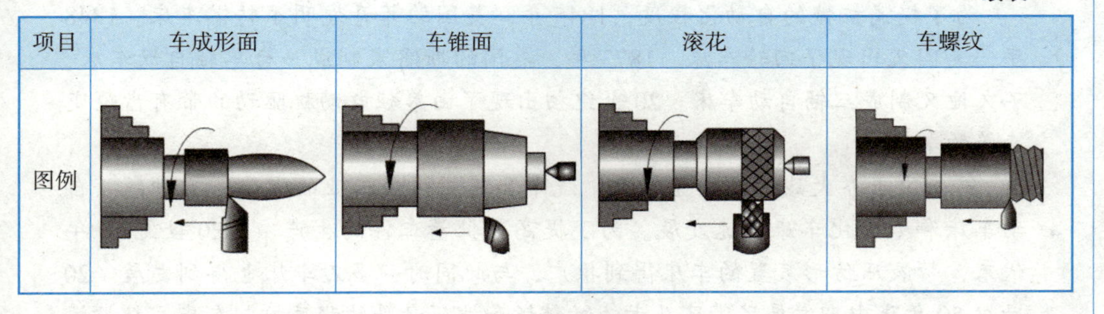
续表

项目	车成形面	车锥面	滚花	车螺纹
图例				

2）车床的运动

（1）工件的旋转运动是车床的主运动，其特点是速度较高、消耗功率较大。

（2）刀具的直线移动是车床的进给运动，是使毛坯上新的金属层被不断投入切削，以便切削出整个加工表面。

上述运动是车床形成加工表面形状所需的表面成形运动。车床上车削螺纹时，工件的旋转运动和刀具的直线移动则形成螺旋运动，是一种复合成形运动。

3）车床的分类

为适应不同的加工要求，车床分为很多种类。按其结构和用途不同可分为卧式车床（图 1–13）、立式车床（图 1–17）、转塔车床（图 1–18）、回轮车床、落地车床、液压仿形及多刀自动和半自动车床、各种专用车床（如曲轴车床、凸轮车床等）、数控车床和车削加工中心等。

学习笔记

车床基本运动形式

图 1–17　立式车床

图 1–18　转塔车床

学点历史

古代的车床是靠手拉或脚踏，通过绳索使工件旋转，并手持刀具进行切削的。

脚踏车床，1797 年英国机械发明家莫兹利创制了用丝杠传动刀架的现代车床，并于 1800 年采用交换齿轮，可改变进给速度和被加工螺纹的螺距。1817 年，另一位英国人罗伯茨采用了四级带轮和背轮机构来改变主轴转速。

学习笔记

为了提高机械的自动化程度，1845年，美国的菲奇发明了转塔车床。1848年，美国又出现了回轮车床。1873年，美国的斯潘塞制成一台单轴自动车床，不久他又制成三轴自动车床。20世纪初出现了由单独电动机驱动的带有齿轮变速箱的车床。

第一次世界大战后，由于军火、汽车和其他机械工业的需要，各种高效自动车床和专门化车床迅速发展。为了提高小批量工件的生产率，20世纪40年代末，带液压仿形装置的车床得到推广，与此同时，多刀车床也得到发展。20世纪50年代中期发展了带穿孔卡、插销板和拨码盘等的程序控制车床。数控技术于20世纪60年代开始用于车床，70年代后得到迅速发展。

2. 铣床

1）铣床的用途

铣床是用铣刀进行切削加工的机床，它的用途极为广泛。在铣床上采用不同类型的铣刀，配备万能分度头、回转工作台等附件，可以铣平面、铣键槽、铣T形槽、铣燕尾槽、铣内腔、铣螺旋槽、铣曲面和切断等，如图1–19所示。

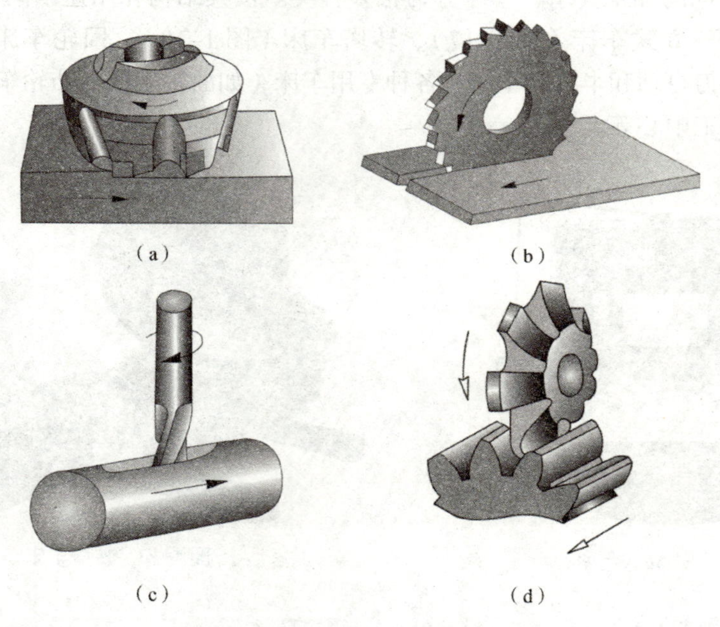

图1–19　铣床加工范围

（a）铣平面；（b）切断；（c）铣键槽；（d）铣成形面

2）铣床的运动

铣床工作时的主运动是主轴部件带动铣刀的旋转运动，进给运动是由工作台三个互相垂直方向的直线运动来实现的。由于铣床上使用的是多齿刀具，切削过程中存在冲击和振动，故要求铣床在结构上应具有较高的静刚度和动刚度。

立式铣床基本运动形式

想一想： 如图1-19所示的铣床加工中哪些运动是主运动？哪些运动为进给运动？

学习笔记

3）铣床的分类

铣床的类型很多，主要有卧式升降台铣床、立式升降台铣床（图1-17）、工作台不升降铣床、龙门铣床、工具铣床。此外，还有仿形铣床、仪表铣床和各种专门化铣床（如键槽铣床、曲轴铣床）等。随着机床数控技术的发展，数控铣床、镗铣加工中心的应用也越来越普遍。

学点历史

最早的铣床是由美国人E.惠特尼于1818年创制的卧式铣床。为了铣削麻花钻头的螺旋槽，美国人J.R.布朗于1862年创制了第一台万能铣床，是升降台铣床的雏形。1884年前后出现了龙门铣床。20世纪20年代出现了半自动铣床，工作台利用挡块可完成“进给－快速”或“快速－进给”的自动转换。

1950年以后，铣床在控制系统方面发展很快，数字控制的应用大大提高了铣床的自动化程度，尤其是70年代以后，微处理机的数字控制系统和自动换刀系统在铣床上得到应用，扩大了铣床的加工范围，提高了加工精度与效率。

随着机械化进程的不断加剧，数控编程开始广泛应用于机床类操作，极大地释放了劳动力，数控编程铣床将逐步取代现在的人工操作。但其对员工的要求也会越来越高，当然带来的效率也会越来越高。

3. 机床型号

机床型号是为了方便管理与使用机床，而按一定规律赋予机床的代号（即型号），用于表示机床的类型、通用和结构特性、主要技术参数等。GB/T 15375—1994《金属切削机床型号编制方法》规定：采用由汉语拼音和阿拉伯数字按一定规律组合而成的方式，来表示各类通用机床、专用机床的型号。

通用机床型号的表示方法如下。

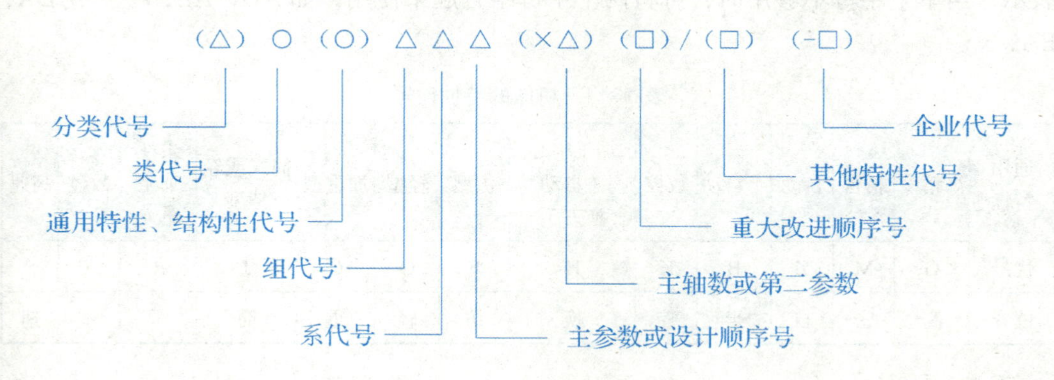

学习笔记

注：

（1）有“( )”的代号或数字，当无内容时不表示，若有内容则不带括号；

（2）有“○”符号者，为大写的汉语拼音字母；

（3）有“△”符号者，为阿拉伯数字；

（4）有“□”符号者，为大写汉语拼音字母，或阿拉伯数字，或两者兼有之。

1）机床的类代号

机床的类代号，用大写的汉语拼音字母表示，必要时，每类可分为若干分类。分类代号在类代号之前，作为型号的首位，并用阿拉伯数字表示。第一分类代号前的“1”省略，“2”“3”分类代号则应予以表示。机床的类和分类代号见表 1-10。

表 1-10　机床类别代号

类别	车床	钻床	镗床	磨床			齿轮加工机床
代号	C	Z	T	M	2M	3M	Y
读音	车	钻	镗	磨	二磨	三磨	牙
类别	螺纹加工机床	铣床	刨插床	拉床	锯床	其他机床	
代号	S	X	B	L	G	Q	
读音	丝	铣	刨	拉	割	其	

2）通用特性代号、结构特性代号

通用特性代号、结构特性代号用大写的汉语拼音字母表示，位于类代号之后。通用特性代号有统一的固定含义，它在各类机床的型号中表示的意义相同，如表 1-11 所示。对主参数值相同而结构、性能不同的机床，在型号中加结构特性代号予以区分。根据各类机床的具体情况，对某些结构特性代号可以赋予一定含义。结构特性代号与通用特性代号不同，它在型号中没有统一的含义，只在同类机床中起到区分机床结构和性能的作用。当型号中有通用特性代号时，结构特性代号应排在通用特性代号之后。结构特性代号用汉语拼音字母（通用特性代号已用的字母和“I，O”两个字母不能用）表示，当单个字母不够用时，可将两个字母组合起来使用，如 AD，AE，…，或 DA，EA，…。

表 1-11　机床的特性代号

通用特性	高精度	精密	自动	半自动	数控	加工中心（自动换刀）	仿型	轻型	加重型	简式或经济型	柔性加工单元	数显	高速
代号	G	M	Z	B	K	H	F	Q	C	J	R	X	S
读音	高	密	自	半	控	换	仿	轻	重	简	柔	显	速

3）机床型号的其他参数

机床主参数代表机床规格的大小，在机床型号中，通常用数字给出主参数的折算数值（1/10 或 1/150）。第二参数一般是主轴数、最大跨距、最大工作长度、工作台工作面长度等，它也用折算值表示。当机床性能和结构布局有重大改进时，则在原机床型号尾部加重大改进顺序号 A，B，C，…。

其他特性代号用以反映各类机床的特性，用数字或字母或阿拉伯数字来表示。

企业代号由机床厂所在城市名称的大写汉语拼音字母及该厂在该城市建立的先后顺序号或机床厂名称的大写汉语拼音字母表示。

通用机床类、组别划分见表 1–12。

表 1–12　通用机床类、组别划分

类别＼组别	0	1	2	3	4	5	6	7	8	9
车床 C	仪表车床	单轴自动、半自动车床	多轴自动、半自动车床	回轮、转塔车床	曲轴及凸轮轴车床	立式车床	落地及卧式车床	仿形及多刀车床	轮、轴、辊、锭及铲齿车床	其他车床
钻床 Z	—	坐标镗钻床	深孔钻床	摇臂钻床	台式钻床	立式钻床	卧式钻床	铣钻床	中心孔钻床	—
镗床 T	—	—	深孔镗床	—	坐标镗床	立式镗床	卧式铣镗床	精镗床	汽车、拖拉机修理用镗床	—
磨床 M	仪表磨床	外圆磨床	内圆磨床	砂轮机	坐标磨床	导轨磨床	刀具刃磨床	平面及端面磨床	曲轴、凸轮轴、花键轴及轧辊磨床	工具磨床
磨床 2M	—	超精机	内圆研磨机	外圆及其他研磨机	抛光机	砂带抛光及磨削机床	刀具刃磨及研磨机床	可转位刀片磨削机床	研磨机	其他磨床
磨床 3M	—	球轴承套圈沟磨床	滚子轴承套圈滚道磨床	轴承套圈超精机床	—	叶片磨削机床	滚子加工机床	钢球加工机床	气门、活塞及活塞环磨削机床	汽车、拖拉机修磨机床
齿轮加工机床 Y	仪表齿轮加工机	—	锥齿轮加工机	滚齿及铣齿机	剃齿及研齿机	插齿机	花键轴铣床	齿轮磨齿机	其他齿轮加工机	齿轮倒角及检查机
螺纹加工机床 S	—	—	—	套丝机	攻丝机	—	螺纹铣床	螺纹磨床	螺纹车床	—
铣床 X	仪表铣床	悬臂及滑枕铣床	龙门铣床	平面铣床	仿形铣床	立式升降台铣床	卧式升降台铣床	床身铣床	工具铣床	其他铣床

学习笔记

续表

类别 \ 组别	0	1	2	3	4	5	6	7	8	9
刨插床 B	—	悬臂刨床	龙门刨床	—	—	插床	牛头刨床		边缘及模具刨床	其他刨床
拉床 L	—	—	侧拉床	卧式外拉床	连续拉床	立式内拉床	卧式内拉床	立式外拉床	键槽及螺纹拉床	其他拉床
锯床 G	—	—	砂轮片锯床	—	卧式带锯床	立式带锯床	圆锯床	弓锯床	锉锯床	—
其他机床 Q	其他仪表机床	管子加工机床	木螺钉加工机	—	刻线机	切断机	—	—	—	—

车床、磨床的型号参数含义如下：

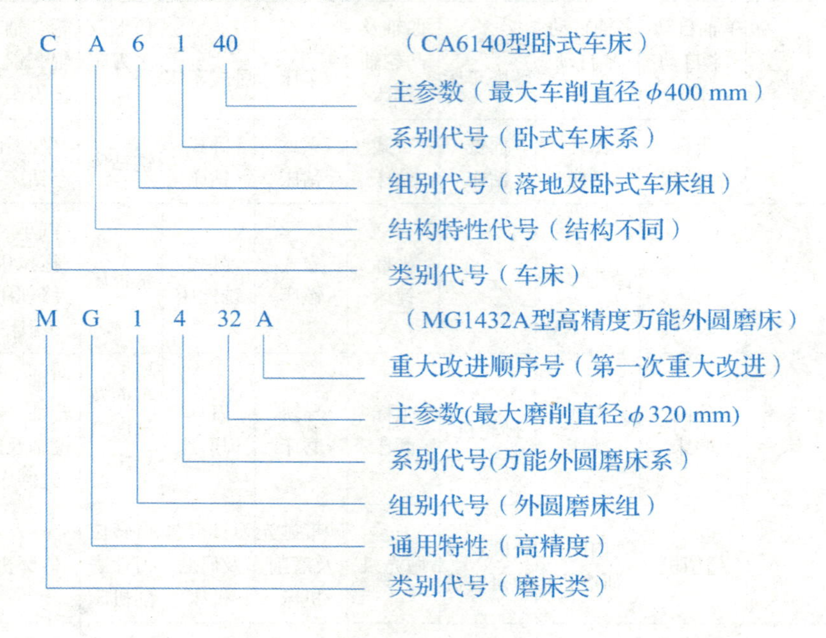

做一做

根据所学相关知识及企业要求，完成下列企业见习任务。

（1）按要求穿戴好防护用品，并遵照企业要求放置好自己的随身物品，若企业严禁携带相机、手机等电子设备进厂等，则需将随身携带的电子设备交于企业相关人员统一保管。

（2）认真听取企业的安全教育，按照企业要求和见习规定在车间或工艺部门见习，见习过程中认真观察和了解企业生产状况、生产设备、生产流程、工艺文件等，并做好记录。

（3）认真阅读并完成下列问题。

①阅读生产过程的相关知识，找出其关键词。

学习笔记

方法提示：关键词学习法是通过问题中的“关键词”让学习者将与之相关的知识点进行条理化、系统化，最终在大脑中形成清晰全面的知识网络，达到快速解决问题的一种学习方法。

提取关键词本质是对语段的关键、主要、核心信息的集中，需要淘汰掉次要的、支撑的、解说的信息。譬如下段文字的关键词是“专业化、生产”。

为了便于组织生产，现代机械工业的发展趋势是组织专业化生产，即一种产品的生产是分散在若干个专业化工厂中进行的，最后集中由一个工厂制成完整的机械产品。如制造机床时，机床上的轴承、电机、电器、液压元件甚至其他许多零部件都是由专业厂生产的，最后由机床厂完成关键零部件和配套件的生产，并装配成完整的机床。

②阅读“机械加工工艺过程”相关知识，试找出工序、工步和工位的区别。

方法提示：对比记忆法是对一些相似的知识、事或物，通过彼此之间的相同或相异点来比较记忆的方法。譬如，区分工序的依据是设备（或工作地）是否变动和完成的那一部分工艺内容是否连续，而工步的依据是加工表面（或装配时的连接表面）和加工（或装配）工具是否变化。

③讨论分析为什么生产类型不同，其工艺不同。

④阅读“金属切削机床”的相关知识，分析车床、铣床的加工特点与加工范围。

学习笔记

⑤除了前面介绍的车床、铣床外，您还了解哪些机床？它有什么特点？

学习方法：联想记忆法是利用识记对象与客观现实的联系、已知与未知的联系、材料内部各部分之间的联系来记忆的方法。譬如学习和了解了车床、铣床的相关知识后，可联想到钻床、磨床，对比分析它们之间的联系，从而加深记忆，拓展知识。

步骤三　见 习 总 结

相关知识 

总结报告是对一定时期内的学习或工作加以总结、分析和研究，肯定成绩，找出问题，得出经验教训，摸索事物的发展规律，用于指导下一阶段学习工作的一种书面文体。它所要解决和回答的中心问题不是某一时期要做什么、如何去做、做到什么程度，而是对某种工作实施结果的总鉴定和总结论，是对以往工作实践的一种理性认识。

总结须对工作的失误等作出正确的认识，勇于承认错误，可以形成批评与自我批评的良好作风。

1. 总结报告的特点

1）客观性

总结是对过去工作的回顾和评价，因而要尊重客观事实，以事实为依据。

2）典型性

总结出的经验教训是基本的、突出的、本质的、有规律性的东西，在日常学习、工作及生活中很有现实意义，具有鼓舞、针砭等作用。

3）指导性

通过总结报告，深知过去工作的成绩与失误及其原因，吸取经验教训，指导将来的工作，使今后少犯错误，取得更大的成绩。

4）证明性

总结要用自身实践活动中真实、典型的材料来证明它所指出的各个判断的正确性。

2. 总结报告的内容

工作情况不同，总结的内容也就不同，总的来说，一般包括以下几个方面：

（1）基本情况：包括工作的有关条件、工作经过情况和一些数据，等等。

（2）成绩与缺点：这是总结报告的中心，总结的目的就是要肯定成绩，找出缺点。

（3）经验教训：在写总结时，须注意发掘事物的本质及规律，使感性认识上升为理性认识，以指导将来的工作。

做一做

（1）阅读“见习总结”相关知识，谈谈你对“总结”的理解。

____

____

____

（2）根据自己在企业见习中的所见、所学及个人收获，撰写企业见习总结报告。

学习方法： 通过“总结”可以全面、系统地了解以往的工作情况，可以正确认识以往工作中的优缺点；可以使零星、肤浅、表面的感性认识上升到全面、系统、本质的理性认识，寻找出工作或事物发展的规律，从而掌握并运用这些规律，并明确下一步工作的方向，少走弯路，少犯错误，提高学习或工作效益。

重点难点

本任务的核心目标是通过企业见习，掌握机械加工工艺基本知识、企业常见加工设备及安全生产等内容，并掌握一般学习方法。

生产过程是将原材料转变为成品所需的劳动过程的总和，包括生产技术准备过程、生产工艺过程、辅助生产过程和生产服务过程等；机械加工工艺过程是由一个或若干个顺序排列的工序组成的，而工序又可分为安装、工位、工步和走刀。

机械加工工艺过程卡、机械加工工艺卡及机械加工工序卡是企业常用的工艺文件，它们是在具体的生产条件下，把较为合理的工艺过程和操作方法，按照规定的形式书写而成的，经审批后用来指导生产。

生产纲领是企业在计划期内应该生产的产品产量和进度计划；产品的生产纲领不同，加工工艺有较大不同。零件图样分析是制定机械加工工艺的重要步骤之一，主要从整体、技术要求、结构工艺性等方面分析零件的合理性及可加工性。

铸件、锻件、型材及型材焊接件是零件制造中常用的4种毛坯；对于具体零件，应根据零件对材料的要求、生产纲领的大小、零件的结构形状和尺寸大小等综合考虑选择毛坯。

车床、铣床是企业生产中常用的加工设备。车床主要用于加工零件的各种回转表面、成形回转表面、回转体的端面、螺纹表面等；铣床可以铣平面、铣键槽、铣T形槽、铣燕尾槽、铣内腔、铣螺旋槽、铣曲面、切断等。

学习笔记

难点点拨：

（1）工序、工步、工位、走刀及安装的理解，工序与工步的正确划分。

（2）企业见习安全知识的掌握和应用，学习中应坚持"安全无小事"的理念，时时注意安全，处处注意安全。

任务实施

● 任务实施提示

（1）任务实施前，认真阅读教材任务一的相关知识，并做好企业见习准备，特别是安全防护物品的准备。

（2）企业见习前，注意了解见习企业的规章制度及其注意事项；见习中，须按照企业或指导教师的要求遵守各种规定，注意不要在珩车下、高压设备旁长时间停留。

（3）见习过程中，注意观察见习企业的各种加工设备及其加工的零件、企业使用的工艺文件等。

（4）见习后，结合所学知识认真总结，完成见习总结报告。

● 任务部署

阅读教材相关知识，按照以下任务单的要求完成学习工作任务。

任务单　机械加工工艺认知及企业见习

任务名称	机械加工工艺认知及企业见习	任务编号	1.1
任务说明	一、任务要求 本任务要求学生通过自主学习、企业见习等环节，掌握安全防护基本技能、机械加工工艺文件格式及其各表格含义、零件图样分析原则及方法、毛坯选择原则等；了解车床、铣床加工特点及其加工适用范围；学会书写总结报告。 二、任务实施所需知识 机械制图基本知识、公差与技术配合知识、安全防护基本知识、机械加工工艺基本知识及总结报告一般格式等相关知识。 三、任务实施注意事项 自主学习时，注意学习方法的掌握和应用，以及知识的理解与应用。 企业见习期间，注意遵守企业各种规章制度及安全的防护		
任务内容	1. 根据自身条件及见习企业的情况，准备相关劳保用品，练习劳保用品的规范穿戴。 2. 按照指导教师要求及企业规定，进行企业见习。 3. 根据自己在企业见习中的所见、所学及个人收获，撰写企业见习总结报告		

续表

<table>
<tr><td>任务名称</td><td>机械加工工艺认知及企业见习</td><td>任务编号</td><td>1.1</td></tr>
<tr><td rowspan="2">任务
实施</td><td colspan="3">一、见习准备</td></tr>
<tr><td colspan="3">说明：学习劳动纪律及安全实习规则等相关知识，准备劳保用品，练习劳保用品的规范穿戴</td></tr>
<tr><td rowspan="4">任务
实施</td><td colspan="3">二、企业见习</td></tr>
<tr><td colspan="3">说明：按照相关要求，文明见习；结合企业实际，进一步理解机械加工工艺基本知识，了解车床、铣床等常见机械加工设备</td></tr>
<tr><td colspan="3">三、见习总结</td></tr>
<tr><td colspan="3">说明：了解总结报告一般格式，撰写企业见习总结</td></tr>
</table>

学习笔记

学习笔记

● 任务考核

任务一　考核表

任务名称：机械加工工艺认知与企业见习　　专业＿＿＿＿＿　　20＿＿＿级＿＿＿班

第＿＿＿＿＿小组　　姓名＿＿＿＿＿　　学号＿＿＿＿＿＿＿＿＿＿＿＿

考核项目		分值 / 分	自评	备注
信息收集	信息收集方法	10		能够从教材、网站等多种途径获取知识，并能基本掌握关键词学习法
	信息收集情况	20		基本掌握教材任务一的相关知识
	团队合作	10		团队合作能力强，能与团队成员分工合作收集相关信息
企业见习	见习准备	10		见习准备充分，安全防护物品穿戴规范
	见习情况	20		观察仔细，认真记录，基本掌握见习企业的基本情况，了解常见机械加工设备、企业使用的工艺文件等
	见习记录	15		遵守企业规定，能够按照指导老师的要求进行企业见习
企业总结		15		总结书写规范，内容翔实，经验提炼较好
小计		100		
其他考核				
考核人员		分值 / 分	评分	
（指导）教师评价		100		根据学生情况教师给予评价，建议教师主要通过肯定成绩引导学生，少提缺点，对于存在的主要问题可通过单独面谈反馈给学生
小组互评		100		主要从知识掌握、小组活动参与度及见习记录遵守等方面给予中肯考核
总评		100		总评成绩 = 自评成绩 ×40%+（指导）教师评价 ×35%+ 小组评价 ×25%

巩固与拓展

一、拓展任务

利用课余时间，与小组成员讨论：

（1）根据自己在企业见习中的所见、所学，与同学讨论分析磨床、刨床、钻床的加工范围及磨床的工作特点。

（2）根据企业见习，分析轴类零件一般加工工艺过程及常用加工设备，并完成任务单。

任务单　轴类零件加工工艺认知

<table>
<tr><td>任务名称</td><td>轴类零件加工工艺认知</td><td>任务编号</td><td>T1.1</td></tr>
<tr><td>任务说明</td><td colspan="3">一、任务要求
本任务要求学生根据企业见习时的所见、所学，分析、总结轴类零件加工工艺相关知识，初步构建轴类零件加工工艺知识框架，了解磨床、刨床、钻床的加工范围及磨床工作特点，为后续的学习奠定基础。
二、任务实施所需知识
零件毛坯、零件结构及技术要求分析等相关知识。
三、任务实施注意事项
在讨论分析过程中若存在疑问，可利用课余时间到校内实训基地通过观察、咨询指导教师，或通过网络获取相关信息</td></tr>
<tr><td>任务内容</td><td colspan="3">（1）分析磨床、刨床、钻床的加工范围及其工作特点。
（2）讨论分析轴类零件一般加工工艺过程及其常用加工设备、夹具、刀具等。
（3）汇总自己不理解或存在疑惑的问题，制作问题详表</td></tr>
<tr><td rowspan="6">任务实施</td><td colspan="3">一、分析磨床、刨床、钻床的加工范围及其工作特点</td></tr>
<tr><td colspan="3"></td></tr>
<tr><td colspan="3">二、轴类零件一般加工工艺过程</td></tr>
<tr><td colspan="3">说明：结合小组讨论情况，归纳总结轴类零件一般加工工艺过程及其常用加工设备、夹具、刀具等</td></tr>
<tr><td colspan="3">三、制作问题详表</td></tr>
<tr><td colspan="3">说明：制作自己不理解或存在疑惑的问题表格</td></tr>
</table>

学习笔记

二、拓展知识

1. 机床其他分类方法

金属切削机床除可依据加工方法和所用刀具进行分类外，还可依据机床加工精度、重量和尺寸等进行分类。

1）按照万能性程度分类

（1）通用机床。

这类机床的工艺范围很宽，可以加工一定尺寸范围内的多种类型的零件，完成多种多样的工序。如卧式车床、万能升降台铣床和万能外圆磨床等。

（2）专门化机床。

这类机床的工艺范围较窄，只能用于加工不同尺寸的一类或几类零件的一种（或几种）特定工序。如丝杠车床、凸轮轴车床等。

（3）专用机床。

这类机床的工艺范围最窄，通常只能完成某一特定零件的特定工序。如加工机床主轴箱体孔的专用镗床、加工机床导轨的专用导轨磨床等。它是根据特定的工艺要求专门设计、制造的，生产率和自动化程度较高，应用于大批量生产。组合机床也属于专用机床。

2）按照机床的工作精度

按照机床的工作精度可分为普通精度机床、精密机床和高精度机床。

3）按照机床的重量和尺寸

按照机床的重量和尺寸可分为仪表机床、中型机床（一般机床）、大型机床（质量大于 10 t）及重型机床（质量在 30 t 以上）和超重型机床（质量在 100 t 以上）。

4）按照机床主要部件的数目

按照机床主要部件的数目可分为单轴、多轴、单刀和多刀机床等。

5）按照机床的自动化程度

按照机床的自动化程度可分为普通、半自动和自动机床。自动机床具有完整的自动工作循环，包括自动装卸工件，能够连续地自动加工出工件。半自动机床也有完整的自动工作循环，但装卸工件还需人工完成，因此不能连续地进行加工。

2. 车床操作规程

1）目的

车床操作规程可确保车床的正确操作、安全生产及提高效率。

2）适用范围

其适用于所有车床操作人员。

3）操作规程

（1）上岗要求。

①操作人员必须为专业车床操作工或经培训能安全操作的学徒工（且必须有专业

车床操作工在旁指导）。

②操作人员必须熟悉本设备的基本性能及技术要求。

③操作人员必须忠于职守、认真负责，熟练掌握本设备的操作、维护及保养。

④操作人员必须不断努力学习，总结交流经验，求得本身素质的不断提高。

（2）开机前检查。

①电源线是否完好、电源能否正常启动。

②确认床头箱、进给箱、溜板箱的油位不低于下限；确认横向进给丝杆、上刀架丝杠、光杠轴承、托架、尾架套筒和对合螺母的人工润滑油孔处均已经加注润滑油；确认各导轨副无异常现象。

③检查传动：V形皮带（是否）有适当的张紧力，各挂轮无异常或脱落。

④检查位于床头箱前面横向和纵向进给手柄是否（适当）搭上，将手柄定位在空挡位置上；检查床头箱变速手柄和进给手柄所处的位置；确认离合器手柄处于中间（空挡）位置；用手拨动主轴来核实主轴处于空挡位置。

⑤上列项目检查完毕后，将电源开关拨到"ON"位置，将操作手柄上抬到正转位置，转动主轴箱前轴 3 ~ 5 min，以溅起的油来润滑床头箱，在这段时间里主轴不应转动。

⑥拨动齿轮并操纵手柄做正、反转来检查每挡转速。

注意：电动机旋转（通电）时不要拨动主轴速度变换手柄，拨动齿轮前应停止转主轴，机床每挡速度的操作应平滑、平静。

⑦主轴空转（无负荷）时可以操作进给手柄，从而将动力传给进给箱和溜板箱。

（3）安全操作。

①操作人员在开机前应检查导轨、拖架、丝杠、尾座润滑是否良好，床头箱油位、冷却水是否符合要求，否则应进行润滑、注油、注水等处理。

②接通主电源后，操作人员应认真检查各手柄位置及工作灯是否良好，拖架远离主轴，尾架置于最右端，否则应进行相应的处理，并检查清除导轨、丝杠切屑或其他异物。

③操作人员上机作业时应集中精力，严禁车床运行时人机分离。

④严禁操作人员戴手套作业，严禁女操作员作业时穿高跟鞋、裙子，留长发者应戴工作帽，以确保人身安全。

⑤严禁未停车或主轴未停稳时装卸、测量工件或变速，以免造成人身伤害。

⑥刀具和工件夹装必须牢靠，严禁试切、对刀时大刀切削，以免工件、刀具飞出或断刀伤人。

⑦切屑飞溅时应及时遮挡，清除切屑要用铁钩，以免造成人身伤害。

⑧严禁频繁启动及正反转，或者反转制动，以免烧坏设备电气系统或撞坏齿轮。

⑨下班或设备长时待用时应关闭总电源，以免造成事故，并清理设备及现场。

⑩每次作业结束时应及时清除导轨、丝杠切屑，以免切屑损坏导轨和丝杠。

4）操作要求

（1）加工作业前应认真阅读图纸及技术资料。

（2）初车时应认真对刀，加工时应合理进刀、合理使用冷却液。

（3）首件必须经自检合格或由专门品质人员检验合格后方可进入批量作业。

（4）爱惜设备及刀具，设备出现异常现象应及时反馈至领导处，严禁继续开机和私自拆修设备。

3. 铣床操作规程

1）铣床技术安全操作规程

（1）操作前检查铣床各部位手柄是否正常，按规定加注润滑油，并低速试运转 1 ~ 2 min 方能操作。

（2）工作前应穿好工作服，女工要戴工作帽，操作时严禁戴手套。

（3）装夹工件要稳固。装卸、对刀、测量、变速、紧固心轴及清洁机床，都必须在机床停稳后进行。

（4）工作台上禁止放置工量具、工件及其他杂物。

（5）开车时，应检查工件和铣刀相互位置是否恰当。

（6）铣床自动走刀时，手把与丝扣要脱开；工作台不能走到两个极限位置，限位块应安置牢固。

（7）铣床运转时禁止徒手或用棉纱清扫机床，人不能站在铣刀的切线方向，更不得用嘴吹切屑。

（8）工作台与升降台移动前，必须将固定螺丝松开；不移动时，将螺母拧紧。

（9）刀杆、拉杆、夹头和刀具要在开机前装好并拧紧，不得利用主轴动转来帮助装卸。

（10）实训完毕应关闭电源，清扫机床，并将手柄置于空位、工作台移至正中。

2）其他注意事项

（1）装卸工件前必须移开刀具，切削中头、手不得接近铣削面。

（2）使用铣床对刀时必须慢进或手摇进，不许快进，走刀时不准停车。

（3）快速进退刀时注意铣床手柄是否会打人。

（4）进刀不许过快，不准突然变速，铣床限位挡块应调好。

（5）测量工件、调整刀具、紧固变速时，均必须停止铣床。

（6）拆装立铣刀，工作台面应垫木板；拆平铣刀、扳螺母，用力不得过猛。

（7）严禁手摸或用棉纱擦转动部位及刀具，禁止用手去托刀盘。

三、巩固自测

1. 填空题

（1）零件的机械加工工艺过程是以____________为基本单元所组成的。

（2）机械加工工艺过程是指以机械加工的方法按一定的顺序逐步改变毛坯的______________、______________和表面质量，直至成为合格零件的那部分生产过程。

（3）机械加工工艺过程卡是以____________为单位；机械加工工序卡是在工艺过程卡的基础上，按______________所编制的一种工艺文件。

学习笔记

（4）生产过程是将原材料转变为成品所需的劳动过程的总和，包括____________________、____________________、辅助生产过程和生产服务过程等四部分。

（5）机械加工工艺过程是由一个或若干个顺序排列的_______________组成的，而工序又可分为安装、______________、工步和走刀。

2. 判断题

（1）车工可以戴手套操纵。（　）

（2）工人操纵机械时穿着工作服的“三紧”是指袖口紧、领口紧、下摆紧。（　）

（3）发现有人被机械伤害时，虽及时紧急停车，但因设备惯性作用，仍可能造成伤亡。（　）

（4）区分工序的主要依据是设备（或工作地）是否变动和完成的那一部分工艺内容是否连续。零件加工的设备变动后，即构成了另一新工序。（　）

（5）工件在加工中应尽量减少装夹次数，因为多一次装夹就会增加装夹的时间，同时还会增加装夹误差。（　）

3. 问答题

（1）什么叫零件的生产纲领？其决定因素有哪些？

（2）产品的组织类型有哪些？各自特点是什么？

（3）机床型号如何编制？

（4）防护用品有哪些？穿戴工作服的三紧原则是什么？

（5）区分工序的主要依据是什么？

（6）工艺规程制定的原则是什么？还需注意什么问题？

（7）总结报告有什么特点？一般包括哪些内容？

学习笔记

任务二　轴类零件加工工艺编制

课程思政案例 2-1

任务目标

通过本任务的学习，学生掌握以下职业能力：

☐ 能够正确分析轴类零件的结构与技术要求；

☐ 根据轴类零件结构及技术要求，合理选择零件材料、毛坯及热处理方式；

☐ 合理选择轴类零件加工方法及加工刀具，合理安排加工顺序；

☐ 能够分析和选用轴类零件的常用夹具；

☐ 合理确定轴类零件加工余量及工序尺寸；

☐ 正确、清晰、规范地填写工艺文件。

课程思政案例 2-2

任务描述

● **任务内容**

某厂设计制造各型号减速器，拥有多种加工设备，具体见表 2-1。图 2-1 所示为某型号减速器的装配图，年产量为 150 台。该减速器输出轴备品率为 4%，废品率约为 1%，如图 2-2 和图 2-3 所示。试分析该输出轴，确定生产类型，选择毛坯类型及合理的制造方法，选取定位基准和加工装备，拟定工艺路线，设计加工工序，并填写工艺文件。

表 2-1　某厂设备汇总

设备名称	设备型号	设备台数	备注
车床	C620	4	
	C731	2	
	CA6150	3	
钻床	Z4012	4	
	Z515	4	

续表

设备名称	设备型号	设备台数	备注
磨床	MW1320	2	
	M1432B	2	外圆磨
	M7120A	1	平面磨
刨床	B6050	3	
	B5020	2	
铣床	XA6132		卧式
镗床	T612	2	卧式
滚齿机	S200 CDM	1	
珩齿机	Y5714	1	

● **实施条件**

（1）生产车间或实训基地，供学生见习和了解轴类零件加工的常用设备、加工方法及方案、常用夹具及一般热处理方法等。

（2）减速器装配图、轴类零件图、多媒体课件及必要的参考资料，供学生自主学习时获取必要的信息。

（3）轴类零件图纸或图像若干，供学生获取知识和任务实施时使用。

● **轴类零件概述**

轴类零件是长度大于直径的回转体类零件的总称，是机器中的主要零件之一，主要用来支承传动件（齿轮、带轮、离合器等）和传递扭矩。

一、轴类零件的分类

轴类零件一般由同心轴的外圆柱面、圆锥面、内孔和螺纹及相应的端面所组成。根据结构形状的不同，轴类零件可分为光轴、阶梯轴、空心轴和曲轴等，如图 2–4 所示。

长径比小于 5 的轴称为短轴，大于 20 的轴称为细长轴，大多数轴介于两者之间。

二、轴类零件的结构特点及技术要求

如图 2–5 所示，在机器中，轴一般采用轴承支承，与轴承配合的轴段称为轴颈。轴颈是轴的装配基准，它们的精度和表面质量一般要求较高，其尺寸精度、几何形状精度、相对位置精度、表面粗糙度等技术要求一般根据轴的主要功用和工作条件确定，见表 2–2。

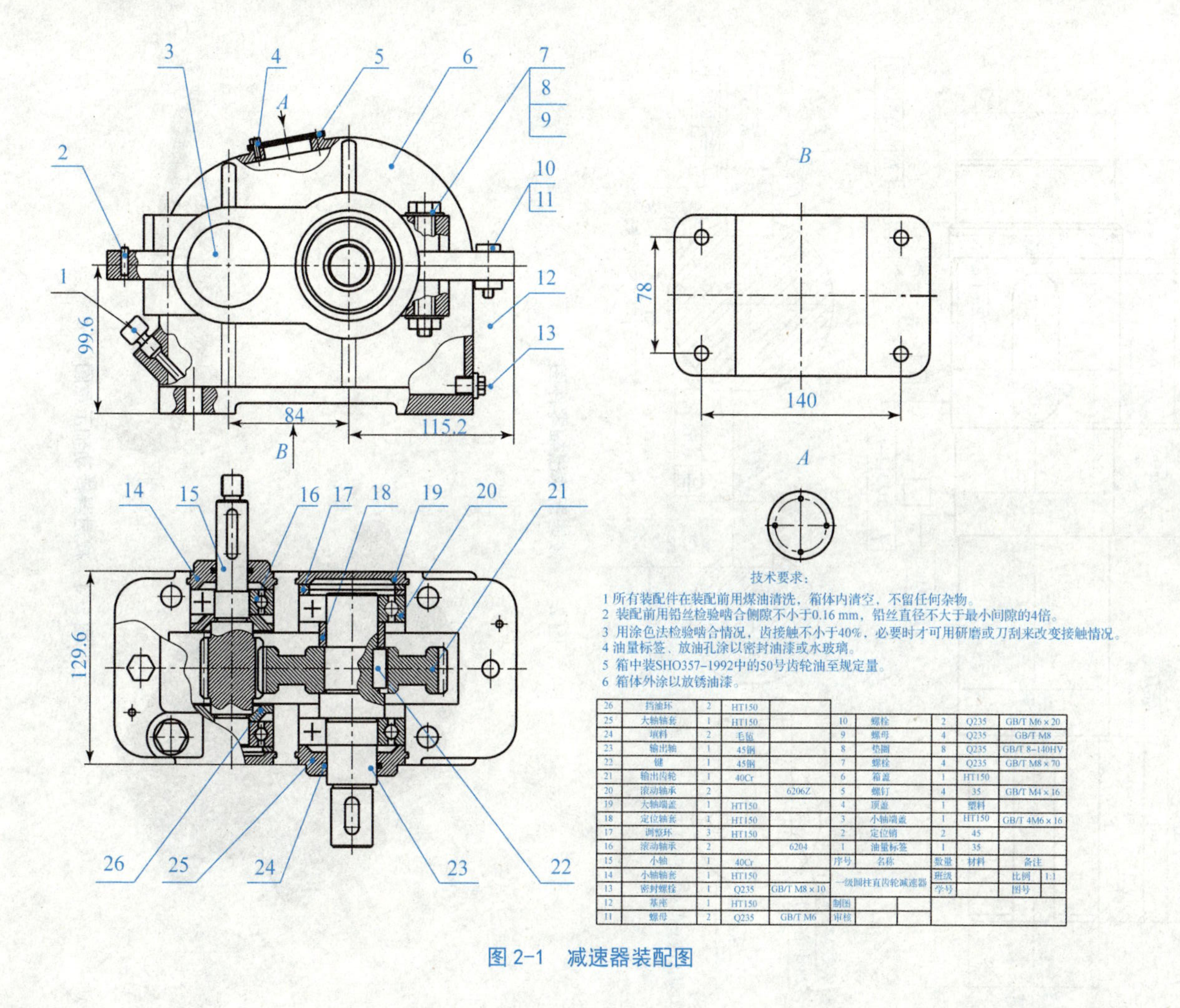

序号	名称	数量	材料	备注
26	挡油环	2	HT150	
25	大轴轴套	1	HT150	
24	填料	2	毛毡	
23	输出轴	1	45钢	
22	键	1	45钢	
21	输出齿轮	1	40Cr	
20	滚动轴承	2		6206Z
19	大轴端盖	1	HT150	
18	定位轴套	1	HT150	
17	调整环	3	HT150	
16	滚动轴承	2		6204
15	小轴	1	40Cr	
14	小轴轴套	1	HT150	
13	密封螺栓	1	Q235	GB/T M8 × 10
12	基座	1	HT150	
11	螺母	2	Q235	GB/T M6

序号	名称	数量	材料	备注
10	螺栓	2	Q235	GB/T M6 × 20
9	螺母	4	Q235	GB/T M8
8	垫圈	8	Q235	GB/T 8–140HV
7	螺栓	4	Q235	GB/T M8 × 70
6	箱盖	1	HT150	
5	螺钉	4	35	GB/T M4 × 16
4	顶盖	1	塑料	
3	小轴端盖	1	HT150	GB/T 4M6 × 16
2	定位销	2	45	
1	油量标签	1	35	

一级圆柱直齿轮减速器	班级		比例	1:1
	学号		图号	
制图				
审核				

图 2-1　减速器装配图

学习笔记

学习笔记

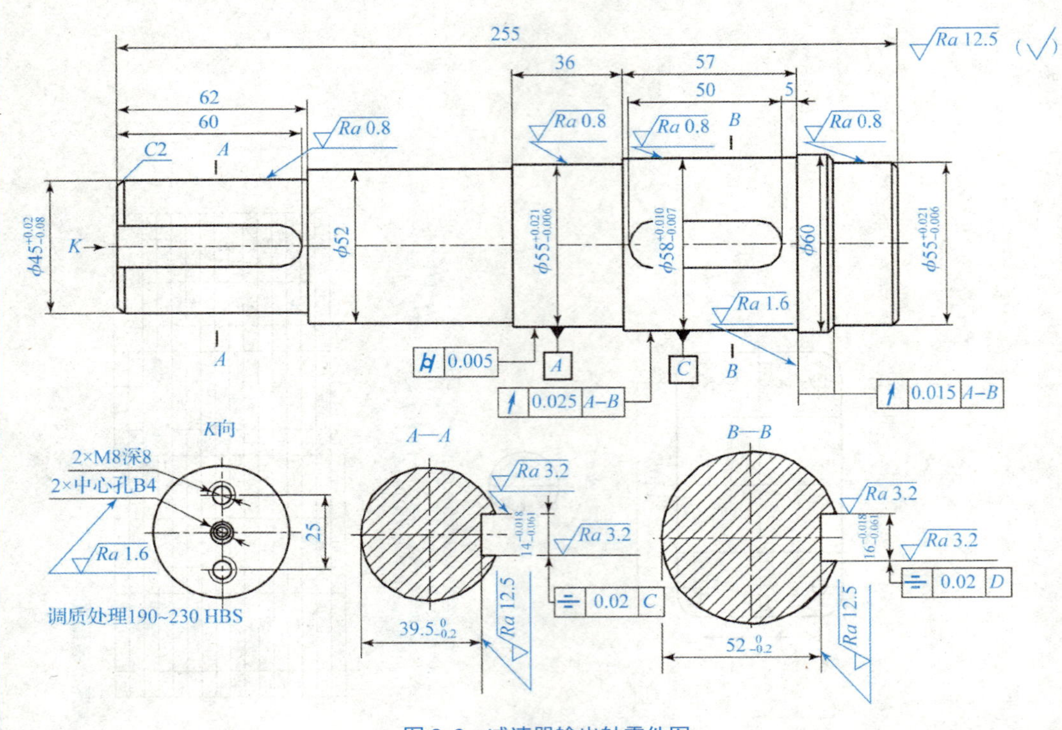

图 2-2　减速器输出轴零件图

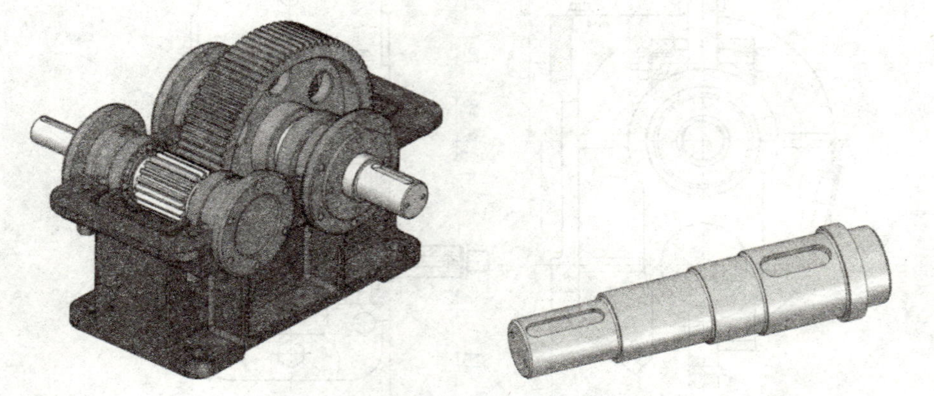

图 2-3　减速器传动轴示意图

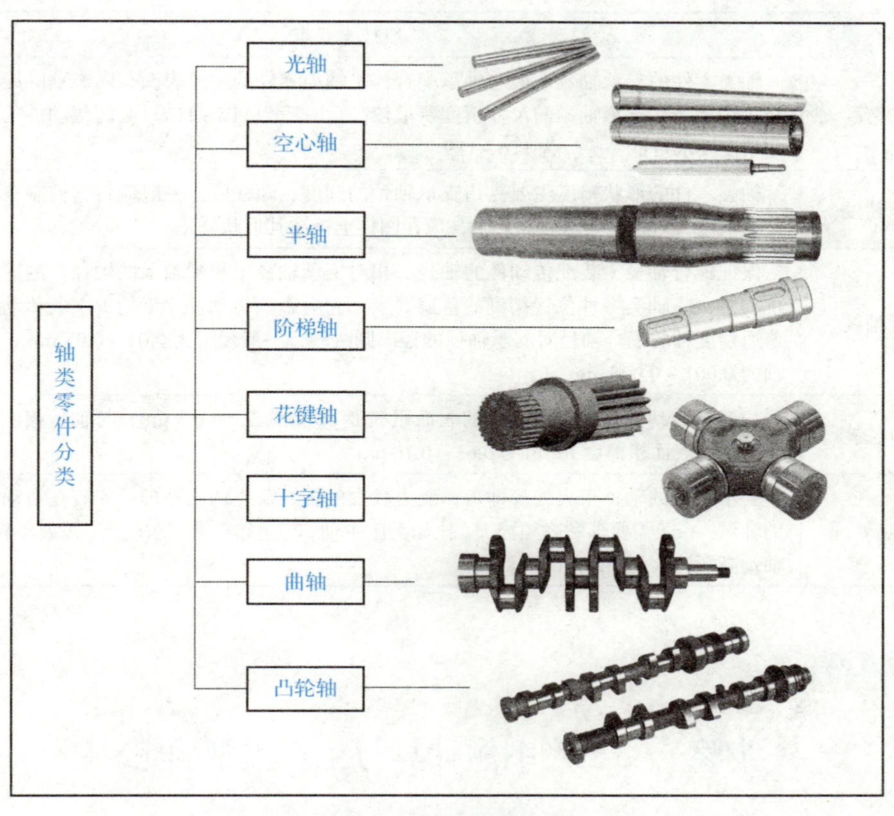

图 2-4　轴类零件的分类

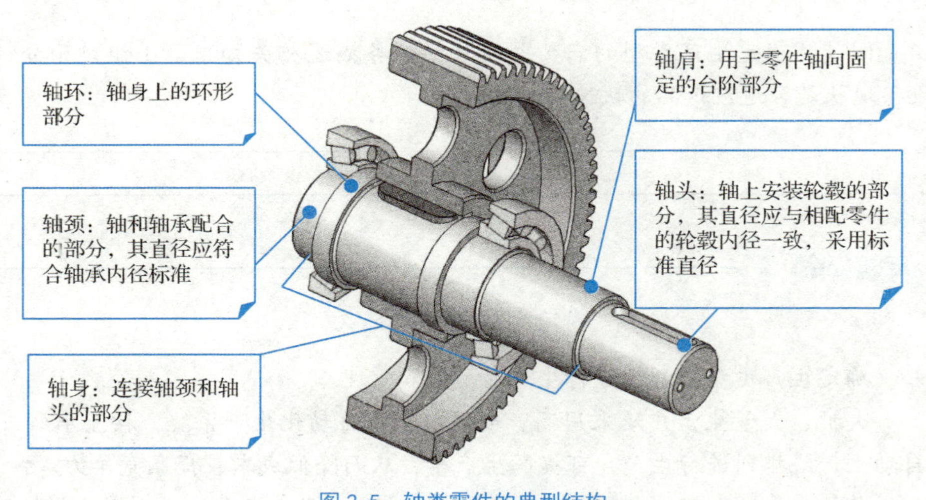

图 2-5　轴类零件的典型结构

学习笔记

表 2-2　轴类零件一般技术要求

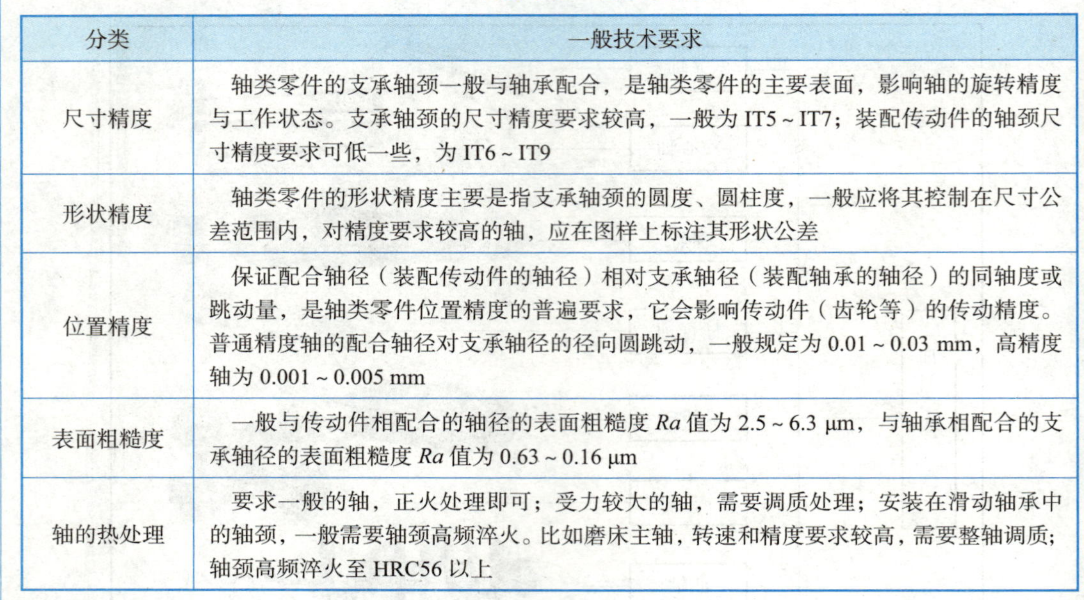

分类	一般技术要求
尺寸精度	轴类零件的支承轴颈一般与轴承配合，是轴类零件的主要表面，影响轴的旋转精度与工作状态。支承轴颈的尺寸精度要求较高，一般为 IT5 ~ IT7；装配传动件的轴颈尺寸精度要求可低一些，为 IT6 ~ IT9
形状精度	轴类零件的形状精度主要是指支承轴颈的圆度、圆柱度，一般应将其控制在尺寸公差范围内，对精度要求较高的轴，应在图样上标注其形状公差
位置精度	保证配合轴径（装配传动件的轴径）相对支承轴径（装配轴承的轴径）的同轴度或跳动量，是轴类零件位置精度的普遍要求，它会影响传动件（齿轮等）的传动精度。普通精度轴的配合轴径对支承轴径的径向圆跳动，一般规定为 0.01 ~ 0.03 mm，高精度轴为 0.001 ~ 0.005 mm
表面粗糙度	一般与传动件相配合的轴径的表面粗糙度 *Ra* 值为 2.5 ~ 6.3 μm，与轴承相配合的支承轴径的表面粗糙度 *Ra* 值为 0.63 ~ 0.16 μm
轴的热处理	要求一般的轴，正火处理即可；受力较大的轴，需要调质处理；安装在滑动轴承中的轴颈，一般需要轴颈高频淬火。比如磨床主轴，转速和精度要求较高，需要整轴调质；轴颈高频淬火至 HRC56 以上

程序与方法

步骤一　生产纲领计算与生产类型确定

做一做

（1）阅读“确定生产类型的意义”及教材任务描述相关知识，小组讨论分析该企业的设备现状是否适应产品的快速转产。

____

____

应知应会

确定生产类型的意义

确定生产类型有利于进行生产的规划和管理。

大批、大量生产广泛采用高产专用机床和自动化生产系统，按流水线或自动生产线排列进行生产，可提高生产率，从而降低成本、提高竞争力。

单件、小批生产，宜采用通用性好的机床，以减少投资，从而降低成本。

传统的专用机床和生产线，对一种产品有较高的生产效率，但很难适应新产品的需要。因此，它有很大的“刚”性。随着科技的发展和人民生产水平的提高，人们对产品的样式要求越来越高，而同一样式的数量越来越少，同一产品获取较高利润；“有效寿命”越来越短，因此要求制造系统既具有高效的生产能力，又具有快速转产的“柔性”特性。而数控机床、加工中心能很好地满足当今产品多品种、少批量生产自动化的要求。

学习笔记

（2）完成本任务后面“任务单 2.1　轴类零件加工工艺编制”的相应任务，根据任务描述中的年产量等相关信息，计算该减速器输出轴的生产纲领，确定生产类型。

想一想： 批量越大的零部件，生产工艺的效率越高，譬如一般采用效率高的专用夹具等。若小批量生产的零部件也采用高效率的工艺是否可行？为什么？

步骤二　结构及技术要求分析

相关知识 

零件结构工艺性是指所设计的零件在能满足使用要求的前提下制造的可行性和经济性，包括零件各个制造过程中的工艺性，如零件结构的铸造、锻造、冲压、焊接、热处理、切削加工等工艺性。

零件结构工艺性涉及面较广，具有综合性，必须全面、综合地进行分析。在制定机械加工工艺规程时，主要分析零件切削加工的工艺性。

零件结构工艺性的分析，可从零件的整体结构、标注、结构要素等方面综合分析，见表 2–3。

想一想： 结合任务一中的零件图样分析思路及本部分的相关知识，分析该任务输出轴中的哪些面为主要表面、哪些面是次要表面。

表 2–3　典型零件结构工艺性分析

主要要求	结构工艺性		工艺性好的结构优点
	不好	好	
1. 加工面积应尽量小			1. 减少了加工量； 2. 减少了材料及切削工具的消耗量

学习笔记

续表

主要要求	结构工艺性		工艺性好的结构优点
	不好	好	
1. 加工面积应尽量小			1. 减少了加工量； 2. 减少了材料及切削工具的消耗量
2. 钻孔的出端与入端应避免斜孔			1. 避免刀具损坏； 2. 提高钻孔精度； 3. 提高生产率
3. 避免斜孔			1. 避免刀具损坏； 2. 几个平行的孔便于同时加工； 3. 减少孔的加工量
4. 进气孔等安排在外圆上			1. 便于加工； 2. 便于保证槽间的间距

做一做

根据图 2-1 所示的减速器装配图及图 2-2 所示的输出轴零件图，分析减速器输出轴的结构与技术要求，并思考下到问题：

（1）ϕ55 mm 轴颈尺寸精度为 IT6，为什么对圆柱度与表面粗糙度提出了进一步的要求？ ϕ60 mm 处两轴肩是止推面，对配合件起什么作用？

（2）根据图 2-2 所示的输出轴零件图，补全表 2-4 中的相关内容。

表 2-4　传动轴的技术要求

加工表面	粗糙度 *Ra*/μm	硬度 HBS	精度要求	允许值
支承轴颈		190 ~ 230	尺寸精度圆度	IT6 0.005 mm
轴头	0.8		尺寸精度	IT6
止推面		190 ~ 230	对支承轴颈的圆跳动	
键槽	3.2	190 ~ 230	对轴线的对称度	

（3）完成任务单 2.1 的相应任务，分析减速器传动轴的结构及技术要求。

步骤三　材料和毛坯选取

相关知识

一、轴类零件常用材料

轴类零件一般常用 45 钢，精度较高的轴可选用 40Cr、轴承钢 GCr15、弹簧钢 65Mn，也可选用球墨铸铁；对高速、重载的轴可选用 20CrMnTi、20Mn2B、20Cr 等低碳合金钢或 38CrMoAl 氮化钢。

1.　45 钢

45 钢是国标 GB 中的标准钢号，日本工业标准（Jamaica Information Service，JIS）中称为 S45C，国际材料试验协会（International Association for Testing Materials，IATM）称为 1045080M46，德国标准化学会（DIN）称为 C45。

45 钢中 C 含量为 0.42% ~ 0.50%，Si 含量为 0.17% ~ 0.37%，Mn 含量为 0.50% ~ 0.80%，Cr 含量≤ 0.25%，Ni 含量≤ 0.30%，Cu 含量≤ 0.25%，密度为 7.85 g/cm^3，弹性模量为 210 GPa，泊松比为 0.31。

GB/T 699—1999 标准规定的 45 钢推荐热处理温度为 850℃正火、840℃淬火、600℃回火，达到的性能为屈服强度≥ 355 MPa。GB/T 699—1999 标准规定 45 钢抗拉强度为 600 MPa，屈服强度为 355 MPa，伸长率为 16%，断面收缩率为 40%，冲击功为 39 J。

2.　40Cr

40Cr 是我国 GB 的标准钢号，JIS 标准钢号为 SCr440（H）/SCr440，国际标准化组织 ISO 标准钢号为 41Cr4，德国 DIN 标准材料编号为 1.17035/1.7045，美国 AISI/SAE/ASTM 标准钢号为 5140。

40Cr 中 C 含量为 0.37% ~ 0.44%，Si 含量为 0.17% ~ 0.37%，Mn 含量为 0.50% ~ 0.80%，Cr 含量为 0.80% ~ 1.10%，Ni 含量≤ 0.030%。

调质处理后具有良好的综合力学性能、良好的低温冲击韧性和低的缺口敏感性。钢的淬透性良好，水淬时可淬透到 ϕ28 ~ ϕ60 mm，油淬时可淬透到 ϕ15 ~ ϕ40 mm。这种钢除调质处理外还适于氰化和高频淬火处理，切削性能较好，当硬度为 HB174 ~ 229 时，相对切削加工性为 60%。

调质处理时，淬火温度为 850℃ ±10℃，油冷；回火温度为 520℃ ±10℃，水、油、空冷。调质以后的硬度为 HB330 ~ 380。

3.　其他常用材料

轴承钢 GCr15 和弹簧钢 65Mn，经调质和表面高频淬火后，表面硬度可达 50 ~ 58 HRC，并具有较高的耐疲劳性能和较好的耐磨性能，可制造较高精度的轴。

学习笔记

精密机床的主轴（例如磨床砂轮轴、坐标镗床主轴）可选用 38CrMoAIA 氮化钢。这种钢经调质和表面氮化后，不仅能获得很高的表面硬度，而且能保持较软的芯部，因此耐冲击韧性好。与渗碳淬火钢相比，它有热处理变形很小、硬度更高的特性。

球墨铸铁、高强度铸铁由于铸造性能好，且具有减振性能，常在制造外形结构复杂的轴中采用。镁球墨铸铁，抗冲击韧性好，同时还具有减摩、吸振、对应力集中敏感性小等优点，已被应用于制造汽车、拖拉机、机床上的重要轴类零件。

学点历史

国际冶金行业过去一直认为球墨铸铁是英国人 H.Morrogh 于 1947 年发明的。1981 年，我国球墨铸铁专家采用现代科学手段，对出土的 513 件古汉魏铁器进行研究，通过大量的科研数据断定汉代我国就出现了球状石墨铸铁，有关论文在第 18 届世界科技史大会上宣读，轰动了国际铸造界和科技史界。国际冶金史专家于 1987 年对此进行验证后认为：古代中国已经摸索到了用铸铁柔化术制造球墨铸铁的规律。

二、轴类零件常用材料选用

轴类零件应根据不同的工作条件和使用要求选用不同的材料，并采用不同的热处理获得一定的强度、韧性和耐磨性，如调质、正火、淬火等，如图 2–6 所示。

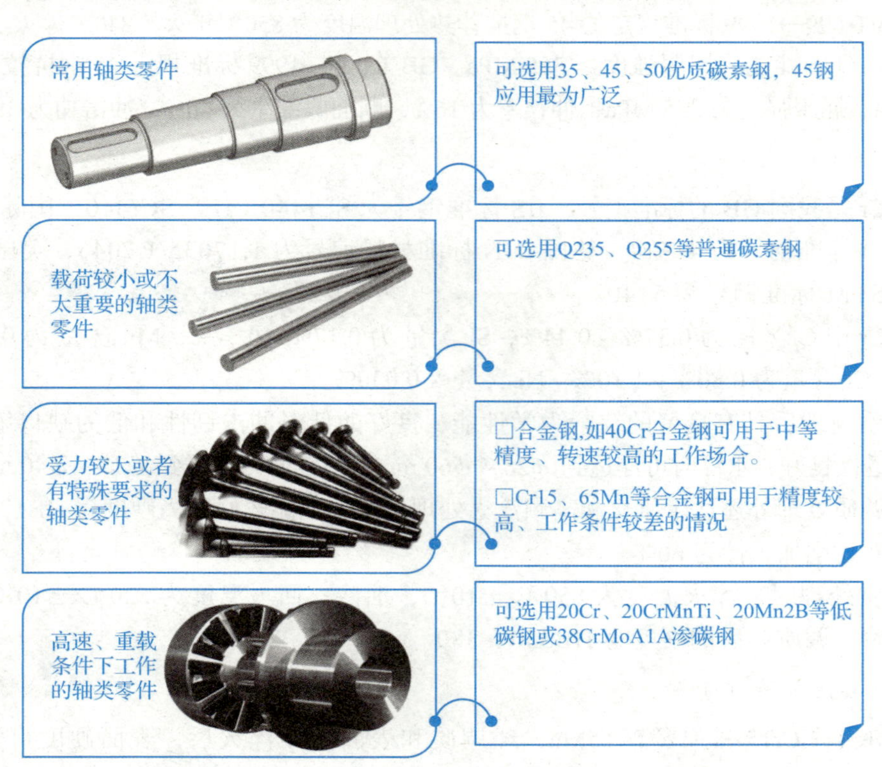

图 2–6　轴类零件常用材料

三、轴类零件常用毛坯

根据零件的使用要求、生产类型、设备条件及结构，轴类零件可选用棒料、锻件等毛坯形式，如图 2–7 所示。

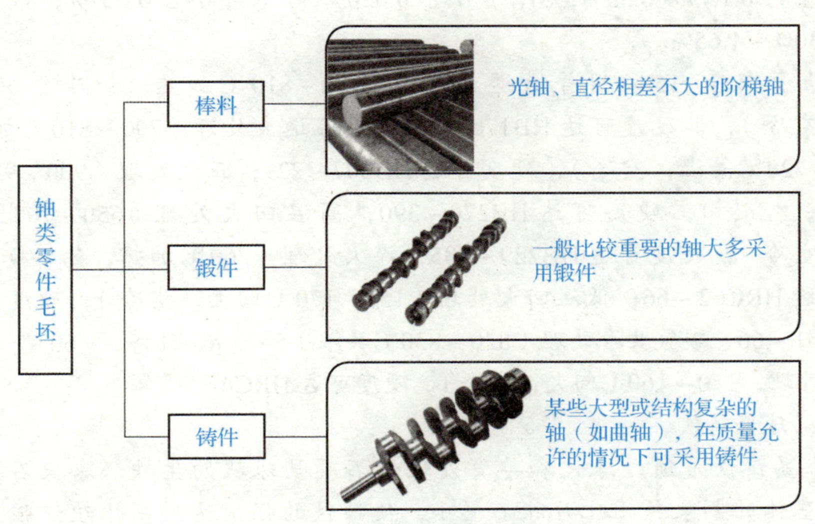

图 2–7 轴类零件常用毛坯

对于外圆直径相差不大的轴，一般以棒料为主；而对于外圆直径相差较大的阶梯轴或重要的轴，常选用锻件，这样既可节约材料，又可减少机械加工的工作量，还可改善机械性能。

根据生产规模的不同，毛坯的锻造方式有自由锻和模锻两种。中小批生产多采用自由锻，大批大量生产时采用模锻。

做一做

（1）结合任务一中零件图样的分析思路及本部分的相关知识，分析该任务输出轴哪些面为主要表面、哪些面是次要表面？

____

____

（2）阅读“轴类零件其他常用材料”，与同学讨论回答下列问题。

轴类零件其他常用材料

1. 轴承钢 GCr15

轴承钢 GCr15 是一种合金含量较少、具有良好性能、应用最广泛的高碳铬轴承钢；经过“淬火 + 回火”后具有高而均匀的硬度、良好的耐磨性、高

学习笔记

的接触疲劳性能，但其冷加工塑性中等，切削性能一般，焊接性能差，有回火脆性。

轴承钢GCr15中C含量为0.95%～1.05%，Mn含量为0.20%～0.40%，Si含量为0.15%～0.35%，S含量小于0.020%，P含量小于0.027%，Cr含量为1.30%～1.65%。

轴承钢GCr15采用普通退火处理（790～810℃加热，炉冷至650℃后，空冷），其硬度可达HB170～207；等温退火处理（790～810℃加热，710～720℃等温，空冷），硬度可达HB207～229；正火处理（900～920℃加热，空冷），硬度可达HB270～390；高温回火处理（650～700℃加热，空冷），硬度可达HB229～285；淬火处理（860℃加热，油淬），硬度可达HRC62～66；低温回火处理（150～170℃回火，空冷），硬度可达HRC61～66；碳氮共渗处理（820～830℃共渗1.5～3 h，油淬，−60～−70℃深冷处理，150～160℃回火，空冷），硬度可达HRC67。

2. 球磨铸铁

球墨铸铁是通过球化和孕育处理使石墨呈球状的生铁。球状石墨对金属基体的割裂作用比片状石墨小，使铸铁的强度达到基体组织强度的70%～90%，抗拉强度可达120 kgf[①]/mm^2，并且具有良好的韧性，从而得到比碳钢还高的强度。

球墨铸铁含碳量为3.6%～3.8%，含硅量为2.0%～3.0%，含锰、磷、硫总量不超过1.5%和适量的稀土、镁等球化剂。

球墨铸铁的综合性能接近于钢，所谓“以铁代钢”，主要是指球墨铸铁，球墨铸件已在几乎所有主要工业部门中得到应用。为了满足使用条件的变化，球墨铸铁现有许多牌号，提供了一个机械性能和物理性能均很宽的范围。

①对比分析45钢、40Cr、轴承钢GCr15、球磨铸铁等材料的性能有何不同。

____

____

②若可满足某零件性能要求的材料有多种，则应基于哪些方面进行选择？

____

____

（3）完成任务单2.1的相应任务。根据本步骤所学的相关知识及减速器输出轴的工作环境、技术要求及其结构，分析确定该输出轴的毛坯，并思考完成下列问题。

① 1kgf=9.8 N。

该输出轴材料要求调质硬度为 190～230 HBS，且设计人员选用材质为 45 钢，查机械加工工艺手册等资料，分析该材质能否满足需要。

步骤四　定位基准的选择

在编制工艺规程时，正确选择各道工序的定位基准，对保证加工质量、提高生产率等有重大影响。

一、基准的概念

基准是指确定零件上某些点、线、面位置时所依据的那些点、线、面，或者说是用来确定生产对象上几何要素间的几何关系所依据的那些点、线、面。

如图 2-8（a）所示，对于尺寸 20 mm 来说，*A* 面是 *B* 面的基准，或者 *B* 面是 *A* 面的基准；如图 2-8（b）所示，ϕ50 mm 轴线是 ϕ30 mm 轴线的基准。

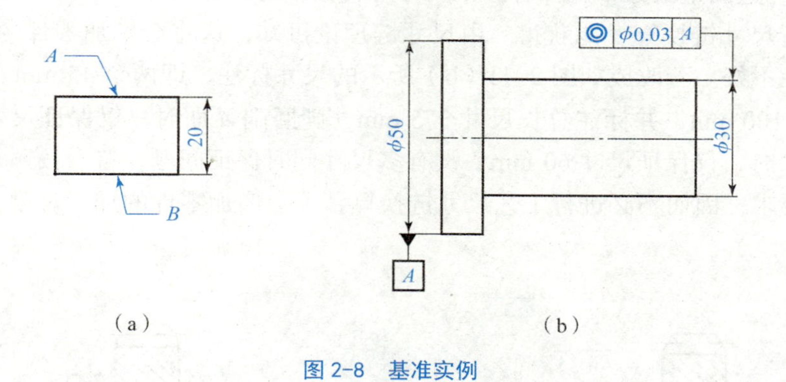

图 2-8　基准实例

二、基准的分类

基准按作用不同，可分为设计基准和工艺基准两大类。工艺基准是指在加工或装配过程中所使用的基准。工艺基准根据其使用场合不同，又可分为工序基准、定位基准、测量基准和装配基准四种，而定位基准根据选用的基准是否已加工，又可分为精基准和粗基准，如图 2-9 所示。

1. 设计基准

设计基准是设计图样上所采用的基准，也是标注尺寸的起点。

如图 2-8（a）和图 2-8（b）所示都是设计基准，另外图 2-8（b）中 ϕ50 mm 圆柱面的设计基准是 ϕ50 mm 的轴线，ϕ30 mm 圆柱面的设计基准是 ϕ30 mm 的轴线。因此，对于圆柱面，不应笼统地说轴的中心线是它们的设计基准。

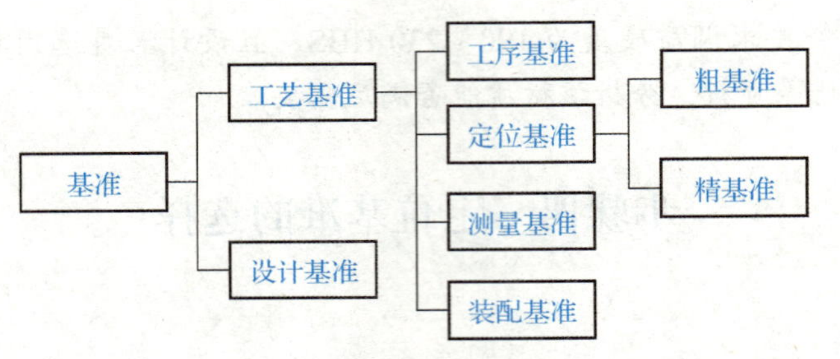

图 2–9　基准的分类

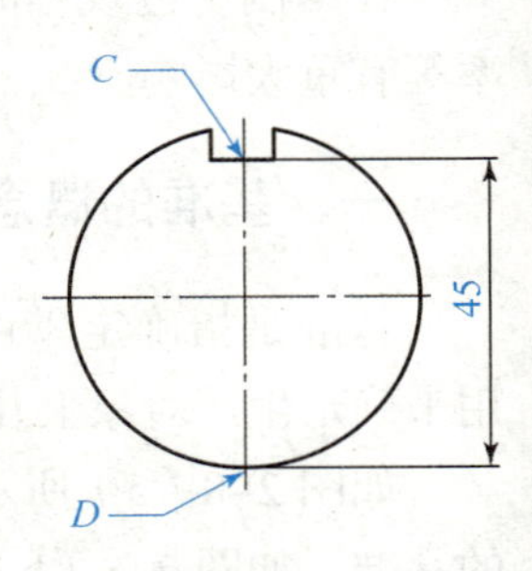

图 2–10　设计基准

如图 2–10 所示，圆柱面的下素线 *D* 是槽底面的设计基准。

按加工顺序标注尺寸符合加工过程，方便加工和测量，从而易于保证工艺要求。轴套类零件的一般尺寸或零件阶梯孔等都按加工顺序标注尺寸。

图 2–11（a）所示为齿轮轴零件的尺寸标注，端面 *A* 和 *B* 的表面粗糙度为 0.4 μm，都要磨削。磨削 *A* 面后，同时获得 45 mm 和 170 mm；磨削 *B* 面后，同时获得尺寸 45 mm、60 mm 和 145 mm。这两组尺寸中，都有一个尺寸可直接获得，其余尺寸则要进行尺寸链换算才能获得。由尺寸链理论可知，这将会增加零件的精度要求，所以工艺性不好。若改成如图 2–11（b）所示的尺寸标注，即两个 45 mm 分别标注为 125 mm 和 100 mm，并标注总长尺寸 375 mm，则磨削 *A* 面时，仅保证尺寸 170 mm；磨削端面 *B* 时，仅保证尺寸 60 mm，没有多尺寸同时保证问题，符合按照加工顺序标注尺寸的要求，因而不必进行工艺尺寸链换算，不会增加零件的加工难度，结构工艺性好。

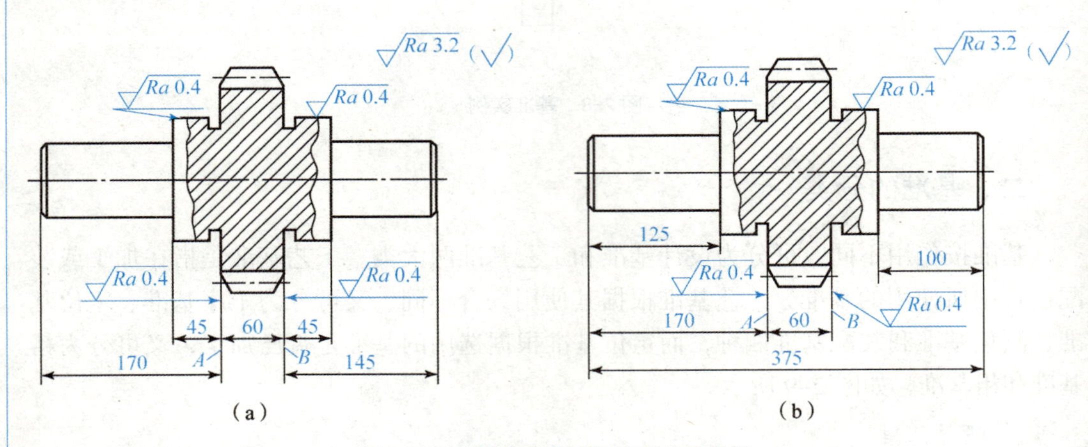

图 2–11　按照加工顺序标注尺寸的实例

（a）不正确；（b）正确

如图 2–12（a）所示阶梯轴以左端面为定位基准，加工时，左端面紧靠在固定支承上，前顶尖轴向可以浮动。此时，零件上的轴向尺寸应以左端面为基准标注。若左端面距加工面较远，当调整或测量不便时，可改用图 2–12（b）所示中调整基准（即调整刀具位置的基准）的轴肩为基准标注轴向尺寸，并标注 50 mm，连接定位基准和调整基准。

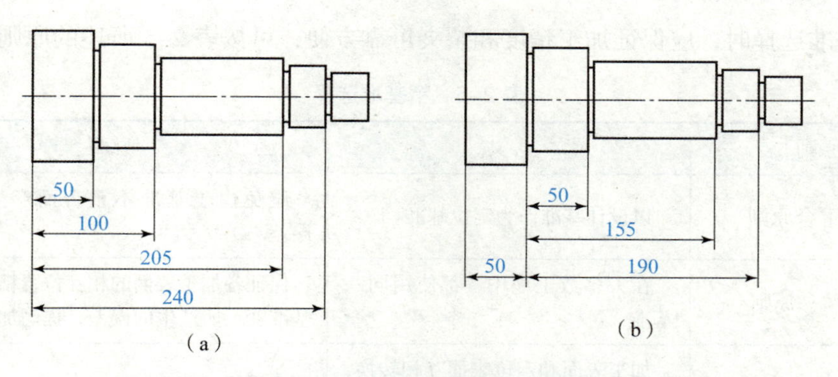

图 2-12　在多刀车床上加工阶段轴的尺寸标注实例

（a）从左端面定位基准标注尺寸；（b）从调整基准标注尺寸

2. 工艺基准

1）工序基准

在工序图上，用来确定加工表面位置的基准。

2）定位基准

加工过程中，使工件相对机床或刀具占据正确位置所使用的基准。

图 2-13（a）中的表面 *A* 是孔的工序基准，图 2-13（b）中的表面 *A* 和 *D* 是定位基准。

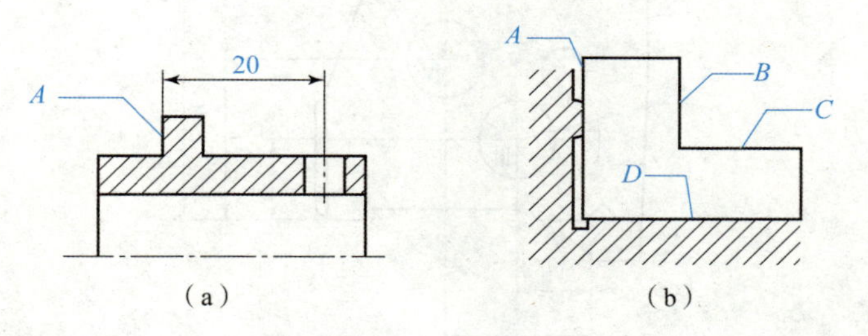

图 2-13　工艺基准

3）测量基准

用来测量加工表面位置和尺寸而使用的基准。

4）装配基准

装配过程中用以确定零部件在产品中位置的基准。

三、定位基准的选择

用未加工的毛坯表面作定位基准，称为粗基准；用加工过的表面作定位基准，称为精基准。

定位基准选择时，首先要保证工件的精度要求，因而在分析选择定位基准时应先

学习笔记

分析精基准，再分析粗基准。

1. 精基准的选择

精基准选择时，应保证加工精度和装夹可靠方便，可按表 2–5 所述的原则选取。

表 2–5　精基准选择

原则	含义	说明
基准重合原则	以设计基准作为定位基准	避免由于基准不重合而产生的定位误差
基准统一原则	在大多数工序中，都使用同一基准	保证各加工表面的相互位置精度，避免基准变换所产生的误差，提高加工效率
互为基准原则	加工表面和定位表面互相转换，互为定位基准	可提高相互位置精度
自为基准原则	以加工表面自身作为定位基准	可提高加工表面的尺寸精度，不能提高表面间的位置精度

如图 2–14 所示的箱体零件，孔Ⅳ在垂直方向上的设计基准是底面 D。在小批量生产时，镗孔Ⅳ常以底面 D 作为基准，此时设计基准与定位基准重合，则可直接保证尺寸 $Y_{Ⅳ}$；影响尺寸 $Y_{Ⅳ}$加工精度的只有与镗孔工序有关的加工误差，若把这项误差控制在一定的范围内，则可保证规定的加工精度。

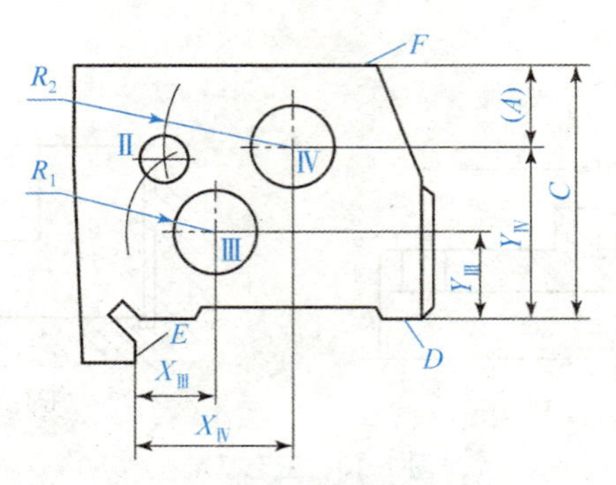

图 2–14　主轴箱体

在大批量生产中镗主轴孔时，为使夹具简单，常以顶面 F 作为定位基准，直接保证的尺寸是 A，设计尺寸 $Y_{Ⅳ}$只能间接保证，尺寸 $Y_{Ⅳ}$的精度取决于尺寸 A 和 C 的加工精度。由此可知，影响尺寸 $Y_{Ⅳ}$精度的因素除了与镗孔有关的加工误差以外，还与已加工尺寸 C 的加工误差有关，这就是由于设计基准和定位基准不重合而产生的基准不重合误差。

如图 2–15 所示，A 面和 F 面之间有同轴度要求，若用 A 面定位来加工 F 面，用 F 面定位来加工 A 面，即为互为基准加工。

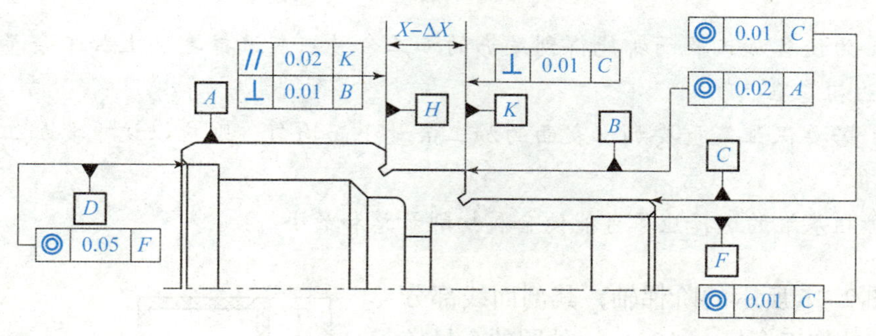

图 2-15　互为基准

提示：

拉孔、铰孔、珩磨孔、浮动镗刀镗孔等精加工工序一般加工余量小且均匀，常选用加工表面本身为基准进行加工，即自为基准。采用自为基准原则加工时，只能提高加工表面本身的尺寸精度、形状精度，不能提高加工表面的位置精度。

2. 粗基准的选择

粗基准的选择是否合理对以后工序的加工质量有很大的影响。因此，在选择粗基准时，必须从零件加工的全过程来考虑。所考虑的主要问题有两个：一是以后各加工面的余量分配，二是加工面与非加工面的相互位置要求，可按表 2-6 所示的原则选取。

表 2-6　粗基准选择

原则	含义	对粗基准的要求
余量均匀分配原则	应保证各加工表面都有足够的加工余量；以加工余量小而均匀的重要表面为粗基准，以保证该表面加工余量分布均匀、表面质量高	粗基准面应平整，没有浇口、冒口或飞边等缺陷，以便定位可靠
保证相互位置精度的原则	一般应以不加工面作为粗基准，保证不加工表面相对于加工表面具有较为精确的相对位置。当零件上有几个不加工表面时，应选择与加工面相对位置精度要求较高的不加工表面作粗基准	
便于装夹的原则	选表面光洁的平面作粗基准，以保证定位准确、夹紧可靠	
粗基准一般不得重复使用的原则	在同一尺寸方向上粗基准通常只允许使用一次，这是因为粗基准一般都很粗糙，重复使用同一粗基准所加工的两组表面之间位置误差会相当大	

提示：

（1）当零件上有一些表面不需要进行机械加工，且不加工表面与加工表面之间有一定的相互位置精度要求时，应选择不加工表面中与加工表面相互位置精度要求较高的不加工表面为粗基准。

学习笔记

（2）为使各加工表面都能得到足够的加工余量，应选择毛坯上加工余量最小的表面作为粗基准。

（3）若要保证某重要加工表面的加工余量小而均匀，则应以该重要加工表面作为粗基准。

（4）粗基准的选择应尽可能使金属切削量总和最小。

如图 2-16 所示的阶梯轴，其剖面线部分为各部分的加工余量，ϕ98 mm 外圆的余量较大，ϕ50 mm 的余量较小，且 ϕ108 mm 外圆与 ϕ55 mm 外圆有 3 mm 的偏心，若以 ϕ108 mm 外圆作为粗基准加工 ϕ50 mm 的外圆，则有可能因 ϕ50 mm 的余量不足而使工件报废。因此，应按照余量均匀分配原则选 ϕ55 mm 外圆为粗基准。

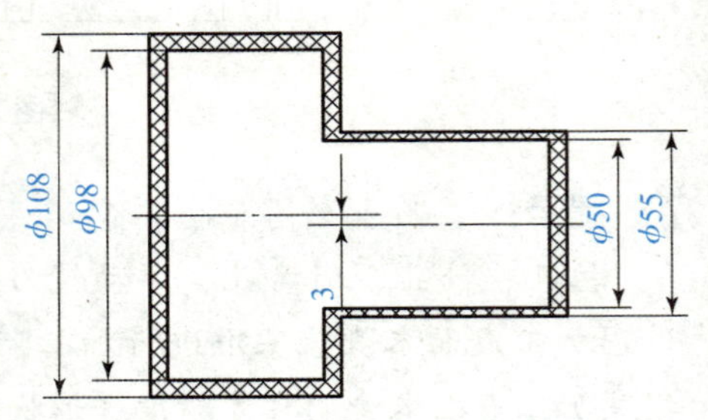

图 2-16　阶梯轴加工的粗基准选择

想一想： 如图 2-17 所示的阶梯轴，若以毛坯面 *B* 为粗基准，依次加工表面 *A* 和 *C*，对表面 *A* 和 *C* 有没有影响？如果有，有什么影响？为什么？

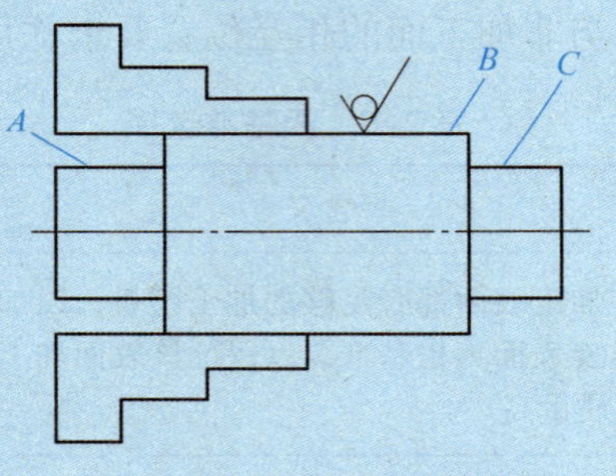

图 2-17　阶梯轴加工的粗基准

（提醒：粗基准一般不得重复使用，否则表面 *A* 的轴线和表面 *B* 的轴线同轴度误差较大）

做一做

（1）阅读教材定位基准相关知识，分析设计基准与工艺基准是否应当尽量重合，并分析原因。

____

____

（2）讨论分析粗基准选择时，应注意哪些问题？

____

____

（3）完成任务单 2.1 的相应任务。根据本步骤所学的相关知识，请分析确定该减速器输出轴的工艺基准，思考并回答下面问题。

学习笔记

为保证各配合表面的位置精度要求，轴类零件一般选用什么作为精基准加工各段外圆、轴肩？热处理后是否需要修研中心孔？为什么？

____

____

步骤五　加工方法及加工方案选择

相关知识

一、轴类零件外圆表面常用的加工方法

外圆表面常用的加工方法有车削加工、磨削加工、光整加工等三类。

1. 车削加工

车削加工是外圆表面最经济有效的加工方法，但就其经济精度来说，一般适于作为外圆表面粗加工和半精加工方法，如图 2-18 所示。

图 2-18　车削加工

2. 磨削加工

磨削加工是外圆表面的主要精加工方法，特别适用于各种高硬度和淬火后的零件精加工，如图 2-19 所示。

3. 光整加工

光整加工是精加工后进行的超精密加工方法，适用于某些精度和表面质量要求很高的零件，常用的方法有滚压、抛光（见图 2-20）、研磨。

图 2-19　磨削加工

图 2-20　抛光加工

学习笔记

提示：

精细车要求机床精度高，刚性好，传动平稳，能微量进给，无爬行现象；车削中采用硬质合金或硬质合金涂层刀具，刀具主偏角选大些（45°~90°），刀具的刀尖圆弧半径小于 $R0.1 \sim R1.0$ mm，以减少工艺系统中的弹性变形及振动。

二、车削加工

1. 车削加工过程

刀具与工件间的相对运动称为切削运动（即表面成形运动）。按作用来分，切削运动可分为主运动和进给运动。其切削加工过程是一个动态过程，在切削过程中，工件上通常存在着待加工表面、过渡表面和已加工表面等三个不断变化的切削表面，如图 2–21 所示。

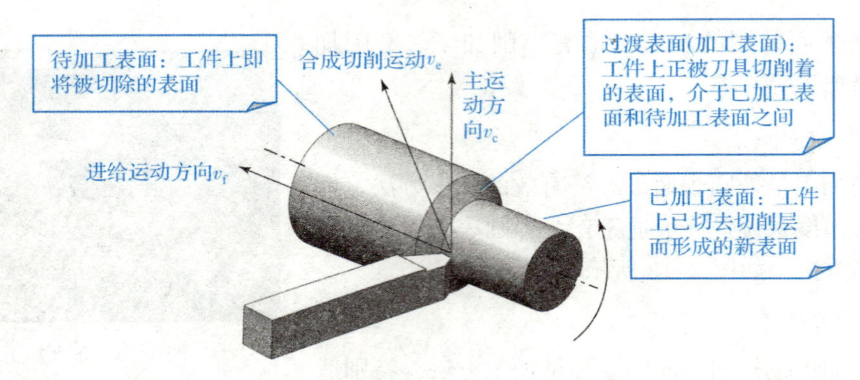

图 2–21　切削运动与切削方向

1）主运动

主运动是刀具与工件之间的相对运动，它使刀具的前刀面能够接近工件，切除工件上的被切削层，使之转变为切屑，从而完成切削加工。一般，主运动速度最高，消耗功率最大，机床通常只有一个主运动。例如，车削加工时，工件的回转运动是主运动。

2）进给运动

进给运动是配合主运动实现依次连续不断地切除多余金属层的刀具与工件之间的附加相对运动。进给运动与主运动配合即可完成所需的表面几何形状的加工。根据工件表面形状成形的需要，进给运动可以是多个，也可以是一个；可以是连续的，也可以是间歇的。

3）合成运动与合成切削速度

当主运动和进给运动同时进行时，刀具切削刃上某一点相对于工件的运动称为合成切削运动，其大小和方向用合成速度向量 $\boldsymbol{v}_e$ 表示，即

$$\boldsymbol{v}_e=\boldsymbol{v}_c+\boldsymbol{v}_f$$

2. 切削用量三要素与切削层参数

1）切削用量三要素

（1）切削速度 v_c。

切削速度 v_c 是刀具切削刃上选定点相对于工件的主运动瞬时线速度。由于切削刃上各点的切削速度不同，故计算时常用最大切削速度代表刀具的切削速度。当主运动为回转运动时：

$$v=\frac{\pi dn}{1\ 000}$$

式中 d——切削刃上选定点的回转直径，mm；

n——主运动的转速，r/s 或 r/min。

（2）进给速度 v_f、进给量 f。

进给速度 v_f 是切削刃上选定点相对于工件的进给运动瞬时速度，单位为 mm/s 或 mm/min。

进给量 f 是刀具在进给运动方向上相对于工件的位移量，用刀具或工件每转或每行程的位移量来表述，即 mm/r 或 mm/ 行程。

$$v_f=nf$$

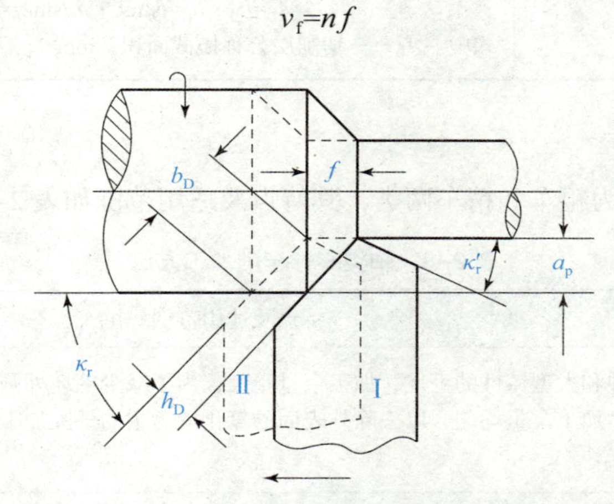

图 2-22 切削用量三要素与切削层参数

（3）切削深度 a_p。

对于车削和刨削加工来说，切削深度 a_p（背吃刀量）是在与主运动和进给运动方向相垂直的方向上度量的已加工表面与待加工表面之间的距离，单位为 mm。

$$a_p=\frac{d_w-d_m}{2}$$

对于钻孔加工来说

$$a_p=\frac{d_m}{2}$$

式中 d_w——工件待加工表面直径，mm；

d_m——工件已加工表面直径，mm。

学习笔记

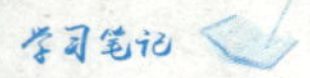

2）切削层参数

在切削过程中，刀具的切削刃在一次走刀中从工件待加工表面上切下的金属层，称为切削层，其参数如表 2–7 所示。

表 2–7　切削层参数

<table>
<tr><td rowspan="3">切削层参数</td><td>切削层公称厚度 h_D</td><td>在过渡表面法线方向测量的切削层尺寸，即相邻两过渡表面之间的距离。h_D 反映了切削刃单位长度上的切削负荷。由图 2–22 得
$h_D=f\sin\kappa_r$
式中　h_D——切削层公称厚度，mm；
f——进给量，mm/r；
κ_r——车刀主偏角，（°）</td></tr>
<tr><td>切削层公称宽度 b_D</td><td>沿过渡表面测量的切削层尺寸。b_D 反映了切削刃参加切削的工作长度。由图 2–22 得
$b_D=a_p/\sin\kappa_r$
式中　b_D——切削层公称宽度，mm</td></tr>
<tr><td>切削层公称横截面积 A_D</td><td>切削层公称厚度与切削层公称宽度的乘积。由图 2–22 得
$A_D=h_D \cdot b_D=f\sin\kappa_r \cdot a_p/\sin\kappa_r=f \cdot a_p$
式中　A_D——切削层公称横截面积，mm^2</td></tr>
</table>

3. 车削加工分类

车削加工一般分为粗车和精车两类，其特点及适用范围如表 2–8 所示。

表 2–8　轴类零件车削加工方法

车削类别	特点及适用范围
荒车	自由锻件和大型铸件的毛坯，加工余量很大，为了减少毛坯外圆形状误差和位置偏差，使后续工序加工余量均匀，以去除外表面的氧化皮为主的外圆加工。一般切除余量为单面 1 ~ 3 mm
粗车	中小型锻、铸件毛坯一般直接进行粗车。粗车主要切去毛坯大部分余量（一般车出阶梯轮廓），在工艺系统刚度容许的情况下，应选用较大的切削用量，以提高生产效率
半精车	一般作为中等精度表面的最终加工工序，也可作为磨削和其他加工工序的预加工。对于精度较高的毛坯，可不经粗车，直接半精车
精车	外圆表面加工的最终加工工序和光整加工前的预加工
精细车	高精度、小粗糙度表面的最终加工工序，适用于有色金属零件的外圆表面加工，但由于有色金属不宜磨削，所以可采用精细车代替磨削加工

三、外圆表面常用的加工方案

外圆表面的加工路线如图 2–23 所示。

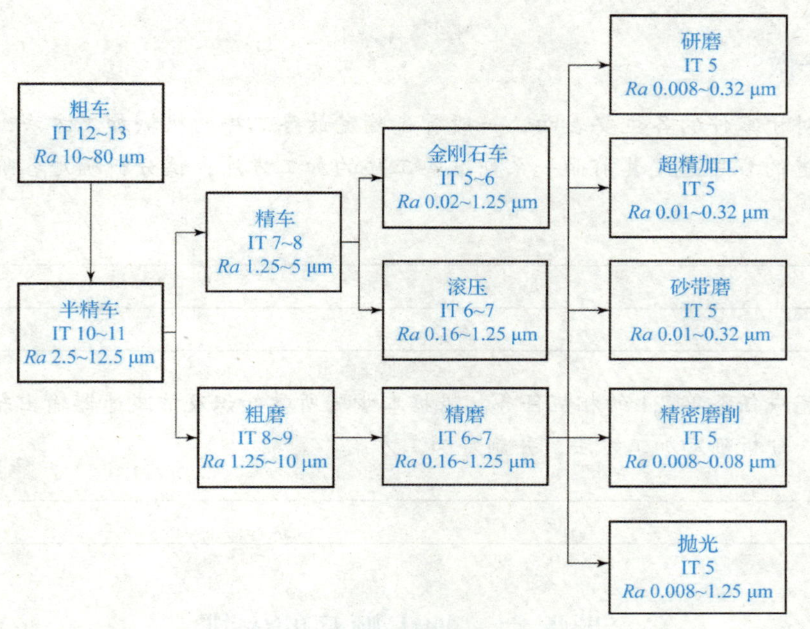

图 2–23 外圆表面的加工路线

学习笔记

一般情况下，外圆表面机械加工方法和方案的选择步骤为：首先确定各主要表面的加工方法，然后确定各次要表面的加工方法和方案。

对于各主要表面，首先确定其最终工序的机械加工方法，然后按由后向前推进的程序，选定其前面一系列准备工序的加工方法。常见的轴类零件加工方案见表 2–9。

表 2–9 常见的轴类零件加工方案

序号	加工方案	经济精度等级	表面粗糙度 Ra/μm	适用范围
1	粗车	IT11 以下	50 ~ 12.5	适用于淬火钢以外的各种金属
2	粗车—半精车	IT10 ~ IT8	6.3 ~ 3.2	
3	粗车—半精车—精车	IT8 ~ IT7	1.6 ~ 0.8	
4	粗车—半精车—精车—滚压（或抛光）	IT8 ~ IT7	0.2 ~ 0.025	
5	粗车—半精车—磨削	IT8 ~ IT7	0.8 ~ 0.4	主要用于淬火钢，也可用于未淬火钢，但不宜加工有色金属
6	粗车—半精车—粗磨—精磨	IT7 ~ IT6	0.4 ~ 0.1	
7	粗车—半精车—粗磨—精磨—超精加工	IT5	0.1 ~ 0.012	
8	粗车—半精车—精车—金刚石车	IT7 ~ IT6	0.4 ~ 0.025	主要用于要求较高的有色金属加工
9	粗车—半精车—粗磨—精磨—超精磨或镜面磨	IT5 以上	0.025 ~ 0.006	极高精度的外圆加工
10	粗车—半精车—粗磨—精磨—研磨	IT5 以上	0.1 ~ 0.006	

学习笔记

做一做

（1）对于零件的各主要表面，一般首先确定最终工序的机械加工方法，然后按由后向前推进的程序选定其前面一系列准备工序的加工方法，试分析确定各阶段加工方法的依据。

（2）完成任务单 2.1 的相应任务。根据本步骤所学知识及该减速器输出轴的结构与技术要求，分析确定加工方法，并制定加工方案。

步骤六　加工顺序的安排

相关知识

加工顺序的安排就是把零件上各个表面的加工顺序按工序次序排列出来，一般包括切削加工顺序的安排、热处理工序的安排和其他工序的安排。

一、切削加工工序的安排

为了保证零件的加工质量、生产效率和经济性，通常在安排工艺路线时将其划分成粗加工、半精加工和精加工等几个阶段。各阶段加工的目的及适用范围如图 2-24 所示。

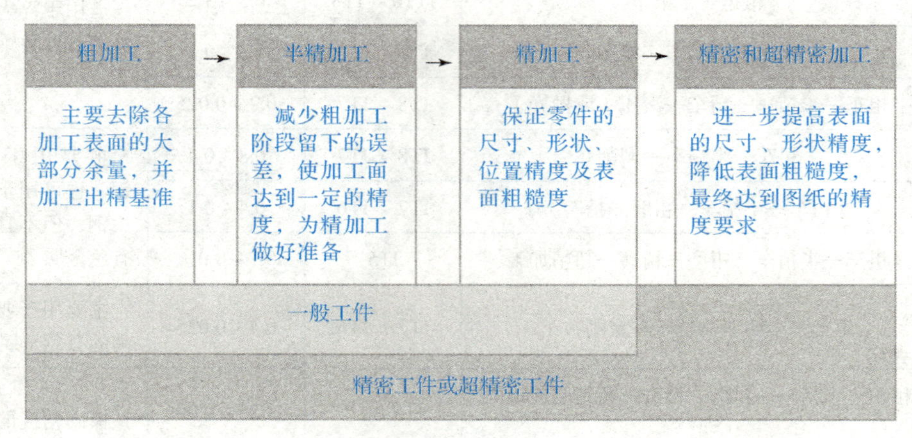

图 2-24　加工阶段图

安排切削加工工序时，应先安排各表面的粗加工，其次安排半精加工，最后安排精加工和光整加工。因为次要表面的精度不高，故一般经粗加工和半精加工阶段后即可完成，但一些同主要表面相对位置关系密切的表面，通常多置于精加工之后加工。

根据零件功用和技术要求，往往先将零件各表面分为主要表面和次要表面，然后重点考虑主要表面的加工顺序，次要表面适当穿插在主要表面的加工工序之间。

零件的精基准表面应先加工，以便定位可靠，并使其他表面达到一定的精度。轴类零件一般先加工中心孔，齿轮先加工孔及基准端面，箱体类零件先加工底面及定位孔，这都是为了定位可靠、提高加工精度。

想一想： 底座、箱体、支架及连杆类零件一般先加工平面，再加工孔，为什么？

（提醒：以平面为精基准加工孔，便于保证平面与孔的位置精度。）

切削加工的加工顺序安排见表 2-10。

表 2-10 加工顺序安排

原则	含义
基准先行	先安排被选作精基准的表面的加工，再以加工出的精基准为定位基准，安排其他表面的加工
先粗后精	先安排各表面粗加工，后安排精加工
先主后次	先考虑加工主要表面的工序安排，以保证主要表面的加工精度
先面后孔	对于既有平面，又有孔或孔系的箱体和支架类等零件，应先将平面（通常是装配基准）加工出来，再以平面为基准加工孔或孔系

提示：

☐ 当毛坯余量特别大、表面非常粗糙时，在粗加工阶段前还有荒加工阶段，为及时发现毛坯缺陷、减少运输量，荒加工阶段一般安排在毛坯准备车间进行。

☐ 切削加工工序安排的一般原则可总结为“先粗后精、先主后次、先面后孔，基准先行”十六字方针。

二、热处理和表面处理工序的安排

在零件机械加工工艺过程中，需合理安排一些热处理工序，以提高零件材料的力学性能和改善切削性能，消除毛坯制造和加工过程中产生的残余应力。常见的热处理分类见表 2-11，热处理和表面处理工序的安排如图 2-25 所示。

学习笔记

表 2-11 热处理分类

分类	应用
预备热处理	□ 主要目的是改善工件材料的切削性能，消除毛坯制造过程中产生的残余应力。 □ 常用的方法有退火、正火和调质处理。 □ 对于含碳量大于 0.5% 的碳钢，一般采用退火以降低硬度。 □ 对于含碳量小于 0.5% 的碳钢，一般采用正火提高其硬度，保证切削时不粘刀；调质能够得到细密均匀的回火索氏体组织，因此有时也用作预备热处理。 □ 预备热处理一般安排在粗加工之前，但调质通常安排在粗加工之后
消除残余应力处理	□ 主要是消除毛坯制造或工件加工过程中产生的残余应力。 □ 常用的方法有时效和退火，一般安排在粗加工之后、精加工之前进行。 □ 对于精度要求一般的工件，在粗加工之后安排一次时效或退火，可同时消除毛坯制造和粗加工的残余应力，减小后续工序的变形。 □ 精度要求高的零件，则应在半精加工之后安排第二次时效处理，确保精度稳定。 □ 一些精度要求很高的零件如精密丝杠、主轴等，则需要安排多次时效处理
最终热处理	□ 主要目的是提高材料的强度和硬度，常用的方法有淬火—回火，以及各种表面化学处理如渗碳、氮化等。 □ 最终热处理一般安排在半精加工之后、磨削加工之前，但氮化处理由于氮化层硬度高、变形小，故安排在粗磨和精磨之间进行

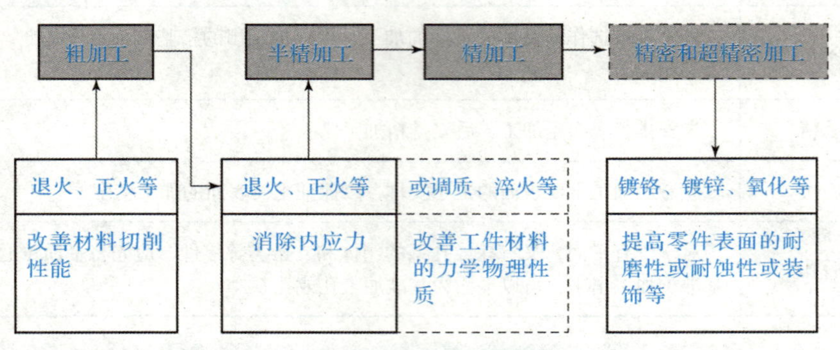

图 2-25 热处理和表面处理工序的安排

提示：

□ 渗碳淬火一般安排在切削加工之后、磨削加工之前进行。

□ 表面淬火和渗氮等变形小的热处理工序，允许安排在精加工之后进行。

三、其他工序的安排

1. 检验工序的安排

在工艺规程中，应在下列情况下安排常规检验工序：

（1）重要工序的加工前、后。

（2）不同加工阶段的前、后，如粗加工结束、精加工前；精加工后、精密加工前。

（3）工件从一个车间转到另一个车间前、后。

（4）零件的全部加工结束以后。

学习笔记

2. 辅助工序的安排

辅助工序的种类很多，如去毛刺、倒棱边、去磁、清洗、动平衡、涂防锈油和包装等。辅助工序是保证产品质量所必要的工序，因此在制定机械加工工艺路线时，一定要充分重视辅助工序的安排，合理确定其在工艺路线中的位置。

四、加工工序设计原则

零件各表面的加工方案确定及加工阶段划分后，可将同一阶段的加工组合成若干工序，即工序设计。

工序设计可以基于工序分散、工序集中两种原则进行，实际操作中应根据生产纲领、零件的技术要求、产品的市场前景以及现场的生产条件等因素综合考虑后决定，见表 2-12。

表 2-12　工序集中与分散特点及应用

类别	特点	应用
工序集中	（1）在一次安装中可加工出多个表面，不但减少了安装次数，而且易于保证这些表面之间的位置精度； （2）有利于采用高效的专用机床和工艺装备； （3）所用机器设备的数量少，生产线的占地面积小，使用的工人也少，易于管理； （4）机床结构通常较为复杂，调整和维修比较困难	对于多品种、中小批量生产，为便于转换和管理，多采用工序集中方式。数控加工中心采用的便是典型的工序集中方式。 由于市场需求的多变性，故对生产过程的柔性要求越来越高，工序集中将越来越成为生产的主流方式
工序分散	（1）使用的设备较为简单，易于调整和维护； （2）有利于选择合理的切削用量； （3）使用的设备数量多，占地面积较大，使用的工人数量也多	传统的流水线、自动线生产，多采用工序分散的组织形式，个别工序也有相对集中的情况

做一做

（1）阅读“切削加工工序的安排”相关知识，讨论分析安排加工顺序时主要考虑哪些方面。

学习笔记

方法提示： 讨论学习法是学习者之间相互研讨、切磋琢磨、相互学习的一种学习方法。它可以调动学习者的主动性、积极性、自觉性，养成积极探讨问题的学习态度和习惯；也可以充分发挥群众的智慧，集思广益，互相学习，互相提高；还可以培养和发展学习者的独立思考能力、口头表达能力和创造能力，使学习者灵活运用知识，解决疑难问题和实际问题，提高独立分析和解决问题的能力。

讨论学习法要想取得良好效果，需要做好以下几个方面：

（1）要做好讨论的准备工作，包括讨论的选题、目的、组织、时间安排、讨论主题相关信息咨询、自己的观点与建议等。

（2）组织好讨论过程，首先，讨论进行时应当将自由发言、中心发言、临时指定现场发言结合起来，围绕主题展开讨论；其次，讨论时充分发扬民主，让更多的人充分发表意见，引导大家理论联系实际，反对不着边际的空谈，还要有意识地引起问题争论，开展不同观点的交锋，活跃讨论的气氛；最后，做好讨论的总结。

（2）完成任务单 2.1 的相应任务。根据本步骤所学知识，合理安排该输出轴的加工顺序，并思考以下问题。

①该输出轴要求调质处理，应安排在什么时候进行？为什么？

____

____

②对比图 2-26 给出的参考加工方案，试分析与您制定的加工方案有何不同。

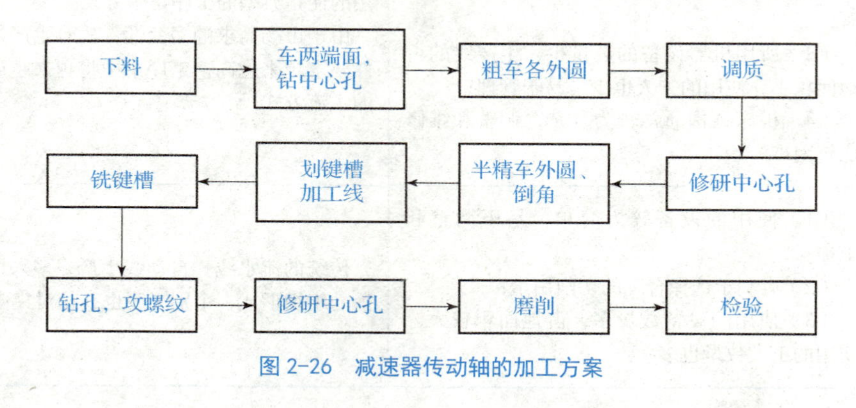

图 2-26　减速器传动轴的加工方案

____

____

步骤七　加工刀具的选择

相关知识

切削刀具种类很多，如车刀、刨刀、铣刀和钻头等，它们几何形状各异、复杂程度不等，但切削部分的结构和几何角度都具有许多共同的特征，其中车刀是最常用、最简单和最基本的切削工具，因而最具有代表性。其他刀具都可以看作是车刀的演变或组合。

一、外圆车刀

外圆车刀的切削部分（又称刀头）由前刀面、主刀后面、副刀后面、主切削刃、副切削刃和刀尖所组成，如图 2–27 所示。

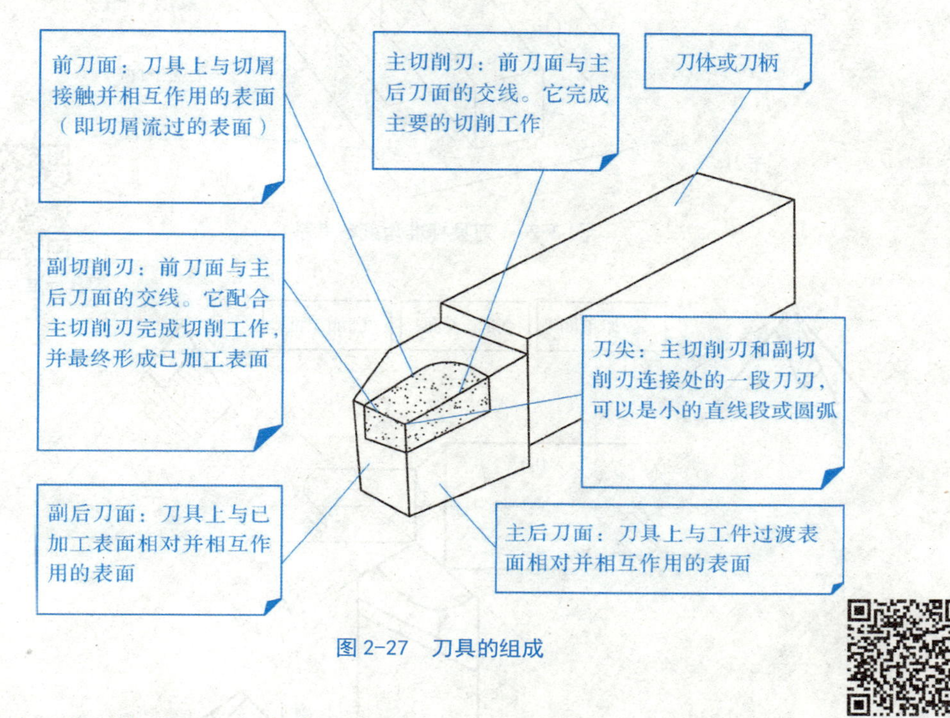

图 2–27　刀具的组成

车刀典型结构

1. 车刀切削部分的几何角度

刀具几何角度是确定刀具切削部分的几何形状与切削性能的重要参数，它是刀具前、后刀面和切削刃与假定参考坐标平面的夹角。用以确定刀具几何角度的参考坐标系有刀具标准角度参考系、刀具测量坐标参考系两类。

1）刀具标准角度参考系

刀具标准角度参考系亦称刀具静态参考系，是在以下两个假定条件下建立的坐标系，如图 2–28 所示。

（1）假定运动条件：以主运动向量 v_c 近似代替合成运动向量 v_e，然后再用平行或垂直于主运动方向的坐标平面构成参考系。

（2）假定安装条件：刀具的设计、制造基准与安装基准重合，即刀具的底面或轴线与组成参考系的辅助平面平行或垂直。

2）刀具的标注角度

刀具的标注角度是制造和刃磨刀具所需要的，并在刀具设计图上予以标注的角度。刀具的标注角度主要有五个，如图 2–29 和表 2–13 所示。

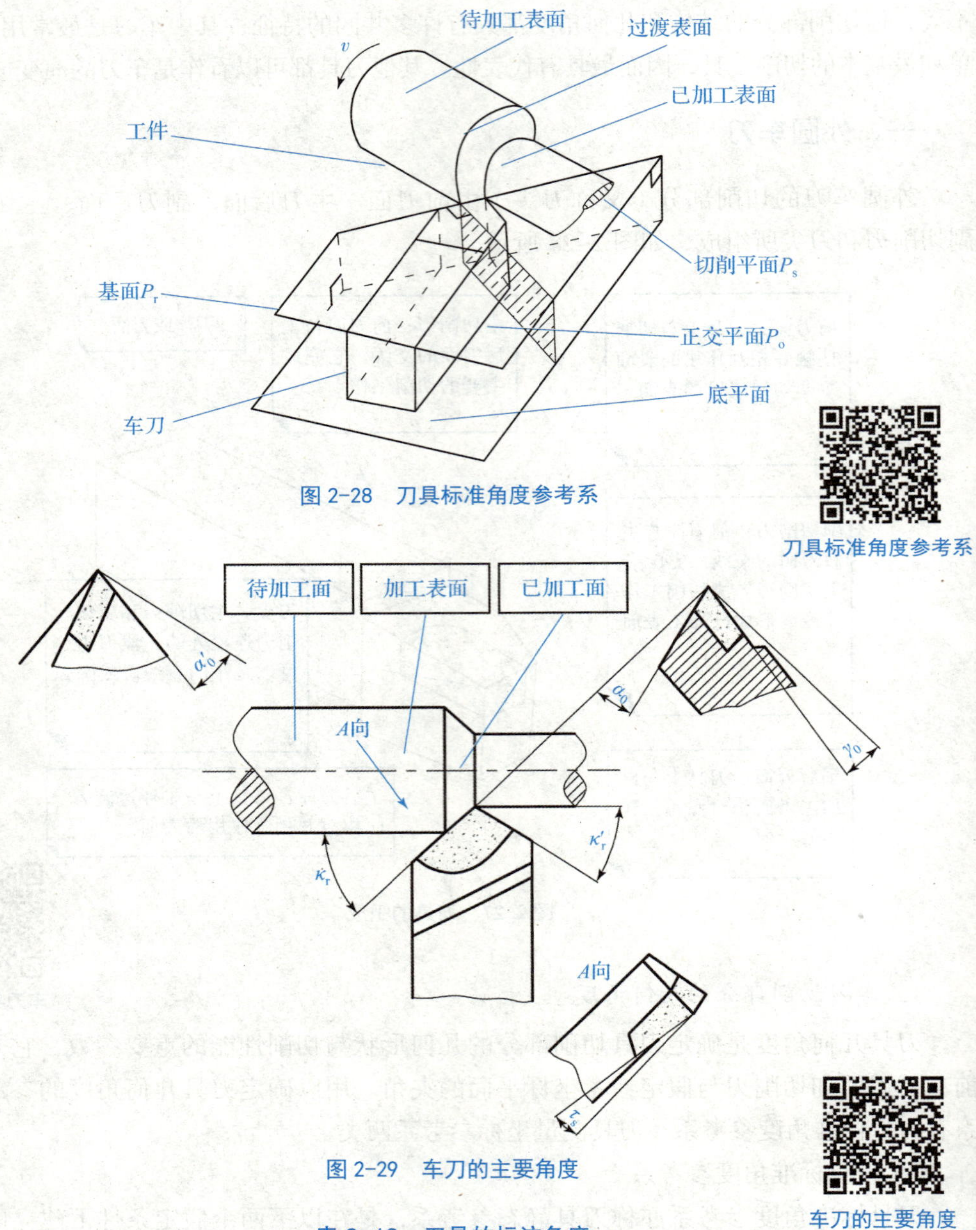

图 2-28　刀具标准角度参考系

刀具标准角度参考系

图 2-29　车刀的主要角度

车刀的主要角度

表 2-13　刀具的标注角度

刀具标注角度	含义
前角 γ_o	在正交平面 P_0 内，前刀面与基面之间的夹角。前角表示前刀面的倾斜程度，有正、负和零值之分
后角 α_o	在正交平面 P_0 内，主后刀面与切削平面之间的夹角。后角表示主后刀面的倾斜程度，一般为正值
主偏角 κ_r	在基面内，测量的主切削刃在基面上的投影与进给运动方向的夹角。主偏角一般为正值

续表

刀具标注角度	含义
副偏角 κ_r'	在基面内，测量的副切削刃在基面上的投影与进给运动反方向的夹角。副偏角一般为正值
刃倾角 λ_s	在切削平面内，测量的主切削刃与基面之间的夹角。当主切削刃呈水平时，$\lambda_s=0°$；当刀尖为主切削刃最低点时，$\lambda_s<0°$；当刀尖为主切削刃上最高点时，$\lambda_s>0°$，如图 2–30 所示

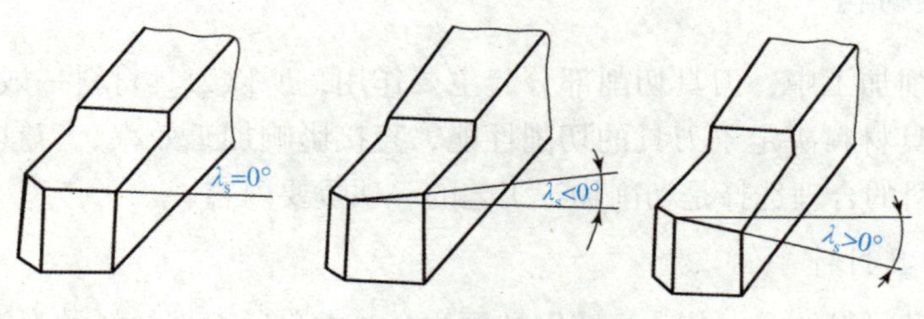

图 2–30　刃倾角的符号

3）刀具的工作角度

在实际的切削加工中，由于刀具安装位置和进给运动的影响，上述标注角度会发生一定的变化。角度变化的根本原因是切削平面、基面和正交平面位置的改变。

二、切削热与切削温度

在金属的切削加工中，由于切削层发生弹性与塑性变形，切屑、工件与刀具的摩擦等，将会产生大量切削热，切削热又会影响到刀具前刀面的摩擦系数、积屑瘤的形成与消退、加工精度与加工表面质量、刀具寿命等。影响切削温度的因素主要有以下四方面。

1. 切削用量

在切削用量三要素 v_c、a_p、f 中，切削速度 v_c 对温度的影响最显著，切削速度增加 1 倍，温度约增加 32%；其次是进给量 f，进给量增加 1 倍，温度约增加 18%；背吃刀量 a_p 影响最小，约 7%。其主要的原因是速度增加，使摩擦热增多；f 增加，切削层厚度减小，切屑带走的热量也增多，所以热量增加不多；背吃刀量的增加，使切削宽度增加，会显著增加热量的散热面积。

2. 刀具的几何参数

影响切削温度的主要几何参数为前角 γ_o 与主偏角 κ_r。前角 γ_o 增大，切削温度降低，因前角增大时，单位切削力下降，故切削热减少；主偏角 κ_r 减小，切削宽度 b_D 增大，切削厚度减小，因此切削温度也下降。

3. 工件材料

工件材料的强度、硬度和导热系数对切削温度影响比较大。材料的强度与硬度增大时，单位切削力增大，因此切削热增多，切削温度升高。导热系数会影响材料的传

学习笔记

学习笔记

热，因此导热系数大，产生的切削温度高。例如，低碳钢，强度与硬度较低，导热系数大，产生的切削温度低；不锈钢与45钢相比，导热系数小，因此切削温度比45钢高。

4. 切削液

切削液对切削温度的影响，与切削液的导热性能、比热、流量、浇注方式以及本身的温度都有很大关系。切削液的导热性越好，温度越低，则切削温度也越低。从导热性能方面来看，水基切削液优于乳化液，乳化液优于油类切削液。

三、刀具材料

在金属切削加工中，刀具切削部分起主要作用，所以刀具材料一般指刀具切削部分的材料。刀具材料决定了刀具的切削性能，直接影响加工效率、刀具耐用度和加工成本。刀具材料的合理选择是切削加工工艺的一项重要内容。

1. 普通刀具材料

常用的刀具材料较多，其中高速钢和硬质合金类普通刀具材料最为常用。

1）高速钢

高速钢是一种含钨、钼、铬、钒等合金元素较多的工具钢。高速钢具有良好的热稳定性，在500～600℃的高温仍能切削，与碳素工具钢、合金工具钢相比，其切削速度可提高1～3倍，刀具耐用度提高10～40倍。高速钢具有较高的强度和韧性，如抗弯强度是一般硬质合金的2～3倍、陶瓷的5～6倍，且具有一定的硬度（63～70 HRC）和耐磨性。刀具常用的高速钢见表2–14。

表2–14　刀具常用的高速钢

类别	子类别	特点典型钢种
普通高速钢	钨系高速钢	□ 优点：磨削性能和综合性能好，通用性强。常温硬度为63～66 HRC，600℃高温硬度为48.5 HRC左右。 □ 缺点：碳化物分布常不均匀，强度与韧性不够强，热塑性差，不宜制造成大截面刀具。 □ 典型钢种：W18Cr4V（简称W18）
	钨钼钢	□ 优点：减小了碳化物数量及分布的不均匀性，和W18钢相比，M2抗弯强度提高17%，抗冲击韧度提高40%以上，而且大截面刀具也具有同样的强度与韧性，它的性能也较好。 □ 缺点：高温切削性能和W18相比稍差。 □ 典型钢种：W6Mo5Cr4V2（简称M2）、W9Mo5Cr4V2（简称W9）
高性能高速钢	—	□ 优点：具有较强的耐热性，在630～650℃高温下仍可保持60HRC的高硬度，而且刀具耐用度是普通高速钢的1.5～3倍。它适合加工奥氏体不锈钢、高温合金、钛合金、超高强度钢等难加工材料。 □ 缺点：强度与韧性较普通高速钢低，高钒高速钢磨削加工性差。 □ 典型钢种：高碳高速钢9W6Mo5Cr4V2，高钒高速钢W6Mo5Cr4V3，钴高速钢W6Mo5Cr4V2Co5，超硬高速钢W2Mo9Cr4V Co8、W6Mo5Cr4V2Al

续表

类别	子类别	特点典型钢种
粉末冶金高速钢	—	□ 优点：无碳化物偏析，提高了钢的强度、韧性和硬度，硬度值达 69 ~ 70HRC；保证材料各向同性，减小热处理内应力和变形；磨削加工性好，磨削效率比熔炼高速钢提高 2 ~ 3 倍；耐磨性好。此类钢适于制造切削难加工材料的刀具、大尺寸刀具（如滚刀和插齿刀）、精密刀具和磨加工量大的复杂刀具。 □ 缺点：价格昂贵，是普通高速钢的 2 ~ 5 倍。 □ 典型钢种：ASP-23 粉末冶金高速钢

2）硬质合金

硬质合金是由难熔金属碳化物（如 TiC、WC、NbC 等）和金属黏结剂（如 Co、Ni 等）经粉末冶金方法制成的。硬质合金中高熔点、高硬度碳化物含量高，因此硬质合金常温硬度很高，达到 78 ~ 82 HRC，热熔性好，热硬性可达 800 ~ 1 000℃以上，切削速度比高速钢提高 4 ~ 7 倍。其缺点是脆性大，抗弯强度和抗冲击韧性不强，抗弯强度只有高速钢的 1/3 ~ 1/2，冲击韧性只有高速钢的 1/4 ~ 1/35。国产硬质合金见表 2–15。

表 2–15 国产硬质合金

类别	特点
钨钴类（WC+Co）	合金代号为 YG，对应于国标 K 类。此合金钴含量越高，韧性越好，适于粗加工；钴含量低，适于精加工
钨钛钴类（WC+TiC+Co）	合金代号为 YT，对应于国标 P 类。此类合金有较高的硬度和耐热性，主要用于加工切屑成带状的钢件等塑性材料。合金中 TiC 含量高，则耐磨性和耐热性提高，但强度降低。因此粗加工一般选择 TiC 含量少的牌号，精加工选择 TiC 含量多的牌号
钨钛钽（铌）钴类（WC+TiC−TaC（Nb）+ Co）	合金代号为 YW，对应于国标 M 类。此类硬质合金不但适用于加工冷硬铸铁、有色金属及合金半精加工，也能用于高锰钢、淬火钢、合金钢及耐热合金钢的半精加工和精加工
碳化钛基类（WC+TiC+Ni+Mo）	合金代号 YN，对应于国标 P01 类。一般用于精加工和半精加工，对于大长零件且加工精度较高的零件尤其适合，但不适于有冲击载荷的粗加工和低速切削

2. 特殊刀具材料

1）陶瓷刀具

陶瓷刀具材料主要由硬度和熔点都很高的 Al_2O_3、Si_3N_4 等氧化物、氮化物组成，另外还有少量的金属碳化物、氧化物等添加剂，通过粉末冶金工艺方法制粉，再压制

学习笔记

学习笔记

烧结而成。常用的陶瓷刀具有两种：Al_2O_3 基陶瓷和 Si_3N_4 基陶瓷。

陶瓷刀具的优点是有很高的硬度和耐磨性，硬度达 91 ~ 95 HRA，耐磨性是硬质合金的 5 倍；刀具寿命比硬质合金高；具有很好的热硬性，当切削温度 760℃时，具有 87 HRA（相当于 66 HRC）的硬度，温度达 1 200℃时仍能保持 80 HRA 的硬度；摩擦系数低，切削力比硬质合金小，用该类刀具加工时能减小表面粗糙。其缺点是强度和韧性差，热导率低。陶瓷最大的缺点是脆性大、抗冲击性能很差。此类刀具一般用于高速精细加工硬材料。

2）金刚石刀具

金刚石是碳的同素异构体，具有极高的硬度。现在常用的金刚石刀具有三类：天然金刚石刀具；人造聚晶金刚石刀具；复合聚晶金刚石刀具。其优点是具有极高的硬度和耐磨性，人造金刚石硬度达 10 000 HV，耐磨性是硬质合金的 60 ~ 80 倍；切削刃锋利，能实现超精密微量加工和镜面加工；具有很高的导热性。但它的耐热性差，强度低，脆性大，对振动很敏感。

此类刀具主要用于高速条件下精细加工有色金属及其合金和非金属材料。

3）立方氮化硼刀具

立方氮化硼（简称 CBN）是由六方氮化硼为原料在高温高压下合成的。CBN 刀具的主要优点是硬度高，硬度仅次于金刚石，热稳定性好，具较高的导热性和较小的摩擦系数；缺点是强度和韧性较差，抗弯强度仅为陶瓷刀具的 1/5 ~ 1/2。

CBN 刀具适用于加工高硬度淬火钢、冷硬铸铁和高温合金材料。它不宜加工塑性大的钢件和镍基合金，也不适合加工铝合金和铜合金，通常采用负前角的高速切削。

四、刀具的选用

1. 刀具种类的选择

刀具种类主要根据被加工表面的形状、尺寸、精度、加工方法、所用机床及要求的生产率等进行选择。

2. 刀具材料的选择

刀具材料主要根据工件材料、刀具形状和类型及加工要求等进行选择。

3. 刀具几何参数的选择

刀具角度的选择主要包括刀具的前角、后角、主偏角和刃倾角的选择。

1）前角的选择

前角的大小将影响切削过程中的切削变形和切削力，同时也会影响工件表面粗糙度和刀具的强度与寿命。

增大刀具前角可以减小前刀面挤压被切削层的塑性变形，减小切削力和表面粗糙度，但刀具前角增大会降低切削刃和刀头的强度，使刀头散热条件变差，切削时刀头容易崩刃，因此合理前角的选择既要切削刃锐利，又要有一定的强度和一定的散热体积。

对于不同材料的工件，在切削时用的前角不同，切削钢的合理前角比切削铸铁大，切削中硬钢的合理前角比切削软钢小。

对于不同的刀具材料，由于硬质合金的抗弯强度较低、抗冲击韧度差，所以合理前角也就小于高速钢刀具的合理前角。

粗加工、断续切削或切削特硬材料时，为保证切削刃强度，应取较小的前角，甚至负前角。表 2–16 所示为硬质合金车刀合理前角的参考值，高速钢车刀的前角一般比表 2–16 中大 5° ~ 10°。

表 2–16　硬质合金车刀合理前角参考值　（°）

工件材料种类	合理前角参考范围	
	粗车	精车
低碳钢	20 ~ 25	25 ~ 30
中碳钢	10 ~ 15	15 ~ 20
合金钢	10 ~ 15	15 ~ 20
淬火钢	-15 ~ -5	
不锈钢	15 ~ 20	20 ~ 25
灰铸铁	10 ~ 15	5 ~ 10
铜或铜合金	10 ~ 15	5 ~ 10
铝或铝合金	30 ~ 35	35 ~ 40
钛合金	5 ~ 10	

2）后角、副后角的选择

后角的大小将影响刀具后刀面与已加工表面之间的摩擦。

后角增大可减小后刀面与加工表面之间的摩擦，后角越大，切削刃越锋利，但是切削刃和刀头的强度削弱，散热体积减小。

粗加工、强力切削及承受冲击载荷的刀具，为增加刀具强度，后角应取小些；精加工时，增大后角可提高刀具寿命和加工表面的质量。

工件材料的硬度与强度高，取较小的后角，以保证刀头强度；工件材料的硬度与强度低，塑性大，易产生加工硬化，为了防止刀具后刀面磨损，后角应适当加大。加工脆性材料时，切削力集中在刃口附近，宜取较小的后角。若采用负前角，则应取较大的后角，以保证切削刃锋利。

尺寸刀具精度高，取较小的后角，以防止重磨后刀具尺寸的变化。

为了制造、刃磨的方便，一般刀具的副后角等于后角。但切断刀、车槽刀、锯片铣刀的副后角，受刀头强度的限制，只能取很小的数值，通常取 1° 30′左右。

硬质合金车刀合理后角参考值见表 2–17。

表 2-17　硬质合金车刀合理后角参考值　（°）

工件材料种类	合理后角参考范围	
	粗车	精车
低碳钢	8 ~ 10	10 ~ 12
中碳钢	5 ~ 7	6 ~ 8
合金钢	5 ~ 7	6 ~ 8
淬火钢	8 ~ 10	
不锈钢	6 ~ 8	8 ~ 10
灰铸铁	4 ~ 6	6 ~ 8
铜或铜合金	6 ~ 8	6 ~ 8
铝或铝合金	8 ~ 10	10 ~ 12
钛合金	10 ~ 15	

3）主偏角、副偏角的选择

主偏角和副偏角越小，刀头的强度高，散热面积大，刀具寿命长。此外，主偏角和副偏角小时，工件加工后的表面粗糙度小；但是，当主偏角和副偏角减小时，会加大切削过程中的背向力，容易引起工艺系统的弹性变形和振动。

主偏角的选择原则与参考值：

工艺系统的刚度较好时，主偏角可取小值，如 κ_r=30° ~ 45°，在加工高强度、高硬度的工件材料时，可取 κ_r=10° ~ 30°，以增加刀头的强度。当工艺系统的刚度较差或强力切削时，一般取 κ_r=60° ~ 75°。车削细长轴时，为减小背向力，取 κ_r=90° ~ 93°。在选择主偏角时，还要视工件形状及加工条件而定，如车削阶梯轴时，可取 κ_r=90°，当用一把车刀车削外圆、端面和倒角时，可取 κ_r=45° ~ 60°。

副偏角的选择原则与参考值：

主要根据工件已加工表面的粗糙度要求和刀具强度来选择，在不引起振动的情况下，尽量取小值。精加工时，取 κ_r'=5° ~ 10°；粗加工时，取 κ_r'=10° ~ 15°。当工艺系统刚度较差或从工件中间切入时，可取 κ_r'=30° ~ 45°。在精车时，可在副切削刃上磨出一段 κ_r'=0°、长度为（1.2 ~ 1.5）f 的修光刃，以减小已加工表面的粗糙度值。

切断刀、锯片铣刀和槽铣刀等，为了保持刀具强度和重磨后宽度变化较小，副偏角宜取 1° 30′。

4）刃倾角的选择

刃倾角的正负会影响切屑的排出方向，如图 2-31 所示。精车和半精车时刃倾角宜选用正值，使切屑流向待加工表面，防止划伤已加工表面。加工钢和铸铁，粗车时取负刃倾角 −5° ~ 0°；车削淬硬钢时，取 −15° ~ 5°，使刀头强固，切削时刀尖可避免受到冲击，散热条件好，提高了刀具寿命。

增大刃倾角的绝对值，使切削刃变得锋利，可以切下很薄的金属层，如微量精车、精刨时，刃倾角可取 45°～75°。采用大刃倾角刀具可使切削刃加长、切削平稳、排屑顺利、生产效率高、加工表面质量好。但工艺系统刚性差，切削时不宜选用负刃倾角。

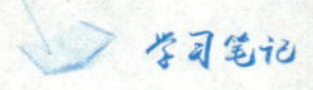

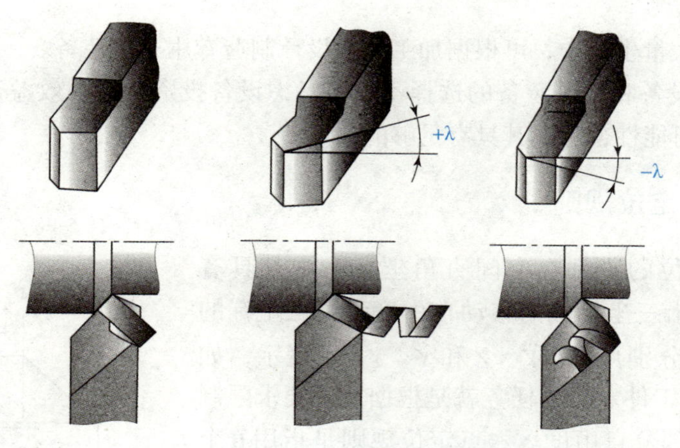

图 2-31　刃倾角的正负对切屑排出方向的影响

做一做

（1）结合相关知识，讨论分析对于一个具体的零件应如何选择刀具，即应选择刀具的原则是什么。

____

____

____

（2）完成任务单 2.1 的相应任务。根据本步骤所学知识、该输出轴的技术要求及加工方法等实际情况，选择加工刀具，并确定刀具参数。

步骤八　加工设备的选择及工件的装夹

相关知识

一、机床设备和工艺装备的选择注意事项

（1）机床设备和工艺装备的选择。

①所选机床设备的尺寸规格应与工件的形体尺寸相适应。

②精度等级应与本工序加工要求相适应。

③电动机功率应与本工序加工所需功率相适应。

学习笔记

④机床设备的自动化程度和生产效率应与工件生产类型相适应。

（2）工艺装备将直接影响工件的加工精度、生产效率和制造成本，应根据不同情况适当选择。

①在中小批生产条件下，应首先考虑选用通用工艺装备（包括夹具、刀具、量具和辅具）。

②在大批大量生产中，可根据加工要求设计制造专用工艺装备。

（3）机床设备和工艺装备的选择不仅要考虑设备投资的当前效益，还要考虑产品改型及转产的可能性，应使其具有足够的柔性。

二、六点定位规则

任何未定位的工件在空间直角坐标系中都具有六个自由度：沿三坐标轴的移动自由度和绕三坐标的转动自由度，分别用$\vec{X}$、$\vec{Y}$、$\vec{Z}$和$\overset{\curvearrowright}{X}$、$\overset{\curvearrowright}{Y}$、$\overset{\curvearrowright}{Z}$表示，如图 2–32 所示。工件定位的任务就是根据加工要求限制工件的全部或部分自由度。六点定位规则是指用 6 个支撑面来分别限制工件的 6 个自由度，从而使工件在空间得到确定定位的方法。6 个支撑点的分布方式与工件形状有关，如图 2–33 所示。

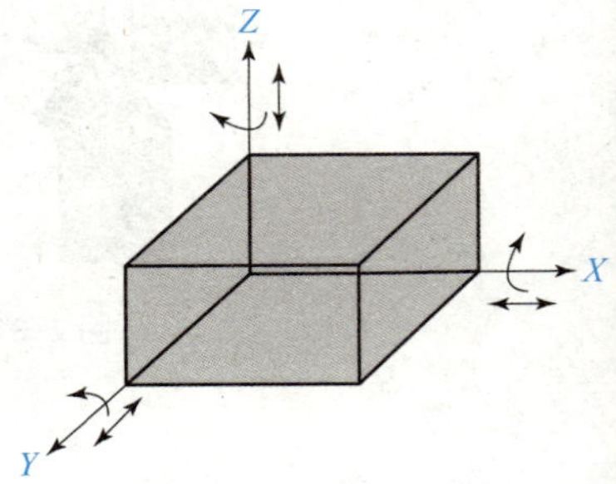

图 2–32　工件的六个自由度

如图 2–33（a）所示，工件底面 A 由 3 个不处于同一直线的支撑点支撑，限制了$\vec{Z}$、$\overset{\curvearrowright}{X}$、$\overset{\curvearrowright}{Y}$ 3 个自由度，起主要支撑作用，称为第一定位基准；侧面 B 靠在 2 个支撑点上，两支撑点沿与 A 面平行的方向布置，限制了工件的$\vec{X}$、$\overset{\curvearrowright}{Z}$ 2 个自由度，称为第二定位基准；端面 C 由 1 个支撑点支撑，限制了$\vec{Y}$ 1 个自由度，称为第三定位基准。可见，工件的 6 个自由度都被限制了，工件在夹具中的位置得到了完全确定。

六点定位

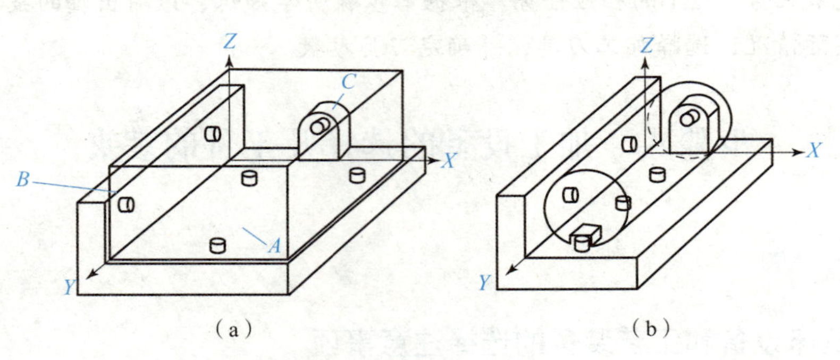

图 2–33　工件的六点点位

（a）六面体类工件；（b）轴类工件

如图 2–33（b）所示，底面为第一基准，由 2 个支撑点限制了$\vec{Z}$、$\overset{\curvearrowright}{X}$ 2 个自由度；侧面为第 2 基准，用 2 个支撑点限制了$\vec{X}$、$\overset{\curvearrowright}{Z}$ 2 个自由度；端面为第三基准，用 1 个支

撑点限制了$\vec{Y}$ 1 个自由度；另一端面为第四基准，用槽孔的 1 个支撑点限制了$\overset{\curvearrowright}{Y}$ 1 个自由度。

提示：

理论上的支撑点在实际夹具中都是具体的定位元件，但有时理论上的多个支撑点可能只是一个具体的定位元件，例如图 2-33（a）中底面的 3 个支撑点可能只是一个平面支撑元件。

三、限制工件自由度与加工要求的关系

工件在夹具中的定位并非所有情况都必须完全定位，所需要限制的自由度取决于本工序的加工要求。对空间直角坐标系来说，工件在某个方面有加工要求，则在那个方面的自由度就应该加以限制。

如图 2-34 所示，铣一通槽，保证尺寸 A、B 以及槽对底面与侧面的平行度要求。为了保证尺寸 A，应限制$\vec{Z}$、$\overset{\curvearrowright}{X}$、$\overset{\curvearrowright}{Y}$ 3 个自由度；为保证尺寸 B，应限制$\vec{X}$、$\overset{\curvearrowright}{Z}$ 2 个自由度；为了保证槽对底面的平行度要求，应限制$\overset{\curvearrowright}{X}$、$\overset{\curvearrowright}{Y}$ 2 个自由度；为保证槽对侧面的平行度要求，应限制$\overset{\curvearrowright}{Z}$、$\overset{\curvearrowright}{Y}$ 2 个自由度。

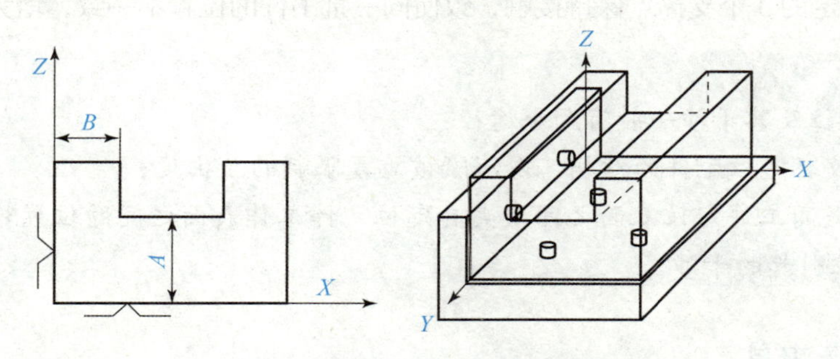

图 2-34 限制工件的 5 个自由度

综上可见，加工该零件的通槽时应限制$\overset{\curvearrowright}{Y}$、$\vec{Z}$、$\overset{\curvearrowright}{X}$、$\overset{\curvearrowright}{Y}$、$\overset{\curvearrowright}{Z}$ 5 个自由度。由于加工通槽对槽的长度没有要求，即在 Y 轴方向的移动没有要求，所以 $\vec{Y}$ 可以不限制。

如图 2-35 所示，车床上加工轴的通孔，保证尺寸 D 及其公差。根据加工要求，可以对$\vec{X}$、$\overset{\curvearrowright}{X}$ 2 个自由度不加限制，并利用三爪卡盘限制工件的其他 4 个自由度。

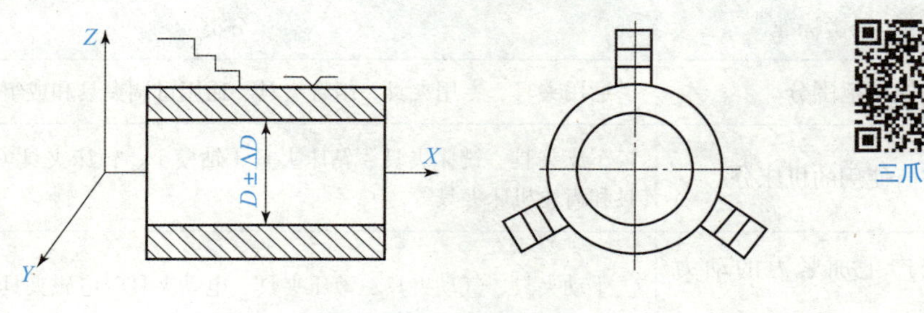

图 2-35 限制工件的 4 个自由度

学习笔记

想一想： 盘类零件的支撑点如何分布，可使用最少的支撑点限制该类工件的 6 个自由度？

四、正确处理欠定位和过定位

工件的 4 个自由度完全被限制的定位称为完全定位。按加工要求，允许有一个或几个自由度不被限制的定位称为不完全定位，如上述车床加工轴的通孔案例，仅限制了 4 个自由度。

按工序的加工要求，工件应该限制的自由度而未予限制的定位，称为欠定位。欠定位不能保证工件在夹具中占据正确位置，无法保证工件所规定的加工要求，因此，在确定工件定位方案时，欠定位是绝对不允许的。

工件的同一自由度被两个或两个以上的支撑点重复限制的定位，称为过定位。在通常情况下，应尽量避免出现过定位。因为，过定位将会造成工件位置的不确定、工件安装干涉或工件在夹紧过程中出现变形，从而影响加工精度。

如图 2–33 所示，若底面采用 4 个支撑点定位，4 个支撑点只限制了 $\vec{Z}$、$\overset{\frown}{X}$、$\overset{\frown}{Y}$ 3 个自由度，所以是过定位。如果工件表面粗糙，或者 4 个支撑点高度不一致，实际上就只可能有不确定的 3 个支撑点保持接触，致使同一批工件的位置不一致，增大加工误差。

提示：

消除过定位及其干涉一般有两个途径：

□ 一是改变定位元件的结构，以消除被重复限制的自由度；

□ 二是提高工件定位基面之间及夹具定位元件工作表面之间的位置精度，以减少或消除过定位引起的干涉。

五、机床夹具

机床夹具是机床上用于装夹工件（和引导刀具）的一种装置，作用是实现工件定位，使工件获得相对于机床和刀具的正确位置，并把工件可靠地夹紧。机床夹具常见分类见表 2–18。

表 2–18　机床夹具常见分类

分类标准	分类
按使用范围分	通用夹具、专用夹具、组合夹具、通用可调夹具和成组夹具等
按所使用的机床分	车床夹具、铣床夹具、钻床夹具（钻模）、镗床夹具（镗模）、磨床夹具和齿轮机床夹具等
按产生加紧力的动力源分	手动夹具、气动夹具、液压夹具、电动夹具、电磁夹具和真空夹具等

学习笔记

1. 机床夹具的组成

机床夹具一般由定位元件、夹紧装置、对刀、引导元件或装置、连接元件、夹具体和其他元件及装置等组成，如图 2-36 和图 2-37 所示。

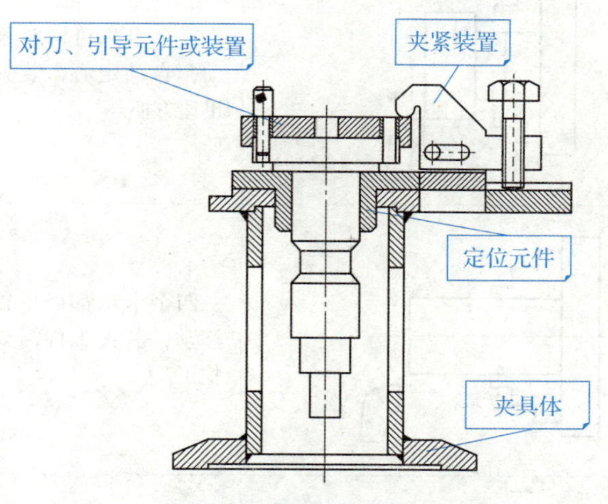

图 2-36　通用可调钻模

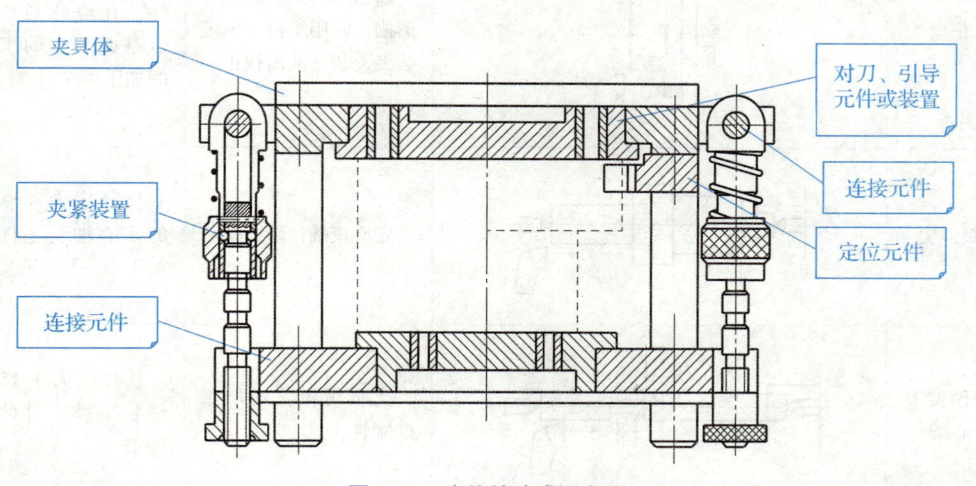

图 2-37　壳体钻孔成组夹具

提示：

□ 夹紧力可确保工件紧靠各支撑点（面），其大小应合适。过大的夹紧力会使夹具变形增大、安装误差变大，进而影响加工质量。

□ 夹具结构应保证工件正确定位，且装夹方便，其相关知识请参考相关文献或教材。

2. 外圆车削工件的装夹方法

外圆车削加工时，最常见的工件装夹方法见表 2-19。

学习笔记

表 2-19　最常见的车削装夹方法

名称	装夹简图	装夹特点	应用
三爪卡盘	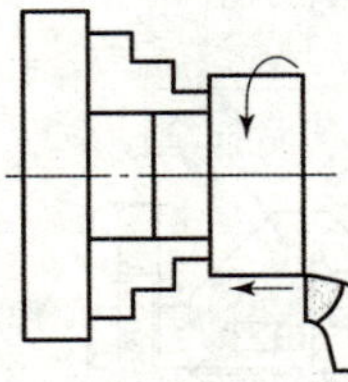	三个卡爪可同时移动，自动定心，装夹迅速方便	长径比小于4，截面为圆形、六方形的中、小型工件的加工
四爪卡盘	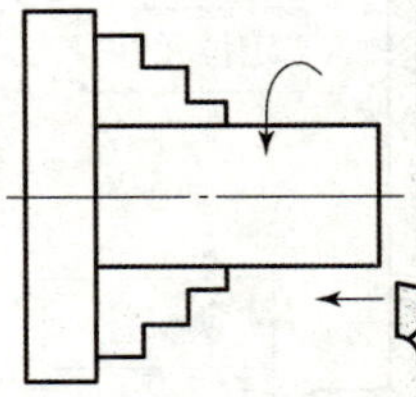	四个卡爪都可单独移动，装夹工件需要找正	长径比小于4，截面为方形、椭圆形的较大、较重的工件
花盘	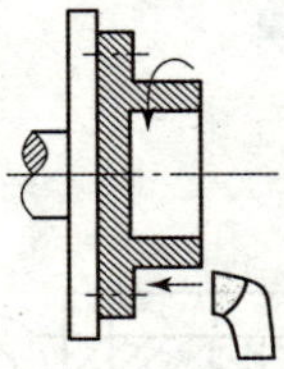	盘面上多通槽和T形槽，使用螺钉、压板装夹，装夹前需找正	形状不规则的工件、孔或外圆与定位基面垂直的工件的加工
双顶尖	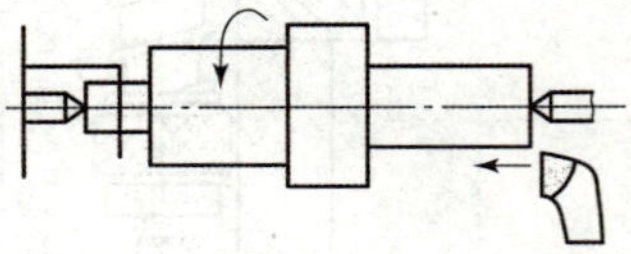	定心正确，装夹稳定	长径比为4～15的实心轴类零件的加工
双顶尖中心架	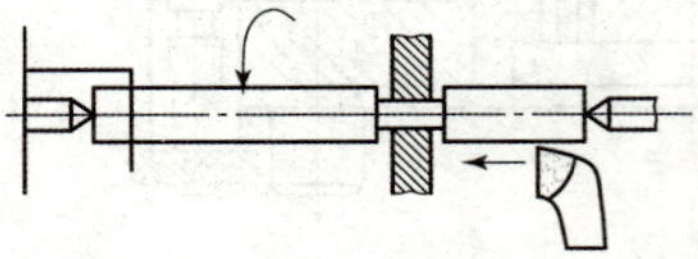	支爪可调，增加工件刚性	长径比大于15的细长轴类工件的粗加工
一夹一顶跟刀架	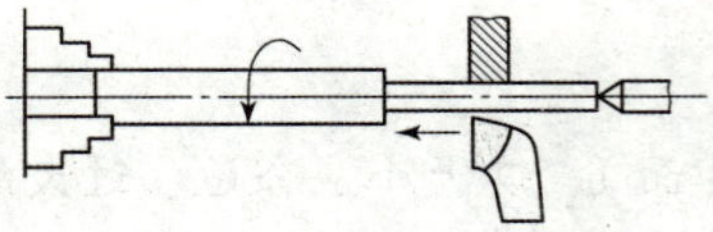	支爪随刀具一起运动，无接刀痕	长径比大于15的细长轴类工件的半精加工、精加工
心轴	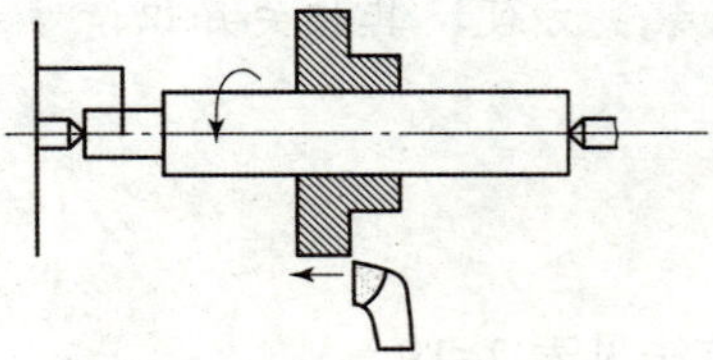	能保证外圆、端面对内孔的位置精度	以孔为定位基准的套类零件的加工

做一做

（1）过定位与欠定位应如何处理？

（2）结合校内普通加工实训基地中的常用夹具，分析基地常用的夹具有哪些、夹具的作用是什么，研讨并分析三爪卡盘的工作原理。

（3）完成任务单 2.1 的相应任务。根据本步骤所学知识及减速器输出轴的技术要求及加工方法，选择加工设备及夹具，并确定装夹方式。

学习笔记

步骤九　加工余量和工序尺寸的确定

相关知识

一、加工余量及其影响因素

1. 加工余量的基本概念

加工余量是指加工过程中所切去的金属层厚度。余量有总加工余量和工序余量之分。由毛坯转变为零件的过程中，在某加工表面上切除金属层的总厚度称为该表面的总加工余量（亦称毛坯余量）。一般情况下，总加工余量并非一次切除，而是在各工序中逐渐切除，所以每道工序所切除的金属层厚度称为该工序的加工余量（简称工序余量）。工序余量是相邻两工序的工序尺寸之差，毛坯余量是毛坯尺寸与零件图样的设计尺寸之差。

由于各工序尺寸都存在误差，故工序余量是个变动值，但工序余量的基本尺寸（简称基本余量或公称余量）Z 可按下式计算：

对于被包容面：　　　Z= 上工序基本尺寸—本工序基本尺寸

对于包容面：　　　　Z= 本工序基本尺寸—上工序基本尺寸

工序余量与工序尺寸及其公差的关系如图 2–38 所示。

为了便于加工，工序尺寸都按“入体原则”标注极限偏差，即被包容面的工序尺寸取上偏差为零；包容面的工序尺寸取下偏差为零。毛坯尺寸则按双向布置上、下偏差。

学习笔记

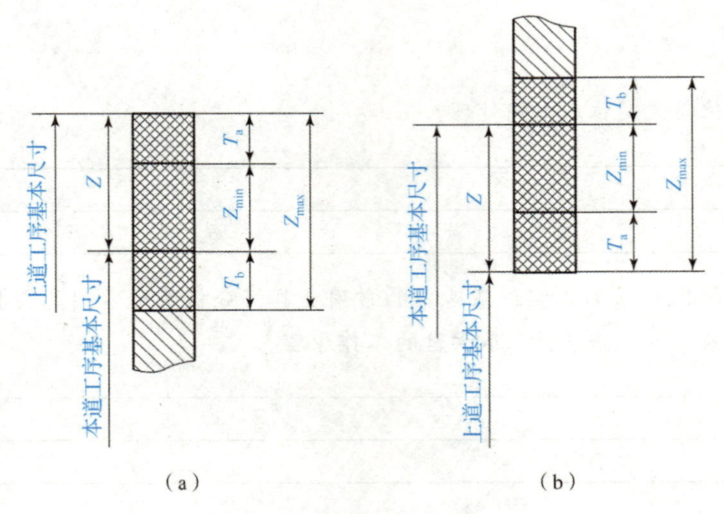

图 2-38 工序余量与工序尺寸及其公差的关系
(a)被包容面(轴);(b)包容面(孔)

工序余量和工序尺寸及其公差的计算公式：

$$Z=Z_{min}+T_a$$

$$Z_{max}=Z+T_b=Z_{min}+T_a+T_b$$

式中 Z_{min}——最小工序余量；

Z_{max}——最大工序余量；

T_a——上工序尺寸的公差；

T_b——本工序尺寸的公差。

2. 影响加工余量的因素

加工余量的大小应保证本工序切除的金属层去掉上道工序加工造成的缺陷和误差，获得一个新的加工表面。影响加工余量的因素有以下四项：

（1）前工序的表面质量，包括表面粗糙度 Ra 和表面缺陷层 H_a。表面缺陷层指毛坯制造中的冷硬层、气孔夹渣层、氧化层、脱碳层、切削中的表面残余应力层、表面裂纹、组织过度塑性变形层及其他破坏层，加工中必须予以去除才能保证表面质量不断提高。

（2）前工序的尺寸公差 δ_a，前工序的尺寸公差已经包括在本工序的公称余量之内，有些形位误差也包括在前工序的尺寸公差之内，均应在本工序中切除。

（3）前工序加工表面的形位误差 ρ_a，包括轴线直线度、位置度、同轴度等。

（4）本工序的安装误差 ε_b，包括定位误差、夹紧误差和夹具误差等。

因此，加工余量可采用以下公式估算。

用于双边余量时：

$$Z \geqslant 2(Ra+E_a)+\delta_a+2|\rho_a+\varepsilon_b|$$

用于单边余量时：

$$Z \geqslant H_a+T_a+\delta_a+|\rho_a+\varepsilon_b|$$

3. 加工余量的确定方法

（1）经验估计法。凭工艺人员的经验确定加工余量，常用于单件小批量生产，加工余量一般偏大，以避免产生废品。

（2）查表修正法。根据有关手册查出加工余量数值，可根据实际情况加以修正，此方法应用较广泛，见表 2–20。

表 2–20 各种加工方法的表面粗糙度 Ry 和表面缺陷层 H_a 的数值 μm

加工方法	Ry	H_a	加工方法	Ry	H_a
粗车内外圆	15 ~ 100	40 ~ 60	磨端面	1.7 ~ 15	15 ~ 35
精车内外圆	5 ~ 40	30 ~ 40	磨平面	1.5 ~ 15	20 ~ 30
粗车端面	15 ~ 225	40 ~ 60	粗 刨	15 ~ 100	40 ~ 50
精车端面	5 ~ 54	30 ~ 40	精 刨	5 ~ 45	25 ~ 40
钻	45 ~ 225	40 ~ 60	粗 插	25 ~ 100	50 ~ 60
粗扩孔	25 ~ 225	40 ~ 60	精 插	5 ~ 45	35 ~ 50
精扩孔	25 ~ 100	30 ~ 40	粗 铣	15 ~ 225	40 ~ 60
粗 铰	25 ~ 100	25 ~ 30	精 铣	5 ~ 45	25 ~ 40
精 铰	8.5 ~ 25	10 ~ 20	拉	1.7 ~ 35	10 ~ 20
粗 镗	25 ~ 225	30 ~ 50	切 断	45 ~ 225	60
精 镗	5 ~ 25	25 ~ 40	研 磨	0 ~ 1.6	3 ~ 5
磨外圆	1.7 ~ 15	15 ~ 25	超级加工	0 ~ 0.8	0.2 ~ 0.3
磨内圆	1.7 ~ 15	20 ~ 30	抛 光	0.06 ~ 1.6	2 ~ 5

（3）分析计算法。考虑各种影响因素后，利用前面所述理论公式进行计算，但由于经常缺少具体数据，故应用较少。

4. 加工余量大小对零件加工的影响

加工余量的大小对零件的加工质量和生产率均有较大的影响。加工余量过大，不仅增加了机械加工的劳动量、降低了生产率，而且增加了材料、工具和电力的消耗，提高了加工成本；加工余量过小，则不能保证消除前工序的各种误差和表面缺陷，甚至产生废品。

二、尺寸链及其计算

1. 尺寸链的概念

在机器设计及制造过程中，常涉及一些互相联系、相互依赖的若干尺寸的组合。通常把互相联系且按一定顺序排列的封闭尺寸组合称为尺寸链。尺寸链中的每个尺寸称为尺寸链的环，如图 2–39 所示。

在装配过程中或加工过程最后形成的一环称封闭环。如图 2–39 所示，A_0 是封闭环。封闭环一般以下标“0”表示。

尺寸链中，对封闭环有影响的全部环叫作组成环，用 A_1、A_2、…、A_n 表示。组成

学习笔记

环又分为增环和减环。若该组成环的变动引起封闭环同向变动，则叫作增环。同向变动指该环增大时封闭环也增大，该环减小时封闭环也减小。若该组成环的变动引起封闭环反向变动，则叫作减环。如图 2-39 所示，A_1 是增环，A_2 是减环。

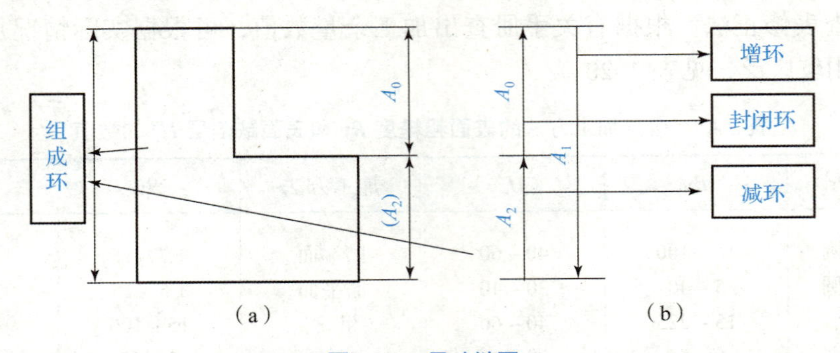

图 2-39　尺寸链图

（a）零件图；（b）尺寸链图

将尺寸链中各相应的环按大致比例，用首尾相接的单箭头线顺序画出的尺寸图，称为尺寸链图，如图 2-39（b）所示。

2. 尺寸链的特性（见表 2-21）

表 2-21　尺寸链特性

特性	含义
封闭性	尺寸链是由一个封闭环和若干相互连接的组成环所构成的封闭图形
关联性	尺寸链中的各环相互关联
传递系数 ξ	各组成环对封闭环影响大小的系数； 封闭环与组成环的关系为 $A_0=\xi_1A_1+\xi_2A_2+\cdots+\xi_nA_n$ 其中：若组成环与封闭环平行，对于增环，$\xi=+1$，对于减环，$\xi=-1$；若组成环与封闭环不平行，则 $-1<\xi<+1$。

3. 尺寸链的建立

1）封闭环的确定

封闭环一般为无法直接加工或直接测量的尺寸。工艺尺寸链中封闭环的确定与零件加工的具体方案有关，同一个零件，加工方案不同，确定的封闭环就会不同。

2）组成环的查找

从构成封闭环的两表面同时开始，同步地按照工艺过程的顺序，分别向前查找该表面最近一次加工的加工尺寸，之后再进一步向前查找此加工尺寸的工序基准的最近一次加工时的加工尺寸，如此继续向前查找，直至两条路线最后得到的加工尺寸的工序基准重合（为同一个表面），这样上述有关尺寸即形成封闭链环，从而构成工艺尺寸链。注意，要使组成环数达到最少。

4. 尺寸链的计算

尺寸链的计算是指计算封闭环与组成环的基本尺寸、公差及极限偏差之间的关系，其方法有极值法和概率法两种，表 2–22 所示为极值法计算公式。

表 2–22　尺寸链公式

名称	公式	含义
封闭环的基本尺寸	$A_0=\sum_{i=1}^{m}\overrightarrow{A_i}-\sum_{j=m+1}^{n-1}\overleftarrow{A_j}$	A_0——封闭环的基本尺寸；$\overrightarrow{A_i}$——增环的基本尺寸；$\overleftarrow{A_j}$——减环的基本尺寸
封闭环的极限尺寸	$A_{0\max}=\sum_{i=1}^{m}\overrightarrow{A}_{i\max}-\sum_{j=m+1}^{n-1}\overleftarrow{A}_{j\min}$ $A_{0\min}=\sum_{i=1}^{m}\overrightarrow{A}_{i\min}-\sum_{j=m+1}^{n-1}\overleftarrow{A}_{j\max}$	$A_{0\max}$——封闭环的最大尺寸；$A_{0\min}$——封闭环的最小尺寸； $\overrightarrow{A}_{i\max}$——增环的最大尺寸；$\overleftarrow{A}_{j\min}$——减环的最小尺寸； $\overrightarrow{A}_{i\min}$——增环的最小尺寸；$\overleftarrow{A}_{j\max}$——减环的最大尺寸
封闭环的极限偏差	$ES_{A_0}=\sum_{i=1}^{m}ES_{\overrightarrow{A_i}}-\sum_{j=m+1}^{n-1}EI_{\overleftarrow{A_j}}$ $EI_{A_0}=\sum_{i=1}^{m}EI_{\overrightarrow{A_i}}-\sum_{j=m+1}^{n-1}ES_{\overleftarrow{A_j}}$	ES_{A_0}——封闭环的上偏差；EI_{A_0}——封闭环的下偏差； $ES_{\overrightarrow{A_i}}$——增环的上偏差；$EI_{\overrightarrow{A_i}}$——增环的下偏差； $EI_{\overleftarrow{A_j}}$——减环的下偏差；$ES_{\overleftarrow{A_j}}$——减环的上偏差
封闭环的公差	$T_{A_0}=ES_{A_0}-EI_{A_0}=\sum_{i=1}^{n-1}T_i$	T_{A_0}——封闭环的公差

应用题：某主轴箱箱体的主轴孔，设计要求为 ϕ100Js6，Ra=0.8 μm，加工工序为粗镗→半精镗→精镗→浮动镗，试确定各工序尺寸及其公差。

解：根据相关手册及工厂实际经验确定各工序的基本余量，具体见表 2–23 第 2 列；再根据各种加工方法的经济精度确定工序尺寸的公差，见表 2–23 第 3 列；最后由后工序向前工序逐个计算工序尺寸，并计算各工序的工序尺寸及其公差和 Ra。

表 2–23　计算结果

工序内容	工序的基本余量 / mm	工序的经济精度 / mm	工序尺寸 / mm	工序尺寸及其公差和 Ra
浮动镗	0.1	Js6（±0.011）	100	ϕ（100±0.011）mm，Ra=0.8 μm
精镗	0.5	H7$\left(^{+0.035}_{0}\right)$	100–0.1=99.9	$\phi99.9^{+0.035}_{0}$mm，Ra=0.8 μm
半精镗	2.4	H10$\left(^{+0.14}_{0}\right)$	99.9–0.5=99.4	$\phi99.4^{+0.14}_{0}$ mm，Ra=0.8 μm
粗镗	5	H13$\left(^{+0.54}_{0}\right)$	99.4–2.4=97.0	$\phi97^{+0.54}_{0}$ mm，Ra=0.8 μm
毛坯孔	8	（±1.3）	97.0–5=92.0	ϕ（92±1.3）mm

学习笔记

应用题： 如图 2-40（a）所示套筒类零件，本工序为在车床上车削内孔及槽，设计尺寸 $A_0=11_{-0.2}^{0}$ mm，在加工中尺寸 A_0 不好直接测量，所以采用深度尺测量尺寸 x 来间接检验 A_0 是否合格。已知尺寸 $A_1=50_{-0.2}^{-0.1}$ mm，计算 x 的值。

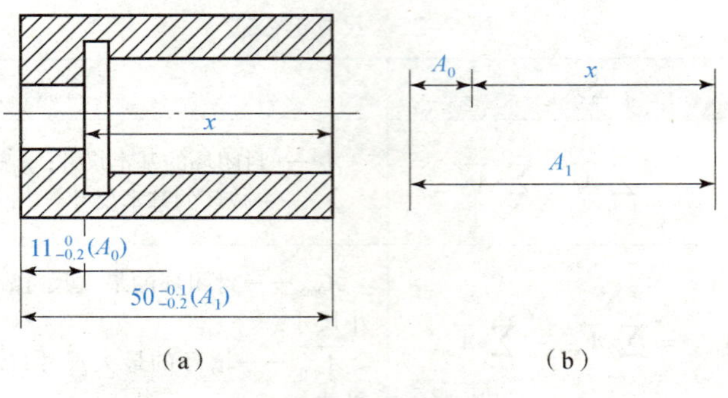

图 2-40　套筒类零件

解： 由题意可判断出 A_0 是封闭环，x 和 A_1 为组成环，其中 A_1 为增环，x 为减环。画尺寸链图，如图 2-40（b）所示。

按尺寸链的计算公式进行计算，可列 A_0 的基本尺寸公式为

$$11=50-x$$

得 x=39 mm。

计算上、下偏差 ES（x）和 EI（x），即

$$0=-0.1-\text{EI}(x)$$

得 EI（x）=-0.1 mm；

$$-0.2=-0.2-\text{ES}(x)$$

得 ES（x）=0 mm。

因此，$x=39_{-0.1}^{0}$ mm。

解析：

（1）由该案例可看出，直接测量的尺寸比零件图规定的尺寸精度高了许多（公差值由 0.2 mm 减小到 0.1 mm）。因此，当封闭环（设计尺寸）精度要求较高而组成环精度又不太高时，有可能会出现部分组成环公差之和等于或大于封闭环公差，此时计算结果可能会出现零公差或负公差，显然这是不合理的。解决这种不合理情况的措施：一是适当压缩某一个或某些组成环的公差，但要在经济可行的范围内；二是采用专用量具直接测量设计尺寸。

（2）“假废品”问题。如在该案例中，如果某一零件的实际尺寸为 x=38.85 mm，按照计算的测量尺寸 $x=39_{-0.1}^{0}$ mm 来看，此件超差，但此时如果 A_1 恰好等于 49.8 mm，则封闭环 A_0=49.8-38.85=10.95（mm），仍然符合 $11_{-0.2}^{0}$ mm 的设计要求，是合格品。这就是所谓的“假废品”问题。判断真假废品的基本方法是：当测量尺寸超差时，如果超差量小于或等于其他组成环公差之和，则有可能是假废品，此时应对其他组成环的尺寸进行复检，以判断是否是真废品；如果测量尺寸的超差量大于其他组成环公差之

和，肯定是废品，则没有必要复检。

（3）对于不便直接测量的尺寸，有时可能有几种可以方便间接测量该设计尺寸的方案，这时应选择使测量尺寸获得最大公差的方案（一般是尺寸链环数最少的方案）。

应用题： 例如图 2-41（a）所示零件，B、C、D 面均已加工完毕。本道工序是在成批生产时（调整法加工），用端面 B 定位加工表面 A（铣缺口），以保证尺寸 $10^{+0.2}_{0}$ mm，试标注铣此缺口时的工序尺寸及公差。

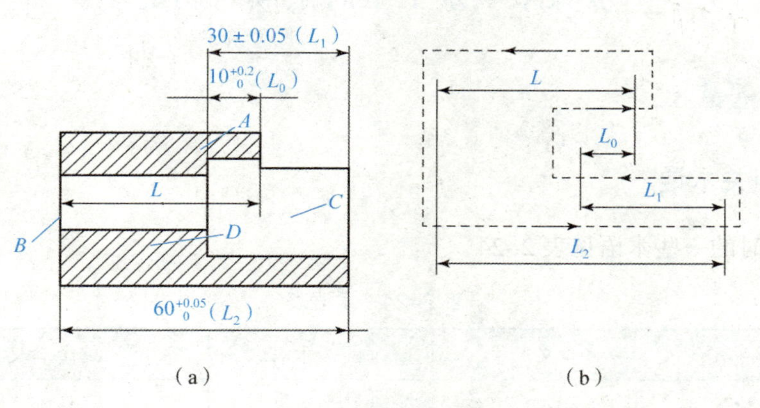

图 2-41　轴类零件

解：用调整法加工上述零件时，刀具水平方向（即设计尺寸 $10^{+0.2}_{0}$ mm 方向）的位置应按图 3-25 中所示尺寸 L 来调整，即工序尺寸为 L，并标注在工序图上（而不标注设计尺寸 $10^{+0.2}_{0}$ mm）。所以判断出 L_0（$10^{+0.2}_{0}$ mm）是封闭环，组成环为 L、L_1、L_2，且 L、L_1 为增环，L_2 为减环。画出尺寸链图，如图 2-41（b）所示。

可得封闭环的基本尺寸公式为

$$10=L+30-60$$

得 L=40 mm。

计算上、下偏差 B_s（x）和 EX（x），有

$$0.2=\mathrm{ES}(L)+0.05-0$$

得 ES（L）=0.15 mm。

$$0=\mathrm{EX}(L)+(-0.05)-0.05$$

得 EX（L）=0.10 mm。

所以，$L=40^{+0.15}_{+0.10}$ mm。

做一做

（1）结合所学知识，分析工艺尺寸链作用。利用工艺尺寸链可解决工程上什么问题？

____

____

学习笔记

（2）完成任务单 2.1 的相应任务。根据减速器输出轴的零件图及加工方法，确定毛坯尺寸及各工序的加工余量。

步骤十　加工工时定额的制定

相关知识

一、相关术语

加工工时的一些术语见表 2-24。

表 2-24　术语表

术语	含义	术语	含义
时间定额	在一定生产条件下，规定生产一件产品或完成一道工序所需消耗的时间	单件时间定额	完成一个零件的一道工序的时间定额
基本时间 T_b	直接切除工序余量所消耗的时间（包括切入和切出时间），可通过计算求出	休息与生理需要时间 T_r	工人在工作班内为恢复体力和满足生理需要所消耗的时间，一般按作业时间的 2%～4% 计算
准备与终结时间 T_e	为生产一批产品或零部件，进行准备和结束工作所消耗的时间。准备工作有：熟悉工艺文件、领料、领取工艺装备、调整机床等。结束工作有：拆卸和归还工艺装备、送交成品等。若批量为 N，则分摊到每个零件上的时间为 T_e/N	布置工作地时间 T_s	为使加工正常进行，工人照管工地（清理切削、润滑机床、收拾工具等）所消耗的时间，一般按作业时间的 2%～7% 计算
辅助时间 T_a	装卸工件、开停机床等各种辅助动作所消耗的时间		

二、确定切削用量的影响因素

切削用量的确定应根据加工性质、加工要求、工件材料及刀具的材料和尺寸等查阅切削用量手册并结合实践经验确定。除了遵循切削用量的选择原则和方法外，还应考虑以下因素。

1）刀具差异

不同厂家生产的刀具质量差异较大，因此切削用量须根据实际所用刀具和现场经验加以修正。一般进口刀具允许的切削用量高于国产刀具。

2）机床特性

切削用量受机床电动机功率和机床刚性的限制，必须在机床说明书规定的范围内选取，以避免因功率不够而发生闷车、刚性不足而产生大的机床变形或振动，影响加工精度和表面粗糙度。

三、确定切削用量的一般方法

切削用量的确定方法见表 2–25。

表 2–25　切削用量的确定方法

切削类型	切削用量	方法	说明
车削加工	背吃刀量	1．粗加工 应尽可能一次切去全部加工余量，即选择背吃刀量值等于余量值。 2．半精加工 如单边余量 h>2 mm，则应分在两次行程中切除：第一次 a_p=（2/3 ~ 3/4）h，第二次 a_p=（1/3 ~ 1/4）h。如 $h \leqslant 2$ mm，则可一次切除。 3．精加工 应在一次行程中切除精加工工序余量	当余量太大时，粗加工应考虑工艺系统的刚度和机床的有效功率，尽可能选取较大的背吃刀量和最少的工作行程数
	进给量	生产实际中大多依靠经验法，也可利用金属切削用量手册，采用查表法确定合理的进给量和切削速度	应综合考虑机床的有效功率和转矩、机床进给机构传动链的强度、工件的刚度、刀具的强度与刚度、图样规定的加工表面粗糙度
	切削速度	1．精加工 应选取尽可能高的切削速度，以保证加工精度和表面质量，同时满足生产率的要求。 2．粗加工 切削速度的选择应考虑以下几点：硬质合金车刀切削热轧中碳钢的平均切削速度为 1.67 m/s，切削灰铸铁的平均切削速度为 1.17 m/s，两者平均刀具寿命	根据合理的刀具寿命计算或查表选定 v 值

学习笔记

续表

切削类型	切削用量	方法	说明
车削加工	切削速度	为 3 600 ~ 5 400 s；切削合金钢比切削中碳钢切削速度要降低 20% ~ 30%；切削调质状态的钢件或切削正火、退火状态的钢料切削速度要降低 20% ~ 30%；切削有色金属比切削中碳钢的切削速度可提高 100% ~ 300%	根据合理的刀具寿命计算或查表选定 v 值
铣削加工	背吃刀量	粗铣时，为提高铣削效率，一般选铣削背吃刀量等于加工余量，一个工作行程铣完。而半精铣及精铣时，加工要求较高，通常分两次铣削，半精铣时背吃刀量一般为 0.5 ~ 2 mm；精铣时铣削背吃刀量一般为 0.1 ~ 1 mm 或更小	根据加工余量来确定铣削背吃刀量
	进给量	可由切削用量手册中查出，其中推荐值均有一个范围	精铣或铣刀直径较小、铣削背吃刀量较大时，用其中较小值，大值常用于粗铣；加工铸铁件时，用其中较大值，加工钢件时用较小值
	切削速度	选择时，按公式计算或查切削用量手册	适当选择较高的切削速度，以提高生产率
刨削加工	背吃刀量	刨削背吃刀量的确定方法和车削基本相同	—
	进给量	刨削进给量可按有关手册中车削进给量的推荐值选用	粗刨平面根据背吃刀量和刀杆截面尺寸按粗车外圆选其较大值；精加工时按半精车、精车外圆选取；刨槽与切断按车槽和切断进给量选择
刨削加工	切削速度	通常是根据实践经验选定切削速度。刨削速度也可按车削速度公式计算，只不过除了如同车削时要考虑的诸项因素外，还应考虑冲击载荷，要引入修正系数 k（参阅有关手册）	若选择不当，不仅生产效率低，还会造成人力和动力的浪费

续表

切削类型	切削用量	方法	说明
钻削加工	钻头直径	钻头直径 D 由工艺尺寸要求确定，尽可能一次钻出所要求的孔	当机床性能不能胜任时，才采取先钻孔、再扩孔的工艺，这时钻头直径取加工尺寸的 0.5 ~ 0.7 倍。孔用麻花钻直径可参阅 JB/Z 228—85 选取
	进给量	根据实践经验和具体条件分析确定，标准麻花钻的进给量可查表选取	进给量 f 主要受到钻削背吃刀量与机床进给机构和动力的限制，有的也受工艺系统刚度的限制
	切削速度	根据钻头寿命按经验选取	

提示：

选择切削用量时，通常先确定背吃刀量（粗加工时尽可能等于工序余量）；然后根据表面粗糙度要求选择较大的进给量；最后，根据切削速度与耐用度或机床功率之间的关系，用计算法或查表法求出相应的切削速度（精加工则主要依据表面质量的要求）。

四、时间定额的计算公式

时间定额的计算公式见表 2-26。

表 2-26　时间定额的计算公式

名称	公式	说明
单件时间 T_p	$T_p=T_b+T_a+T_s+T_\tau=T_B+T_s+T_\tau$	
单件时间定额	$T_c=T_p+T_e/N=T_b+T_a+T_s+T_\tau+T_e/N$	

做一做

完成任务单 2.1 的相应任务。根据本步骤所学知识及减速器输出轴的加工方法等，确定切削用量，计算切削基本时间。

学习笔记

学习笔记

步骤十一　工艺文件的填写

相关知识

机械加工工艺确定后，需以表格或卡片的形式确定下来，以便指导工人操作及用于生产和工艺管理。

机械加工工序卡片应按照工艺规格（JB/T 9165.2—1998）中规定的格式及要求填写。

一、基本要求

（1）填写内容应简要、明确。

（2）文字要正确，应采用国家正式公布推行的简化字，字体应端正，笔画清楚，排列整齐。

（3）格式中所用的术语、符号和计量单位等，应按有关标准填写。

（4）“设备”栏一般填写设备的型号或名称，必要时还应填写设备编号。

（5）“工艺装备”栏填写各工序（或工步）所使用的夹、模、辅具和刀、量具。其中属专用的，按专用工艺装备的编号（名称）填写；属标准的，填写名称、规格和精度，有编号的也可填写编号。

（6）“工序内容”栏内，对一些难以用文字说明的工序或工步内容，应绘制示意图。

（7）工序图绘制要求。

①工序图与零件图最大的不同就是工序图只画出本工序加工完成后的零件形状。

②本工序加工面用粗实线表示，本工序非加工面（包括外轮廓面）用细实线表示。

③应标明定位基面、精度要求、表面粗糙度和测量基准等。

④定位和夹紧符号按 JB/T 5061 的规定选用。

二、表头、表尾和附加栏的填写

（1）产品型号、产品名称、零部件图号、零部件名称。一律按产品图样中的规定填写。

（2）共（　）页、第（　）页。分别用阿拉伯数字填写每个零件卡片的总页数和顺序数。

（3）标记填写。每次更改所使用的标记，一律用 a、b、c、…填写。

（4）处数填写。同一次更改处数，一律用 1、2、3、…填写。

（5）更改文件号。填写更改通知单的编号。

做一做

（1）完成任务单 2.1 的相应任务。根据步骤一至步骤十所确定减速器输出轴机械加工方案，填写机械加工工艺过程卡。

（2）对比表 2-27，分析查找自己制定的该输出轴加工工艺与表 2-27 是否相同，若不相同，有何不同。

表 2-27　传动轴工艺过程卡

<table>
<tr><td rowspan="2"></td><td colspan="2" rowspan="2">机械加工工艺过程卡片</td><td>产品型号</td><td></td><td>零（部）件图号</td><td colspan="3"></td></tr>
<tr><td>产品名称</td><td>减速器</td><td>零（部）件名称</td><td>传动轴</td><td>共（ ）页</td><td>第（ ）页</td></tr>
<tr><td>材料牌号</td><td>45 钢</td><td>毛坯种类</td><td>圆钢</td><td>毛坯外形尺寸</td><td></td><td>每个毛坯可制件数</td><td>1</td><td>每台件数</td><td>1</td><td>备注</td><td></td></tr>
<tr><td rowspan="2">工序号</td><td rowspan="2">工序名称</td><td rowspan="2">工序内容</td><td rowspan="2">车间</td><td rowspan="2">工段</td><td rowspan="2">设备</td><td rowspan="2">工艺装备</td><td colspan="2">工时</td></tr>
<tr><td>准终</td><td>单件</td></tr>
<tr><td>1</td><td>下料</td><td>ϕ68 mm×260 mm</td><td>下料车间</td><td></td><td>锯床</td><td></td><td></td><td></td></tr>
<tr><td>2</td><td>粗车</td><td>夹工件外圆，按毛坯找正，车端面，钻中心孔。粗车 ϕ67 mm 外圆，长度 100 mm；粗车 ϕ57 mm 外圆，长度 19 mm</td><td>机加工车间</td><td></td><td>C616</td><td>三爪卡盘</td><td></td><td></td></tr>
<tr><td>3</td><td>粗车</td><td>掉头，装夹 ϕ67 mm 外圆处，车端面，车工件总长度 255 mm，钻中心孔</td><td>机加工车间</td><td></td><td>C616</td><td>三爪卡盘</td><td></td><td></td></tr>
<tr><td>4</td><td>粗车</td><td>以两中心孔找正，粗车 ϕ60 mm 外圆，长度 220 mm；粗车 ϕ57 mm 外圆，长度 163 mm；粗车 ϕ54 mm 外圆，长度 127 mm；粗车 ϕ47 mm 外圆，长度 60 mm</td><td>机加工车间</td><td></td><td>C616</td><td>顶尖</td><td></td><td></td></tr>
<tr><td>5</td><td>热处理</td><td>调质处理 190 ~ 230 HBS</td><td>热处理车间</td><td></td><td></td><td></td><td></td><td></td></tr>
<tr><td>6</td><td>钳工</td><td>研修两端中心孔</td><td>机加工车间</td><td></td><td>C616</td><td>三爪卡盘、顶尖</td><td></td><td></td></tr>
<tr><td>7</td><td>半精车</td><td>以两中心孔找正，半精车 ϕ60 mm 外圆至图样尺寸；半精车一端外圆至图样尺寸 $\phi 55.4_{+0.1}^{0}$ mm，长度 20.8 mm±0.1 mm，倒角</td><td>机加工车间</td><td></td><td>C616</td><td>顶尖</td><td></td><td></td></tr>
</table>

学习笔记

学习笔记

续表

	工序号	工序名称	工序内容	车间	工段	设备	工艺装备	工时	
								准终	单件
	8	半精车	掉头，以两中心孔找正，半精车外圆至尺寸 $\phi58.4^{+0.1}_{0}$ mm，长度 222.8 mm±0.1 mm；半精车外圆至尺寸 $\phi55.4^{+0.1}_{0}$ mm，长度 165.8 mm±0.1 mm；半精车 $\phi52$ mm 外圆至图样尺寸；半精车外圆至尺寸 $\phi45.4^{+0.1}_{0}$ mm，长度 61.8 mm±0.1 mm，倒角	机加工车间		C616	顶尖		
	9	划线	划左端面 2×M8 螺孔及两键槽加工线	机加工车间		划线平台			
	10	粗、精铣	粗、精铣两键槽至尺寸	机加工车间		立铣	V 型虎钳		
描图	11	钳工	钻 2×M8 螺孔底孔，攻 M8 螺纹	机加工车间		钻床 Z4012			
	12	钳工	研修两端中心孔	机加工车间		C616	三爪卡盘、顶尖		
描校	13	粗、精磨	以两中心孔找正，粗、精磨外圆 $\phi55^{+0.021}_{-0.006}$ mm 至尺寸，并靠磨轴肩	机加工车间		磨床 MW1320	顶尖		
	14	粗、精磨	掉头，以两中心孔找正，粗、精磨外圆 $\phi55^{+0.021}_{-0.006}$ mm 至尺寸，并靠磨轴肩；粗精磨 $\phi45$ mm 圆柱面至尺寸图样尺寸	机加工车间		磨床 MW1320	顶尖		
底图号	15	检验	按图样检验工件各部尺寸及精度	检验车间					

装订号											设计（日期）	审核（日期）	标准化（日期）	会签（日期）	
	标记	处数	更该文件号	签字	日期	标记	处数	更改文件号	签字	日期					

重点难点

本任务的核心目标是通过轴类零件加工工艺的编制，使学习者掌握机械加工工艺一般过程及其思路，掌握轴类零件常用材料、定位基准、夹具及装夹、设备及刀具的选用等知识，初步构建加工工艺编制的知识与技能体系。

轴类零件是长度大于直径的回转体类零件的总称，主要用来支承传动件和传递扭矩。零件结构工艺性是指零件在能满足使用要求的前提下制造的可行性和经济性，涉及面较广，具有综合性，必须全面综合地分析。

45钢、40Cr、球磨铸铁等是制作轴类零件的常用材料；轴类零件毛坯常采用棒料、锻件等毛坯形式。

基准是用来确定生产对象上几何要素间的几何关系所依据的那些点、线、面。按作用不同，可分为设计基准和工艺基准两大类。工艺基准根据其使用场合的不同，又可分为工序基准、定位基准、测量基准和装配基准四种，而定位基准根据选用的基准是否已加工，又可分为精基准和粗基准。定位基准选择时，首先要保证工件的精度要求，因而在分析和选择定位基准时，应先分析精基准，再分析粗基准。精基准选择时，应保证加工精度和装夹可靠方便；粗基准选择时，必须从零件加工的全过程来考虑。

外圆表面常用的加工方法有车削加工、磨削加工和光整加工等三类。车削加工是外圆表面最经济有效的加工方法，但就其经济精度来说，一般适于作为外圆表面粗加工和半精加工方法。外圆表面机械加工方法和方案的选择步骤为：首先确定各主要表面的加工方法，然后确定各次要表面的加工方法和方案。

机械加工工艺过程中，需合理安排热处理工序，以提高零件材料的力学性能和改善切削性能，消除毛坯制造和加工过程中产生的残余应力。

零件各表面的加工方案确定及加工阶段划分后，可基于工序分散、工序集中两种原则将同一阶段的加工组合成若干工序，即工序设计。

切削刀具种类很多，几何形状各异，复杂程度不等，但切削部分的结构和几何角度都具有许多共同的特征，其中车刀是最常用、最简单和最基本的切削工具，因而最具有代表性。其他刀具都可以看作是车刀的演变或组合。金属的切削加工中，产生的切削热会影响刀具前刀面的摩擦系数、积屑瘤的形成与消退、加工精度与加工表面质量、刀具寿命等。因此，需要根据被加工表面的形状、尺寸、精度、加工方法、所用机床及要求的生产率等因素合理选择刀具。

六点定位规则是指用6个支撑面来分别限制工件的6个自由度，从而使工件在空间得到确定定位的方法。工件的6个自由度完全被限制的定位称为完全定位。按加工要求，允许有一个或几个自由度不被限制的定位称为不完全定位。机床夹具可实现工件定位，使工件获得相对于机床和刀具的正确位置，并把工件可靠地夹紧。

加工余量是指加工过程中所切去的金属层厚度，有总加工余量和工序余量之分。

学习笔记

加工余量的大小应保证本工序切除的金属层去掉上工序加工造成的缺陷和误差，获得一个新的加工表面。

切削用量的确定应根据加工性质、加工要求、工件材料及刀具的材料和尺寸等查阅切削用量手册并结合实践经验确定。

难点点拨：

（1）六点定位规则及其应用。

（2）工艺尺寸链及其应用。

（3）加工余量的确定。

任务实施

● 任务实施提示

（1）任务的知识点与技能点较多，建议读者严格按照教材程序与方法中的步骤，完成减速器输出轴的机械加工工艺编制工作，然后归纳总结完成各步骤工作的思路及所需知识，形成知识体系。

（2）任务中的某些知识较为抽象，建议结合实际理解这些知识的含义及其应用，做到“学以致用”。

（3）教学光盘提供了任务实施所有步骤的参考方案，建议学习者完成任务后，对照参考方案，深入分析自己制定的工艺或方案与其有何不同，以加深知识的理解，提高解决实际问题的能力。

（4）“保证质量、提高效率、降低成本”是机械加工工艺编制的基本原则，编制工艺时要统筹考虑，全面分析。

（5）在知识学习过程中，注意各种学习方法的应用。

● 任务部署

阅读教材相关知识，按照任务单 2.1 的要求完成学习工作任务。

任务单 2.1　轴类零件加工工艺编制

任务名称	轴类零件加工工艺编制	任务编号	2.1
任务说明	一、任务要求 通过完成减速器输出轴机械加工工艺的编制工作，系统学习外圆表面加工方法、机床刀具与夹具、工艺尺寸链等知识，掌握轴类零件加工工艺编制步骤及基本思路。 二、任务实施所需知识 轴类零件常用材料，定位基准及其选择，外圆表面常用加工方法及其方案，机床刀具与夹具、工件装夹、加工余量的选择等		
任务内容	分析该减速器输出轴，确定生产类型，选择毛坯类型及合理的制造方法，选取定位基准和加工装备，拟定工艺路线，设计加工工序，并填写工艺文件		

续表

学习笔记

任务名称	轴类零件加工工艺编制	任务编号	2.1
任务实施	一、生产纲领计算与生产类型确定		
	计算该减速器输出轴的生产纲领		
	二、结构及技术要求分析		
	分析减速器传动轴的结构及技术要求		
	三、材料和毛坯选取		
	分析确定该输出轴的毛坯		
	四、定位基准的选择		
	分析确定该输出轴的工艺基准，画出工件装夹简图		

学习笔记

续表

<table>
<tr><td>任务名称</td><td>轴类零件加工工艺编制</td><td>任务编号</td><td>2.1</td></tr>
<tr><td rowspan="6">任务
实施</td><td colspan="3">五、加工方法及加工方案选择</td></tr>
<tr><td colspan="3">分析确定该输出轴的加工方法，制定加工方案</td></tr>
<tr><td colspan="3">六、加工顺序的安排</td></tr>
<tr><td colspan="3">安排该输出轴的加工顺序</td></tr>
<tr><td colspan="3">七、加工刀具的选择</td></tr>
<tr><td colspan="3">选择加工该输出轴的刀具，确定刀具参数</td></tr>
</table>

续表

任务名称	轴类零件加工工艺编制	任务编号	2.1
任务实施	八、加工设备的选择及工件的装夹		
	选择该输出轴的加工设备及夹具，确定装夹方式		
	九、加工余量和工序尺寸的确定		
	确定该输出轴的毛坯尺寸及各工序的加工余量		
	十、加工工时定额的制定		
	确定切削用量，计算切削基本时间		
	十一、工艺文件的填写 填写下面机械加工工艺过程卡		

学习笔记

机械加工工艺过程卡

<table>
<tr><td colspan="2" rowspan="2"></td><td colspan="3" rowspan="2">机械加工工艺过程卡</td><td>产品型号</td><td></td><td colspan="2">零（部）件图号</td><td colspan="2"></td><td colspan="2"></td></tr>
<tr><td>产品名称</td><td></td><td colspan="2">零（部）件名称</td><td colspan="2"></td><td>共（ ）页</td><td>第（ ）页</td></tr>
<tr><td>材料牌号</td><td></td><td>毛坯种类</td><td></td><td>毛坯外形尺寸</td><td></td><td>每个毛坯可制件数</td><td></td><td>每台件数</td><td></td><td>备注</td><td colspan="2"></td></tr>
</table>

<table>
<tr><td rowspan="2"></td><td rowspan="2">工序号</td><td rowspan="2">工序名称</td><td rowspan="2">工序内容</td><td rowspan="2">车间</td><td rowspan="2">工段</td><td rowspan="2">设备</td><td rowspan="2">工艺装备</td><td colspan="2">工时</td></tr>
<tr><td>准终</td><td>单件</td></tr>
<tr><td></td><td></td><td></td><td></td><td></td><td></td><td></td><td></td><td></td><td></td></tr>
<tr><td></td><td></td><td></td><td></td><td></td><td></td><td></td><td></td><td></td><td></td></tr>
<tr><td></td><td></td><td></td><td></td><td></td><td></td><td></td><td></td><td></td><td></td></tr>
<tr><td></td><td></td><td></td><td></td><td></td><td></td><td></td><td></td><td></td><td></td></tr>
<tr><td>描图</td><td></td><td></td><td></td><td></td><td></td><td></td><td></td><td></td><td></td></tr>
<tr><td></td><td></td><td></td><td></td><td></td><td></td><td></td><td></td><td></td><td></td></tr>
<tr><td>描校</td><td></td><td></td><td></td><td></td><td></td><td></td><td></td><td></td><td></td></tr>
<tr><td></td><td></td><td></td><td></td><td></td><td></td><td></td><td></td><td></td><td></td></tr>
<tr><td>底图号</td><td></td><td></td><td></td><td></td><td></td><td></td><td></td><td></td><td></td></tr>
<tr><td></td><td></td><td></td><td></td><td></td><td></td><td></td><td></td><td></td><td></td></tr>
</table>

<table>
<tr><td>装订号</td><td></td><td></td><td></td><td></td><td></td><td></td><td></td><td></td><td></td><td></td><td rowspan="2">设计
（日期）</td><td rowspan="2">审核
（日期）</td><td rowspan="2">标准化
（日期）</td><td rowspan="2">会签
（日期）</td><td rowspan="2"></td></tr>
<tr><td></td><td></td><td></td><td></td><td></td><td></td><td></td><td></td><td></td><td></td><td></td></tr>
<tr><td></td><td>标记</td><td>处数</td><td>更改文件号</td><td>签字</td><td>日期</td><td>标记</td><td>处数</td><td>更改文件号</td><td>签字</td><td>日期</td><td></td><td></td><td></td><td></td><td></td></tr>
</table>

机械加工工艺过程卡

		机械加工工艺过程卡	产品型号		零（部）件图号			
			产品名称		零（部）件名称		共（　）页	第（　）页

材料牌号		毛坯种类		毛坯外形尺寸		每个毛坯可制件数		每台件数		备注	

	工序号	工序名称	工序内容	车间	工段	设备	工艺装备	工时 准终	工时 单件
描图									
描校									
底图号									

装订号											设计（日期）	审核（日期）	标准化（日期）	会签（日期）	
	标记	处数	更改文件号	签字	日期	标记	处数	更改文件号	签字	日期					

学习笔记

学习笔记

● 任务考核

任务二　考核表

任务名称：轴类零件加工工艺编制　　专业__________　　20______级______班

第__________小组　　姓名__________　　学号_________________________

<table>
<tr><th colspan="2">考核项目</th><th>分值 / 分</th><th>自评</th><th>备注</th></tr>
<tr><td rowspan="3">信息收集</td><td>信息收集方法</td><td>5</td><td></td><td>能够从教材、网站等多种途径获取知识，并能基本掌握关键词学习法</td></tr>
<tr><td>信息收集情况</td><td>10</td><td></td><td>基本掌握教材任务二的相关知识</td></tr>
<tr><td>团队合作</td><td>10</td><td></td><td>团队合作能力强</td></tr>
<tr><td rowspan="9">任务实施</td><td>生产纲领计算与生产类型确定</td><td>5</td><td></td><td rowspan="8">每个步骤的任务完成思路正确给分 70%，即解决某问题时，能兼顾该问题所有需要考虑的方面，缺少一方面扣 20%，扣完为止；任务方案或答案正确给分 30%，答案模糊或不正确酌情扣分</td></tr>
<tr><td>结构及技术要求分析</td><td>5</td><td></td></tr>
<tr><td>材料和毛坯选取</td><td>5</td><td></td></tr>
<tr><td>定位基准的选择</td><td>10</td><td></td></tr>
<tr><td>加工方法及加工方案的选择</td><td>15</td><td></td></tr>
<tr><td>加工设备的选择及工件的装夹</td><td>10</td><td></td></tr>
<tr><td>加工余量和工序尺寸的确定</td><td>15</td><td></td></tr>
<tr><td>加工工时定额的制定</td><td>5</td><td></td></tr>
<tr><td>工艺文件的填写</td><td>5</td><td></td><td>字迹端正，表达清楚，数据准确</td></tr>
<tr><td colspan="2">小计</td><td>100</td><td></td><td></td></tr>
</table>

<table>
<tr><th colspan="4">其他考核</th></tr>
<tr><td>考核人员</td><td>分值 / 分</td><td>评分</td><td></td></tr>
<tr><td>（指导）教师评价</td><td>100</td><td></td><td>根据学生情况教师给予评价，建议教师主要通过肯定成绩引导学生，少提缺点，对于存在的主要问题可通过单独面谈反馈给学生</td></tr>
<tr><td>小组互评</td><td>100</td><td></td><td>主要从知识掌握、小组活动参与度及见习记录遵守等方面给予中肯考核</td></tr>
<tr><td>总评</td><td>100</td><td></td><td>总评成绩 = 自评成绩 ×40%+（指导）教师评价 ×35%+ 小组评价 ×25%</td></tr>
</table>

巩固与拓展

学习笔记

一、拓展任务

（1）仔细阅读相关轴类零件加工工艺案例，研讨后谈谈自己的体会。

（2）根据任务二的工作步骤及方法，利用所学知识，自主完成定位销轴（见图 2–42）等零件加工工艺的编制，并填写表 2–28 所示机械加工工艺过程卡。

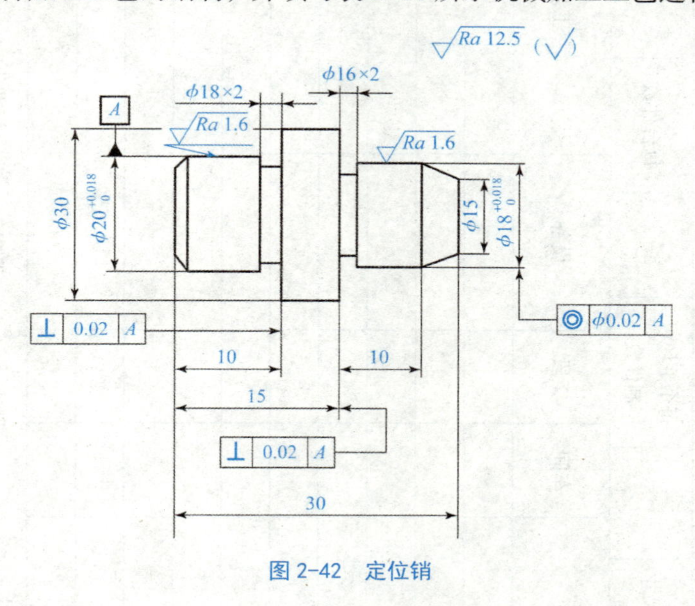

图 2–42　定位销

二、拓展知识

1. 金属切削过程

金属切削过程是指工件上一层多余的金属被刀具切除的过程和已加工表面形成的过程。

在对金属切削过程进行实验研究时，常用的切削模型是直角自由切削，即只有一个直线切削刃参加切削的自由切削，如图 2–43 所示。

1）切屑的形成过程

金属切削与非金属切削不同，金属切削的特点是被切削金属层在刀具的挤压、摩擦作用下产生变形以后转变为切屑和形成已加工表面。

图 2–44 所示为根据金属切削实验绘制的金属切削过程中的变形滑移线和流线。工件上的被切削层在刀具的挤压作用下，沿切削刃附近的金属首先产生弹性变形，接着由剪应力引起的应力达到金属材料的屈服极限以后，切削层金属便沿倾斜的剪切面变形区示意图滑移，产生塑性变形，然后在沿前刀面流出去的过程中，受摩擦力作用再次发生滑移变形，最后形成切屑。

表 2-28　机械加工工艺过程卡片

<table>
<tr><td colspan="10"></td></tr>
<tr><td rowspan="2"></td><td colspan="2" rowspan="2">机械加工工艺过程卡片</td><td>产品型号</td><td></td><td>零（部）件图号</td><td></td><td colspan="3"></td></tr>
<tr><td>产品名称</td><td></td><td>零（部）件名称</td><td></td><td>共（　）页</td><td colspan="2">第（　）页</td></tr>
<tr><td></td><td>材料牌号</td><td>毛坯种类</td><td>毛坯外形尺寸</td><td></td><td>每个毛坯可制件数</td><td>每台件数</td><td>备注</td><td colspan="2"></td></tr>
<tr><td rowspan="2"></td><td rowspan="2">工序号</td><td rowspan="2">工序名称</td><td rowspan="2">工序内容</td><td rowspan="2">车间</td><td rowspan="2">工段</td><td rowspan="2">设备</td><td rowspan="2">工艺装备</td><td colspan="2">工时</td></tr>
<tr><td>准终</td><td>单件</td></tr>
<tr><td></td><td></td><td></td><td></td><td></td><td></td><td></td><td></td><td></td><td></td></tr>
<tr><td></td><td></td><td></td><td></td><td></td><td></td><td></td><td></td><td></td><td></td></tr>
<tr><td></td><td></td><td></td><td></td><td></td><td></td><td></td><td></td><td></td><td></td></tr>
<tr><td></td><td></td><td></td><td></td><td></td><td></td><td></td><td></td><td></td><td></td></tr>
<tr><td>描图</td><td></td><td></td><td></td><td></td><td></td><td></td><td></td><td></td><td></td></tr>
<tr><td></td><td></td><td></td><td></td><td></td><td></td><td></td><td></td><td></td><td></td></tr>
<tr><td>描校</td><td></td><td></td><td></td><td></td><td></td><td></td><td></td><td></td><td></td></tr>
<tr><td></td><td></td><td></td><td></td><td></td><td></td><td></td><td></td><td></td><td></td></tr>
<tr><td>底图号</td><td></td><td></td><td></td><td></td><td></td><td></td><td></td><td></td><td></td></tr>
<tr><td></td><td></td><td></td><td></td><td></td><td></td><td></td><td></td><td></td><td></td></tr>
</table>

<table>
<tr><td>装订号</td><td></td><td></td><td></td><td></td><td></td><td></td><td></td><td></td><td></td><td></td><td rowspan="2">设计
（日期）</td><td rowspan="2">审核
（日期）</td><td rowspan="2">标准化
（日期）</td><td rowspan="2">会签
（日期）</td><td rowspan="2"></td></tr>
<tr><td></td><td></td><td></td><td></td><td></td><td></td><td></td><td></td><td></td><td></td><td></td></tr>
<tr><td></td><td>标记</td><td>处数</td><td>更该文件号</td><td>签字</td><td>日期</td><td>标记</td><td>处数</td><td>更改文件号</td><td>签字</td><td>日期</td><td></td><td></td><td></td><td></td><td></td></tr>
</table>

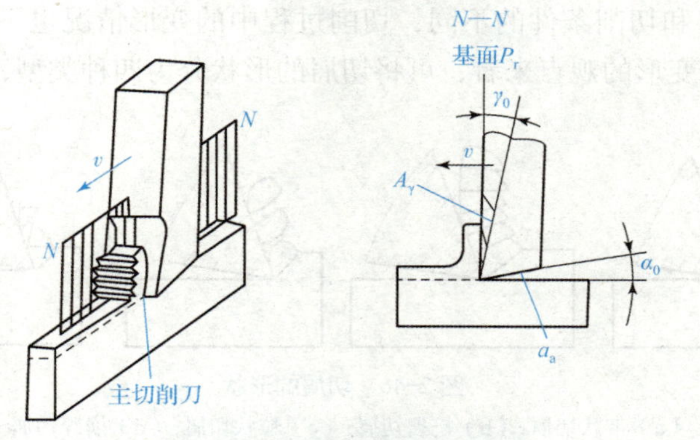

图 2-43　直角自由切削切削模型

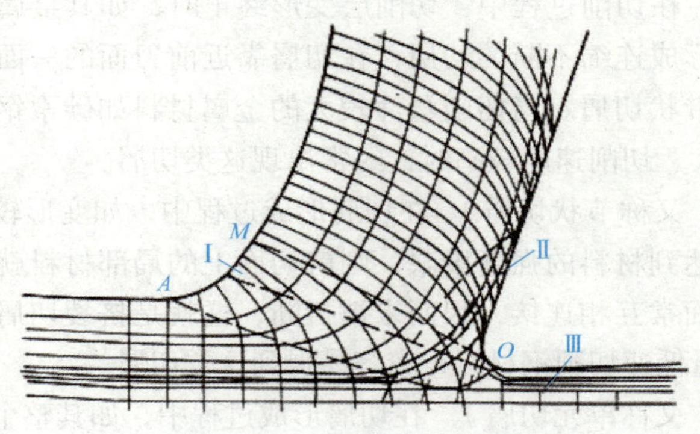

图 2-44　金属切削过程中的滑移线和流线及三个变形区

为了进一步分析切削层变形的规律，通常把被切削刃作用的金属层划分为三个变形区。第Ⅰ变形区位于切削刃和前刀面的前方，面积是三个变形区中最大的，为主变形区；第Ⅱ变形区是与前刀面相接触的附近区域，切屑沿前刀面流出时，受到前刀面的挤压和摩擦，靠近前刀面的切屑底层会进一步发生变形；第Ⅲ变形区是已加工表面靠近切削刃处的区域，这一区域金属受到切削刃钝圆部分和后刀面的挤压、摩擦与回弹发生变形，造成加工硬化。

2）第Ⅰ变形区

该区域是由靠近切削刃的 *OA* 线处开始发生塑性变形，到 *OM* 线处剪切滑移变形基本完成，是形成切屑的主要变形区。*OM* 称为终剪切线或终滑移线，而 *OA* 称为始剪切线或始滑移线，从 *OA* 到 *OM* 之间整个第一变形区内，其变形的主要特征就是被切金属层在刀具前刀面和切削刃的作用下沿滑移线发生剪切变形，以及随之产生加工硬化。

在一般的切削速度范围内，第一变形区的宽度为 0.02 ~ 0.2 mm，速度越高，宽度越小，所以可以把第一变形区近似看作一个剪切面，用 *OM* 表示，将剪切面与切削速度之间的夹角定义为剪切角，以 ϕ 表示，如图 2-45 所示。

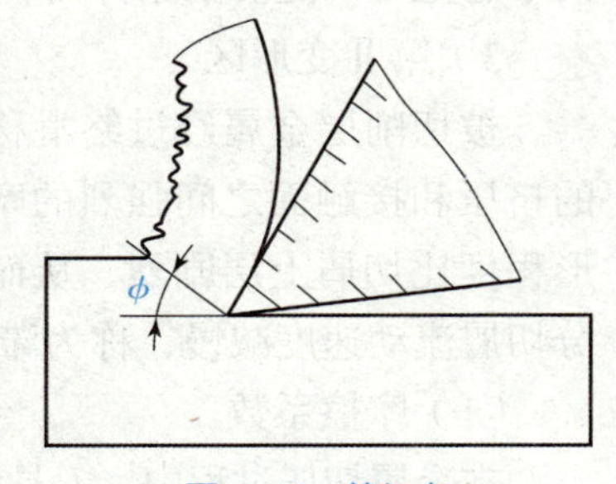

图 2-45　剪切角

学习笔记

学习笔记

由于工件材料和切削条件的不同，切削过程中的变形情况也不同，因而产生的切屑形状也不同，从变形的观点来看，可将切屑的形状分为四种类型，如图 2-46 所示。

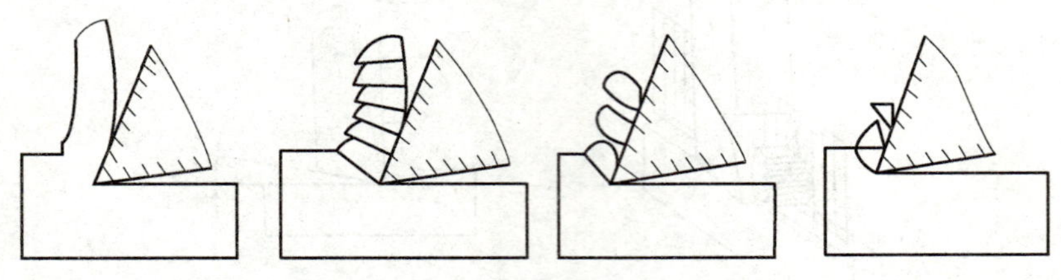

图 2-46　切屑的形状

（a）带状切屑；（b）挤裂切屑；（c）粒状切屑；（d）崩碎切屑

（1）带状切屑。在切削过程中，切削层变形终了时，如其金属的内应力还没有达到强度极限，就会形成连绵不断的切屑，在切屑靠近前刀面的一面很光滑，另一面略呈毛茸状，这就是带状切屑。当切削塑性较大的金属材料如碳素钢、合金钢、铜和铝合金或刀具前角较大、切削速度较高时，经常出现这类切屑。

（2）挤裂切屑（又称节状切屑）。在切屑形成过程中，如变形较大，其剪切面上局部所受到的剪应力达到材料的强度极限，则剪切面上的局部材料就会破裂成节伏，但与前刀面接触的一面常互相连接，因而未被折断，这就是挤裂切屑。当工件材料塑性越差或用较大进给量低速切削钢材时，较容易得到这类切屑。

（3）粒状切屑（又称单元切屑）。在切屑形成过程中，如其整个剪切面上所受到的剪应力均超过材料的破裂强度，则切屑就成为粒状切屑，形状似梯形。

（4）崩碎切屑。切削铸铁、黄铜等脆性材料时，切削层几乎不经过塑性变形阶段就产生崩裂，得到的切屑呈现不规则的粒状，工件加工后的表面也极为粗糙。

前三种切屑是切削塑性金属时得到的，形成带状切屑时切削过程最平稳，切削力波动较小，已加工表面粗糙度较小，但带状切屑不易折断，常缠在工件上，损坏已加工表面，影响生产，甚至伤人。因此要采取断屑措施，例如在前刀面上磨出卷屑槽等。形成粒状切屑时，切削力波动最大。在生产中一般常见的是带状切屑，当进给量增大时，切削速度降低，则可由带状切屑转化为挤裂切屑。在形成挤裂切屑的情况下，如果进一步减小前角，或加大进给量降低切削速度，即可以得到粒状切屑；反之，如果加大前角，减小进给量，提高切削速度，变形较小，则可得到带状切屑。这说明切屑的形态是可以随切削条件而转化的。

3）第Ⅱ变形区

被切削层金属经过终滑移线 *OM* 形成切屑沿前刀面流出时，切屑底层仍受到刀具的挤压和接触面之间强烈的摩擦，继续以剪切滑移为主的方式变形，其切屑底层的变形程度比切屑上层剧烈，从而使切屑底层晶粒弯曲拉长，在摩擦阻力的作用下，这部分切屑流动速度减慢，称为滞流层。

（1）摩擦系数。

在金属切屑过程中，刀具前刀面和切屑底层之间存在着很大的压力，可达 2 ~ 3 GPa，切削液不易流入接触界面，再加上几百度的高温，切屑底层又总是以新生表面与前刀面接触，而使刀具和切屑接触面间产生黏结，使此处的摩擦情况与一般的滑动摩擦不同。如图 2–47 所示，在刀具和切屑接触面上正应力的分布是不均匀的，切削刃处的最大，随着切屑沿前刀面的流出正应力逐渐减小，在刀具和切屑分离处正应力为零。切应力在 L_{f1} 内保持为一定值，等于工件材料的剪切屈服强度，在 L_{f0} 内逐渐减小，至刀具和切屑分离时为零。在正应力较大的一段长度 L_{f1} 上，切屑底部与前刀面发生黏结现象，在黏结情况下，切屑与前刀面之间的摩擦已不是一般的外摩擦，而是切屑和刀具黏结层与其上层金属之间的内摩擦，这种内摩擦实际就是金属内部的剪切滑移，它与材料的剪切屈服强度和接触面的大小有关。此后切屑沿前刀面继续流出时，离切削刃越远，正应力就越小，切削温度也随之降低，使切削层金属的塑性变形减小，刀具和切屑间实际接触面积减小，直到进入 L_{f0} 内，摩擦性质转变为滑动摩擦。

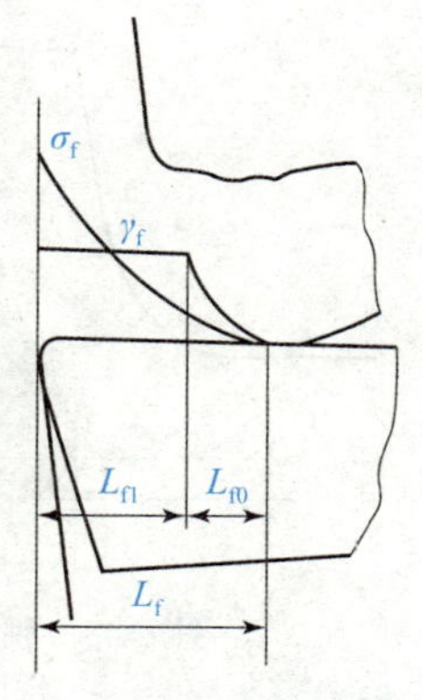

图 2–47　前刀面上的摩擦情况

学习笔记

（2）积屑瘤。

在切削速度不高而又能形成连续性切屑的情况下，加工一般钢料或其他塑性材料时，常常在刀具前刀面切削处黏着一块剖面呈三角状的硬块，如图 2–48 所示，这块冷焊在前刀面上的金属就称为积屑瘤。积屑瘤的硬度很高，通常是工件材料的 2 ~ 3 倍，当它处于比较稳定的状态时，能够代替切削刃进行切削，起到了保护刀具的作用，而且增大了实际前角，可减少切屑变形和切削力，但是会引起过量切削（图中的 ΔH_b），降低了加工精度，当积屑瘤脱落时，其残片会黏附在已加工表面上，恶化表面的表面粗糙度，如果残片黏附在切屑底层会划伤刀具表面，因此在粗加工时可以利用积屑瘤的有利之处，而精加工时应避免产生积屑瘤。

积屑瘤形成的原因是在温度达到一定时，刀、屑接触长度 L_f 的 L_{f1} 接触区间上，当切屑底层材料中剪应力超过材料的剪切屈服强度时，滞流层中流动速度为零的切削层就被剪切断裂黏结在前刀面上，由于黏结作用，使得切屑底层的晶粒纤维化程度很高，几乎和前刀面平行，这层金属因经受了强烈的剪切滑移作用，产生加工硬化，所以它能代替切削刃继续剪切较软的金属层，这样依次逐层堆积，高度逐渐增大，就形成了积屑瘤。长高的积屑瘤在外力或振动作用下会发生局部的破裂和脱落，继而重复生长与脱落。

影响积屑瘤产生的主要因素是工件材料和切削速度。工件材料塑性越好，越易生成积屑瘤。实践证明，切削速度很高或很低时，很少生成积屑瘤，在某一速度范围内，积屑瘤容易生成，图 2–49 所示为切削速度与积屑瘤高度 H_b 的关系曲线。此外增大刀具前角、改善前刀面的表面粗糙度、使用合适的切削液，都可减少或避免积屑瘤生成。

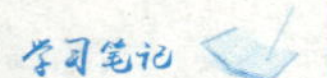

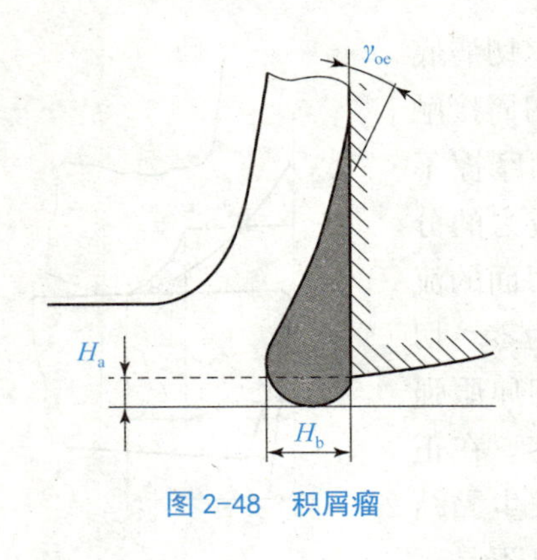

图 2-48　积屑瘤

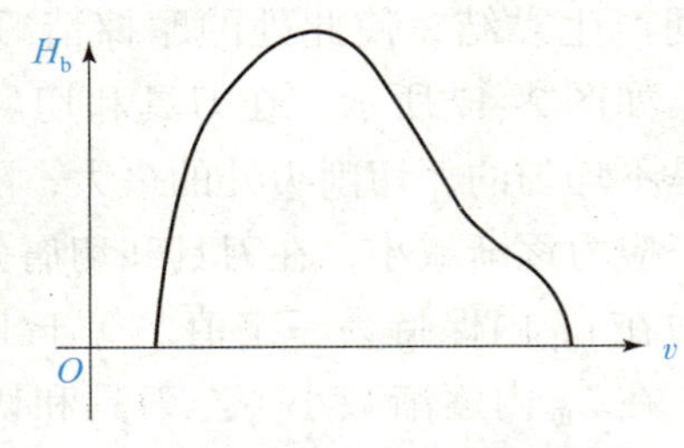

图 2-49　切削速度 v 与积屑瘤高度 H_b 的关系

4）第Ⅲ变形区

第Ⅲ变形区在刀具后刀面和已加工表面接触的区域上。

前面在分析第Ⅰ、第Ⅱ两个变形区的情况时，假设刀具的切削刃是绝对锋利的，实际上任何刀具的切削刃口都很难磨得绝对锋利，可认为切削刃具有一个钝圆半径 r_n，刀具磨损时，钝圆半径 r_n 还将增大，而且刀具开始切削不久，后刀面就会产生磨损，形成一段 $\alpha_{oe}=0°$ 的棱带 VB，因此研究已加工表面的形成过程时，必须考虑切削刃钝圆半径 r_n 及后刀面磨损棱带 VB 的作用，如图 2-50 所示。

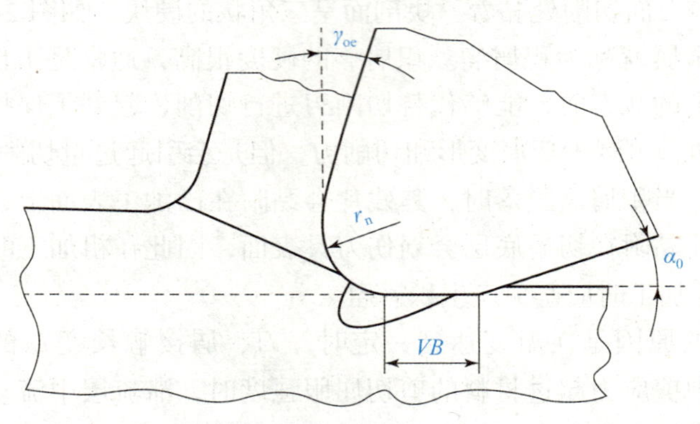

图 2-50　已加工表面的形成

当切削层金属以速度 v 逐渐接近切削刃时，便发生压缩与剪切变形，切削刃附近的切削层晶粒伸长，成为包围在切削刃周围的纤维层，最后在 O 点断裂，O 点以上部分金属成为切屑沿前刀面流出，O 点以下部分金属经过切削刃留在已加工表面上，该部分金属经过切削刃钝圆部分的作用，又受到后刀面磨损棱带 VB 的挤压和摩擦后沿刀具后面流出，这样已加工表面会产生变形，金属晶粒被拉伸得更长、更细，其纤维方向平行于已加工表面，使表层的金属具有与基本组织不同的性质，所以称为加工变质层，其表面粗糙度及内部应力、金相组织决定了已加工表面的质量。

2. 切削力

金属切削时，刀具切入工件使被切金属层发生变形成为切屑所需要的力称为切削力，研究切削力对刀具、机床、夹具的设计和使用都具有很重要的意义。

1）切削力的来源、合力及其分力

金属切削时，力来源于两个方面，其一是克服在切屑形成过程中工件材料对弹性变形和塑性变形的变形抗力，其二是克服切屑与前刀面和后刀面的摩擦阻力。变形力和摩擦力形成了作用在刀具上的合力 $\boldsymbol{F}$。在切削时，合力 $\boldsymbol{F}$ 作用于切削刃空间某个方向，由于大小与方向都不易确定，因此为了便于测量、计算和反映实际作用的需要，常将合力 $\boldsymbol{F}$ 分解为互相垂直的 $\boldsymbol{F}_{\mathrm{c}}$、$\boldsymbol{F}_{\mathrm{f}}$ 和 $\boldsymbol{F}_{\mathrm{p}}$ 三个分力，如图 2-51 所示。

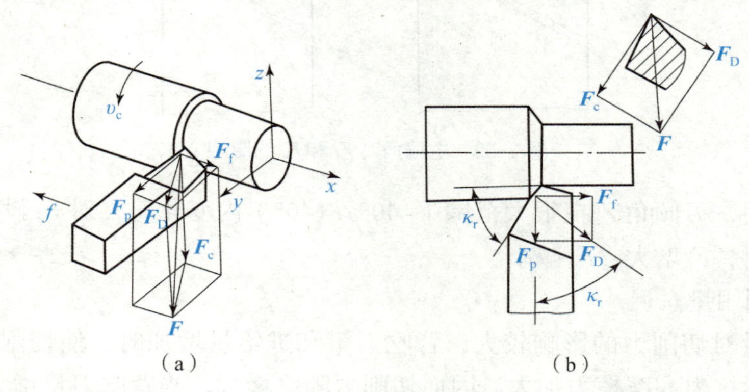

图 2-51　切削合力及其分力

（1）切削力 $\boldsymbol{F}_{\mathrm{c}}$（主切削力 $\boldsymbol{F}_{\mathrm{z}}$）是在主运动方向上的分力，它切于加工表面，并与基面垂直。$\boldsymbol{F}_{\mathrm{c}}$ 用于计算刀具强度、设计机床零件、确定机床功率等。

（2）进给力 $\boldsymbol{F}_{\mathrm{f}}$（进给抗力 $\boldsymbol{F}_{\mathrm{x}}$）是在进给运动方向上的分力，它处于基面内，与进给方向相反。$\boldsymbol{F}_{\mathrm{f}}$ 用于设计机床进给机构和确定进给功率等。

（3）背向力 $\boldsymbol{F}_{\mathrm{p}}$（切深抗力 $\boldsymbol{F}_{\mathrm{y}}$）是在垂直于工作平面上的分力，它处于基面内并垂直于进给方向。$\boldsymbol{F}_{\mathrm{p}}$ 用来计算工艺系统刚度等，它也是使工件在切削过程中产生振动的力。

由图 2-51 可以看出，进给力 $\boldsymbol{F}_{\mathrm{f}}$ 和背向力 $\boldsymbol{F}_{\mathrm{p}}$ 的合力 $\boldsymbol{F}_{\mathrm{D}}$ 作用于基面上且垂直于主切削刃。

F、F_{D}、F_{f}、F_{p} 之间的关系：

$$F=\sqrt{F_{\mathrm{c}}^{2}+F_{\mathrm{p}}^{2}}=\sqrt{F_{\mathrm{c}}^{2}+F_{\mathrm{f}}^{2}+F_{\mathrm{p}}^{2}}$$

$$F_{\mathrm{f}}=F_{\mathrm{D}}\sin\kappa_{r},F_{\mathrm{p}}=F_{\mathrm{D}}\cos\kappa_{\mathrm{r}}$$

2）影响切削力的主要因素

（1）工件材料。

工件材料的强度、硬度越高，剪切屈服强度 τ_{s} 越高，切削时产生的切削力越大。如加工 60 钢的切削力 F_{c} 比 45 钢增大 4%，加工 35 钢的切削力 F_{c} 比 45 钢减小 13%。

工件材料的塑性、冲击韧度越高，切削变形越大，切屑与刀具间的摩擦增加，则切削力越大。例如不锈钢 1Cr18Ni9Ti 的延伸率是 45 钢的 4 倍，所以切削时变形大，切屑不易折断，加工硬化严重，产生的切削力比 45 钢增大 25%。加工脆性材料时，因塑性变形小，切屑与刀具间摩擦小，故切削力较小。

（2）刀具几何参数。

前角 γ 增大，切削变形减小，故切削力减小。主偏角对切削力 F_c 的影响较小，而对进给力 F_f 和背向力 F_p 的影响较大，由图 2–52 可知，当主偏角增大时，F_f 增大，F_p 减小。

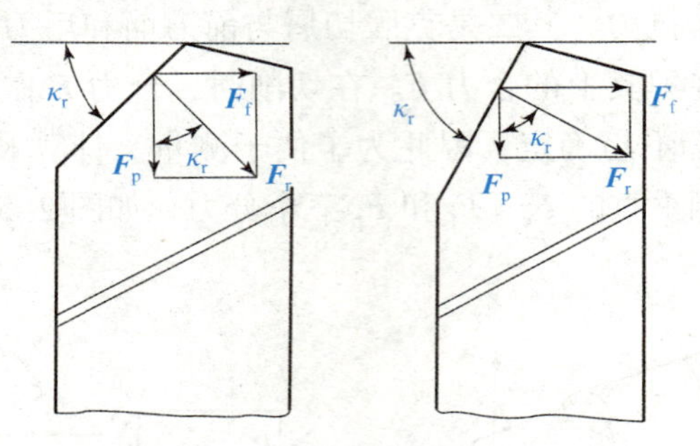

图 2–52　主偏角对 F_f 和 F_p 的影响

实践证明，刃倾角 λ_s 在很大范围（–40° ~ +40°）内变化时，对 F_c 没有什么影响，但当 λ_s 增大时，F_f 增大，F_p 减小。

（3）切削用量 。

切削用量对切削力的影响较大，背吃刀量和进给量增加时，使切削面积 A_D 成正比增加，变形抗力和摩擦力加大，因而切削力随之增大，当背吃刀量增大 1 倍时，切削力近似成正比增加，所以在切削力经验公式中 a_p 的指数 X_{Fz} 近似等于 1。当进给量 f 增大 1 倍时，切削面积 A_c 也成正比增加，但变形程度减小，使切削层单位面积切削力减小，因而切削力只增大 70% ~ 80%。所以在切削力经验公式中，f 的指数小于 1。

在切削塑性材料时，切削速度对切削力的影响分为有积屑瘤阶段和无积屑瘤阶段两种情况。如图 2–53 所示，在低速范围内，随着切削速度的增加，积屑瘤逐渐长大，刀具实际前角增大，使切削力逐渐减小；在中速范围内，积屑瘤逐渐减小并消失，使切削力逐渐增至最大；在高速阶段，由于切削温度升高，摩擦力逐渐减小，使切削力得到稳定的降低。

（4）其他因素。

刀具材料与工件材料之间的摩擦系数 μ 会直接影响到切削力的大小，一般按立方碳化棚刀具、陶瓷刀具、涂层刀具、硬质合金刀具、高速钢刀具的顺序，切削力依次增大。

切削液有润滑作用，使切削力降低。切削液的润滑作用越好，切削力的降低越显著。在较低的切削速度下，切削液的润滑作用更为突出。

刀具后刀面磨损带 VB 越大，摩擦越强烈，切削力也越大。VB 对背向力的影响最为显著。

3. 刀具磨损和刀具寿命

进行金属切削加工时，刀具一方面将切屑切离工件，另一方面自身也会发生磨损或破损。磨损是连续、逐渐的发展过程，而破损一般是随机、突发的破坏。

学习笔记

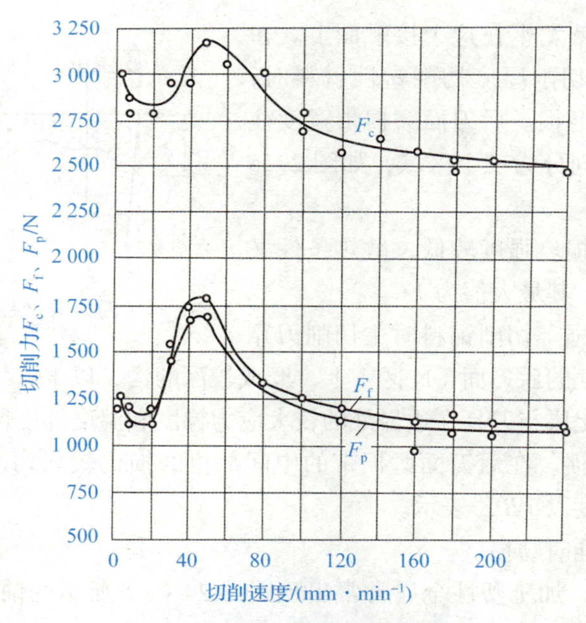

图 2-53　切削速度对切削力的影响

1）刀具的磨损形式

刀具的磨损形式有以下三种，如图 2-54 所示。

（1）前刀面磨损。

切削塑性材料时，如果切削速度和切削厚度较大，刀具前刀面上会形成月牙洼磨损，它是以切削温度最高点的位置为中心开始发生的，然后逐渐向前向后扩展，深度不断增加。当月牙洼发展到其前缘与切削刃之间的棱边变得很窄时，切削刃强度降低，容易导致切削刃破损。前刀面月牙洼磨损值以其最大深度 KT 表示，如图 2-54(b）所示。

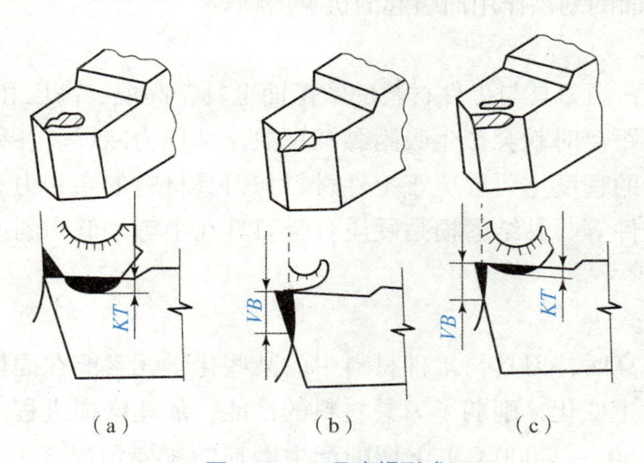

图 2-54　刀具磨损形式

（a）后刀面磨损；（b）前刀面磨损；（c）前后刀面同时磨损

（2）后刀面磨损。

后刀面与工件表面实际上接触面积很小，所以接触压力很大，存在着弹性和塑性

学习笔记

变形，因此，磨损就发生在这个接触面上。在切铸铁和以较小的切削厚度切削塑性材料时，主要也是发生这种磨损。后刀面磨损带宽度往往是不均匀的，可划分为三个区域，如图 2-55 所示。

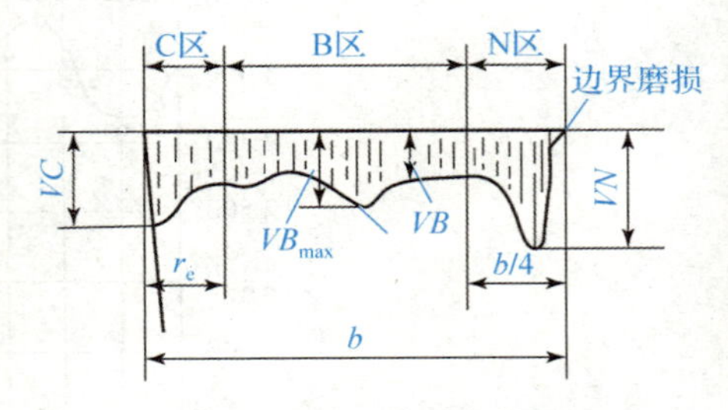

图 2-55　后刀面磨损情况

① C 区刀尖磨损。强度较低，散热条件又差，磨损比较严重，其最大值为 *VC*。

② N 区边界磨损。切削钢料时主切削刃靠近工件待加工表面处的后刀面（N 区）上，磨成较深的沟，以 *VN* 表示。这主要是工件在边界处的加工硬化层与刀具在边界处的较大应力梯度和温度梯度所造成的。

③ B 区中间磨损。在后刀面磨损带的中间部位磨损比较均匀，其平均宽度以 *VB* 表示，而其最大宽度以 VB_{max} 表示。

（3）前后刀面同时磨损。

在常规条件下，加工塑性金属常常出现图 2-24（c）所示的前后刀面同时的磨损情况。

2）刀具磨损的原因

刀具磨损不同于一般机械零件的磨损。由于与刀具表面接触的切屑底面是活性很高的新鲜表面，刀面上的接触压力很大、接触温度很高，所以刀具磨损存在着机械的、热的和化学的作用，既有工件材料硬质的划擦作用而引起的磨损，也有黏结、扩散、腐蚀等引起的磨损。

（1）磨料磨损。

磨料磨损是由于工件材料中的杂质及材料基体组织中的碳化物、氮化物、氧化物等硬质点对刀具表面的划擦作用而引起的机械磨损。

（2）黏结磨损。

在切削过程中，当刀具与工件材料的摩擦面上具备高温、高压和新鲜表面的条件，接触面达到原子间距离时就会产生吸附黏结现象，又称为冷焊。各种刀具材料都会发生黏结磨损，磨损的程度主要取决于工件材料与刀具材料的亲和力和硬度比、切削温度、压力及润滑条件等。黏结磨损是硬质合金刀具在中等偏低切削速度时发生磨损的主要原因。

（3）扩散磨损。

当切削温度很高时，刀具与工件材料中的某些化学元素能在固体下互相扩散，使两者的化学成分发生变化，削弱了刀具材料的性能，加速磨损进程。扩散磨损是硬质合金刀具在高温（800 ~ 1 000℃）下切削产生磨损的主要情况之一。一般从 800℃开始，硬质合金中的 Co、C、W 等元素会扩散到切屑中而被带走，同时切屑中的 Fe 也会扩散到硬质合金中，使刀面的硬度和强度下降、脆性增加、磨损加剧。

（4）氧化磨损。

当切削温度 700 ~ 800℃时，空气中的氧与硬质合金中的钴、碳化钨、碳化钛等发生氧化作用生成疏松脆弱的氧化物，这些氧化物容易被切屑和工件擦走，加速了刀具的磨损。

3）刀具的磨损过程及磨钝标准

（1）刀具的磨损过程。

如图 2-56 所示，刀具的磨损过程可分为三个阶段：

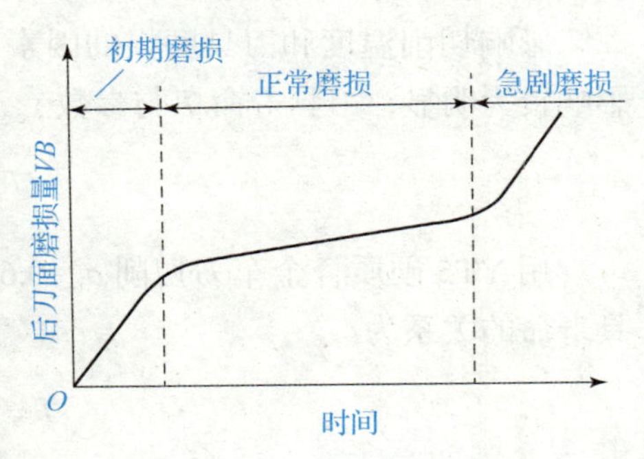

图 2-56　刀具的磨损过程

①初期磨损阶段。由于新刃磨的刀具表面较粗糙，并存在显微裂纹、氧化或脱碳等缺陷，而且切削刃较锋利，后刀面与加工表面接触面积较小，压应力较大，所以容易磨损，且磨损速度较快。

②正常磨损阶段。经过初期磨损后，刀具粗糙表面已经磨平，缺陷减少，刀具后刀面与加工表面接触面积变大，压强减小，进入比较缓慢的正常磨损阶段。后刀面的磨损量与切削时间近似地成比例增加。正常切削时，这个阶段的时间较长，是刀具的有效工作时期。

③急剧磨损阶段。当刀具的磨损带达到一定程度后，刀面与工件摩擦过大，导致切削力与切削温度均迅速增高，磨损速度急剧增加。生产中为了合理使用刀具，保证加工质量，应该在发生急剧磨损之前及时换刀。

（2）刀具的磨钝标准。

刀具磨损到一定限度后就不能继续使用，其磨损限度称为磨钝标准。ISO 标准统一规定以 1/2 背吃刀量处后刀面上测定的磨损带宽度 *VB* 作为刀具的磨钝标准。自动化生产中的精加工刀具，常以沿工件径向的刀具磨损尺寸作为刀具的磨钝标准，称为径向磨损量 *NB*。

在国家标准 GB/T 16461—1996 中规定的高速钢刀具、硬质合金刀具的磨钝标准见表 2-29。

表 2-29　高速钢刀具、硬质合金刀具的磨钝标准

工件材料	加工性质	磨钝标准 *VB*/mm	
		高速钢	硬质合金
碳钢、合金钢	粗车	1.5～2.0	1.0～1.4
	精车	1. 0	0.4～0.6
灰铸铁、可断铸铁	粗车	2.0～3.0	0.8～1.0
	半精车	1.5～2.0	0.6～0.8
耐热钢、不锈钢	粗车、精车	1.0	1.0

学习笔记

4）刀具寿命

在生产实际中，一般以刀具寿命来间接地反映刀具的磨钝标准。刀具寿命 T 用刀具由刃磨后开始切削，一直到磨损量达到刀具的磨钝标准所经过的总切削时间（单位 min）来定义。刀具寿命反映了刀具磨损的快慢程度。

影响切削温度和刀具磨损的因素都同样会影响刀具寿命。切削用量对刀具寿命的影响较为明显，刀具寿命 T 与参数 v_c、f、a_p 的关系为

$$T=\frac{C_T}{v_c^X \cdot f^Y \cdot a_p^Z}$$

用 YT5 硬质合金车刀切削 σ_b=0.637 GPa（f >0.7 mm/r）的碳钢时，切削用量与刀具寿命的关系为

$$T=\frac{C_T}{v_c^5 \cdot f^{2.25} \cdot a_p^{0.75}}$$

可见，切削速度对刀具寿命的影响最大，进给量次之，背吃刀量最小，这与三者对切削温度的影响顺序完全一致，反映出切削温度对刀具寿命有重要的影响。

刀具寿命可用来确定换刀时间、衡量工件材料的切削加工性和刀具材料切削性能的优劣、判定刀具几何参数及切削用量的选择是否合理等，是一个具有多种用途的重要参数。

三、典型案例

阀螺栓加工工艺编制案例。

1. 阀螺栓结构及技术要求（见图 2–57）

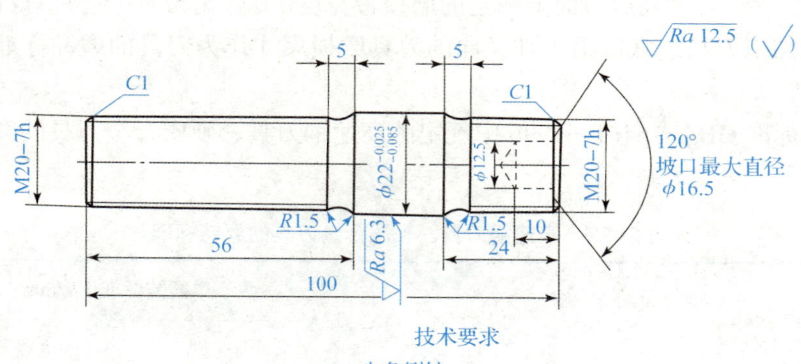

技术要求
1.尖角倒钝。
2.调质处理28~32HRC。
3.发蓝处理。
4.材料45钢。

图 2–57 阀螺栓

2. 零件图样分析

（1）零件结构比较简单，两端均为 M20–7 h 外螺纹。

（2）定位部分外圆 $\phi22^{-0.025}_{-0.085}$ mm 与两端螺纹外径过渡处为 R1.5 mm。

（3）右端 120°锥孔是在装配时，与阀座进行铆接用。

（4）热处理要求 28~32 HRC。

3. 工艺分析

（1）零件为小短轴，可直接用棒料加工。

（2）阀螺栓一般多为批量生产，可采用套螺纹机加工螺纹，生产效率高。若零星修配或生产批量较少，则可采用普通车床加工螺纹，相应将工序 3 中螺纹外径改为 $\phi 19.8 \sim \phi 19.85$ mm 为宜。

（3）在加工螺纹外径时，应先加工长度为 56 mm 一端的外径及端面，以减少因切断后端面的修整，因为在加工 120°坡口时，可以加工坡口端面。

4. 阀螺栓机械加工工艺过程卡（见表 2–30）

表 2–30　阀螺栓机械加工工艺过程卡

工序号	工序名称	工序内容	工艺装备
1	下料	棒料 $\phi 24$ mm×110 mm（8 件连下）	锯床
2	热处理	调质处理 28~32 HRC	
3	车	棒料穿过主轴孔用三爪自定心卡盘夹紧，车端面，车 M20–7 h 外径为 $\phi 19.7 \sim \phi 19.85$ mm，长 56 mm，倒角 $C1$。车其余外圆各部，保证 $\phi 22_{-0.085}^{-0.025}$ mm，长 20 mm。车右端（按图样方向）M20–7 h 外径 $\phi 19.7 \sim \phi 19.85$ mm，倒角 $C1$。车 $R1.5$ mm 连接圆弧。切断，保证总长 101 mm	C620
4	车	夹 $\phi 22_{-0.085}^{-0.025}$ mm（垫上铜皮）处，套螺纹 M20–7 h 两处（倒头一次）	C620 或套螺纹机
5	车	三爪自定心卡盘卡 $\phi 22_{-0.085}^{-0.025}$ mm（垫上铜皮外圆），车右端面，保证总长 100 mm；倒角 $C1$，钻右端孔 $\phi 12.5$ mm，深 10 mm；倒坡口 120°，控制坡口最大直径 $\phi 16.5$ mm	C620
6	热处理	发蓝处理	
7	检验	按图样要求检验各部	
8	入库	涂油入库	

四、巩固自测

1. 填空题

（1）轴类零件是指长度大于直径的____________类零件的总称，是机器中的主要零件之一，主要用来支承传动件（齿轮、带轮、离合器等）和________________。

（2）零件结构工艺性是指所设计的零件在能满足使用要求的前提下制造的________和____________，包括零件各个制造过程中的工艺性，有零件结构的铸造、锻造、冲

学习笔记

学习笔记

压、焊接、热处理、切削加工等工艺性。

（3）基准按作用不同，可划分为____________基准和___________基准两大类。工艺基准根据其______________的不同，又可分为工序基准、定位基准、测量基准和装配基准四种，而定位基准根据选用的基准是否_________，又可分为精基准和粗基准。

（4）加工顺序的安排就是把零件上各个表面的加工顺序按工序次序排列出来，一般包括切削加工顺序的安排、__________工序的安排和其他工序的安排。

（5）辅助工序的种类很多，如去毛刺、倒棱边、去磁、清洗、__________、涂防锈油和包装等。

（6）外圆车刀的切削部分（又称刀头）由前刀面、____________、副刀后面、主切削刃、______________和刀尖所组成。

（7）刀具前角的大小将影响切削过程中的切削变形和__________，同时也影响工件表面粗糙度和刀具的_________与寿命。

（8）刀具后角增大可减小后刀面与加工表面之间的摩擦，后角越大，切削刃越________，但是切削刃和刀头的强度削弱，散热体积________。

（9）刀具主偏角和副偏角越小，刀头的强度________，散热面积________，刀具寿命长。此外，主偏角和副偏角小时，工件加工后的表面粗糙度小；但是，主偏角和副偏角减小时会加大切削过程中的_________，容易引起工艺系统的弹性变形和振动。

（10）工件的同一自由度被两个或两个以上的支撑点重复限制的定位，称为__________。在通常情况下，应尽量避免出现这种定位。因为，这种定位将会造成工件位置的不确定、工件安装干涉或工件在夹紧过程中出现__________，从而影响加工精度。

2. 问答题

（1）如何把零件的加工划分为粗加工阶段和精加工阶段？为什么要这样划分？

（2）确定工序加工余量应考虑哪些因素？什么是加工余量、工序间余量和总余量？引起余量变动的原因是什么？

（3）工艺尺寸是怎样产生的？在什么情况下必须进行工艺尺寸的换算？在工艺尺寸链中，封闭环是如何确定的？

（4）何谓基准？基准分为哪几种？各种基准之间有何关系？

（5）何谓设计基准、工艺基准、工序基准、定位基准、测量基准和装配基准？何谓粗基准，选择是原则是什么？何谓精基准，选择的原则是什么？

（6）加工工序顺序的安排应遵循哪些原则？

（7）何谓“工序集中”“工序分散”？什么情况下采用“工艺集中”？影响工序集中和工序分散的主要原因是什么？

（8）对于外圆直径相差不大的轴，一般以棒料为主；而对于外圆直径相差大的阶梯轴或重要的轴，为什么常选用锻件？

(9) 选择粗基准时，应从零件加工的全过程来考虑，一般需要考虑哪些问题？

(10) 一般情况下，表面机械加工方法和方案的选择步骤是什么？

(11) 在零件机械加工工艺过程中，为什么需要安排一些热处理工序？

(12) 影响切削温度的刀具主要几何参数有哪些？它们是如何影响的？

3. 计算题

(1) 如图 2–58 所示套筒零件，加工表面 A 时要求保证尺寸 $10^{+0.10}_{0}$ mm，若在铣床上采用静调整法加工时以左端端面定位，试标注此工序的工序尺寸。

(2) 如图 2–59 所示定位套零件，在大批量生产时制定该零件的工艺过程是：先以工件的右端端面及外圆定位加工左端端面、外圆及凸肩，保持尺寸 5 mm±0.05 mm 及将来车右端端面时的加工余量 1.5 mm，然后再以已加工好的左端端面及外圆定位加工右端端面、外圆、凸肩及内孔，保持尺寸 $60^{0}_{-0.25}$ mm。试标注这两道工序的工序尺寸。

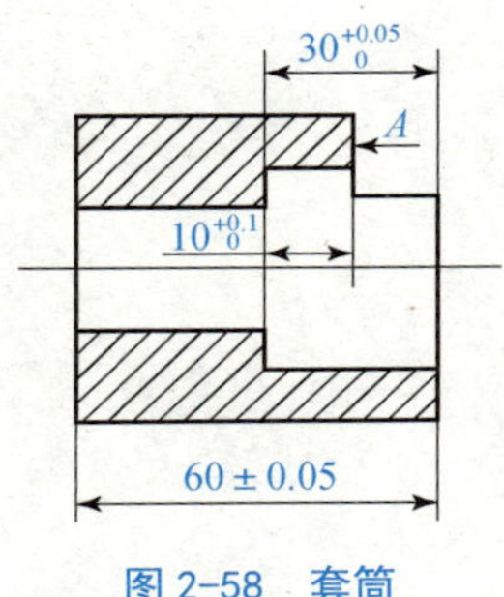

图 2–58 套筒

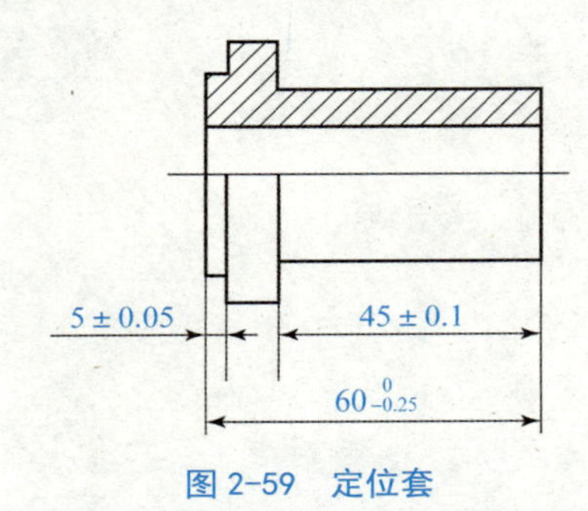

图 2–59 定位套

(3) 如图 2–60 所示零件，轴颈 $\phi 106.6^{0}_{-0.015}$ mm 上要渗碳淬火。要求零件磨削后保留渗碳层深度为 0.9 ~ 1.1 mm。其工艺过程如下：

①车外圆至 $\phi 106.6^{0}_{-0.03}$ mm；

②渗碳淬火，渗碳深度为 z_1；

③磨外圆至 $\phi 106.6^{0}_{-0.015}$ mm。

试确定渗碳工序的渗碳深度 z_1。

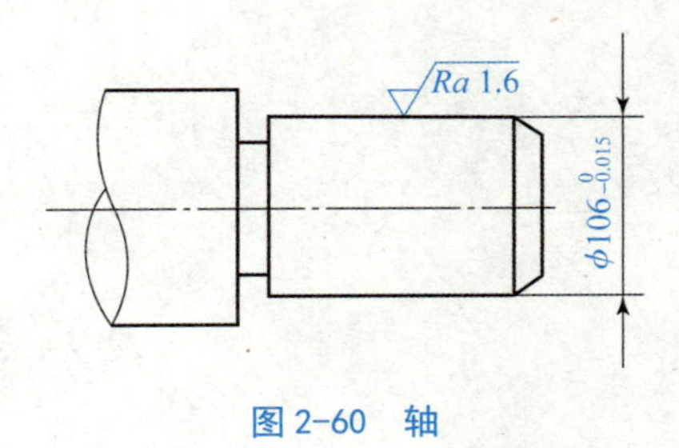

图 2–60 轴

学习笔记

任务三　齿轮类零件加工工艺编制

课程思政案例 3-1

任务目标

通过本任务的学习，学生掌握以下职业能力：

☐ 通过国家标准、网络、现场及其他渠道收集信息；

☐ 在团队协作中正确分析、解决齿轮类零件工艺编制的实际问题；

☐ 正确分析齿轮类零件的结构和技术要求；

☐ 根据齿轮类零件结构及技术要求，合理选择零件材料、毛坯及热处理方式；

☐ 合理选择齿轮类零件的加工方法及刀具，科学安排加工顺序；

☐ 能够分析、选用常见齿轮加工夹具；

☐ 正确选用公法线千分尺、齿厚游标尺、齿圈径向跳动检查仪和基节仪，并正确测量齿轮精度；

☐ 正确、清晰、规范地填写工艺文件。

课程思政案例 3-2

任务描述

● 任务内容

图 3-1 所示为某厂制造的某型号减速器的从动齿轮，其备品率为 4%，废品率约为 1.2%。请分析该齿轮结构及技术要求，确定生产类型，选择毛坯类型及合理的制造方法，选取定位基准和加工装备，拟定工艺路线，设计加工工序，并填写工艺文件。

该厂设备现状及减速器装配图请参考任务一。

● 实施条件

（1）减速器装配图、齿轮零件图、多媒体课件、齿轮加工工艺手册及必要的参考资料，以供学生自主学习时获取必要的信息，教师在引导、指导学生实施任务时提供必要的答疑。

（2）工作单及工序卡，供学生获取知识和任务实施时使用。

● 齿轮零件简介

齿轮传动在现代机器和仪器中的应用极为广泛，其功用是按规定的速度比传递运动和动力。

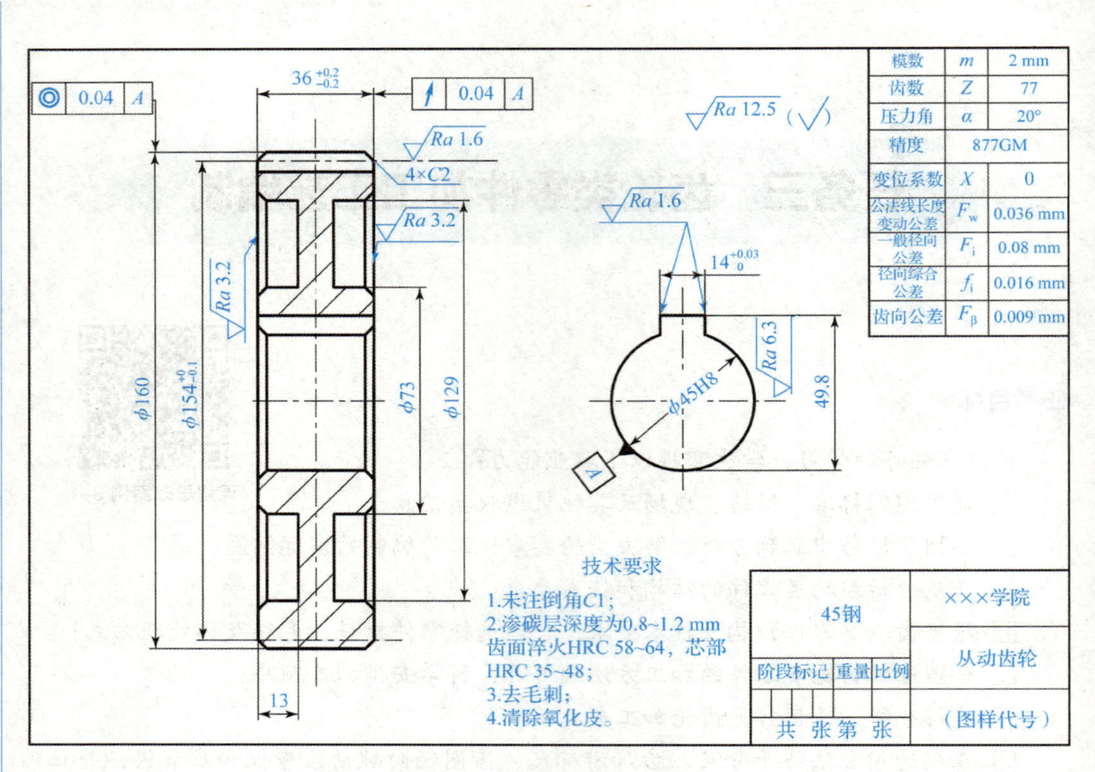

图 3-1　减速器传动齿轮

由于使用要求不同，齿轮的形状有较大不同。从工艺角度，齿轮可看成是由齿圈和轮体两部分构成的，如图 3-2 所示。按照齿圈上轮齿的分布形式，齿轮可分为直齿、斜齿、人字齿等三类；按照轮体的结构特点，可分为轴齿轮、盘形齿轮、套筒齿轮、扇形齿轮和齿条等，如图 3-3 所示。

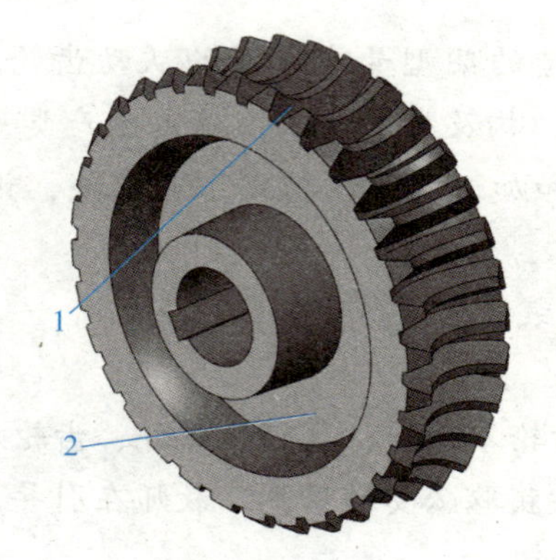

图 3-2　齿轮结构

1—齿圈；2—轮体

学习笔记

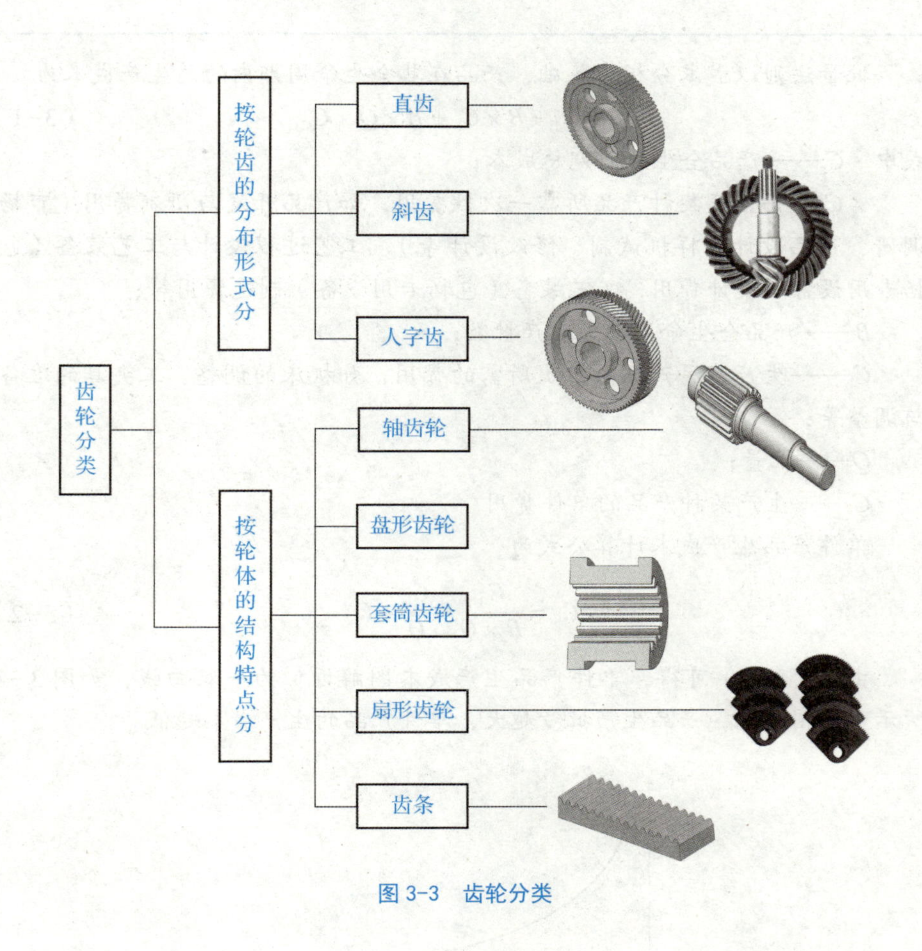

图 3-3　齿轮分类

程序与方法

步骤一　生产纲领计算与生产类型确定

相关知识

阅读批量法则，回答下面问题。

应知应会

批量法则

大批量生产可以获得较高的生产效率和较低的生产成本。当市场竞争以产品质量和生产成本为决定因素时，与中小批量生产相比，大批量生产可取得明显的经济效果，这就是所谓的“批量法则”（Batch Rule，BR）。

学习笔记

批量法则以成本分析为基础，产品在其全生命周期内的总生产成本为

$$C_a=C_d+B\times C_b+B\times Q\times C_s \quad (3-1)$$

式中 C_a——产品全生命周期总成本；

C_d——生产某种产品所需一次性费用，如产品开发与研制费用（市场调研、产品设计、样机试制、修改设计等）、工艺过程设计与工艺装备（包括专用设备）设计费用、工艺装备（包括专用设备）制造费用等；

B——产品全生命周期内生产批数；

C_b——生产某种产品每批次所需的费用，如机床的调整、工夹具的准备与调整等；

Q——批量；

C_s——生产某种产品的单件费用。

单件产品生产成本计算公式为

$$C_p=\frac{C_d}{B\times Q}+\frac{C_b}{Q}+C_s \quad (3-2)$$

由式（3-2）可得，单件产品生产成本图解近似为一双曲线，如图 3-4 所示。由图可见，产品生产批量越大，单件产品的生产成本越低。

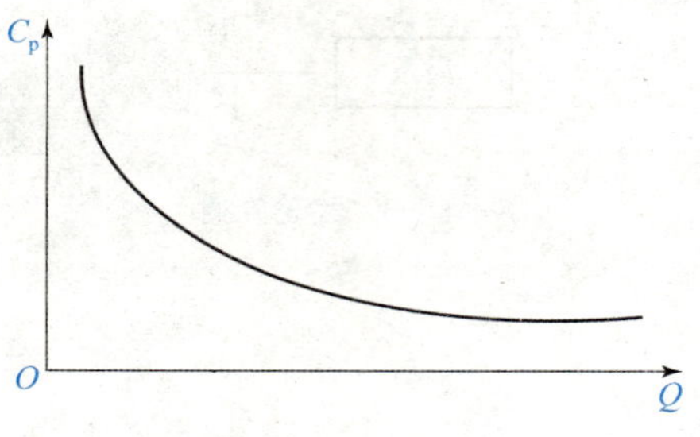

图 3-4 单件产品成本与生产批量的关系

（1）当产品批量很小时，年产量的微小变化将引起单件产品生产成本的很大变化，为什么？

______

______

（2）当生产批量很大时，为什么继续增加批量，单件产品成本减少幅度很小？

______

______

做一做

完成任务单 3.1 的相应任务。根据任务描述中的年产量等相关信息，计算该减速器

齿轮的生产纲领，确定生产类型；查表 1-7 分析该齿轮加工的工艺特征。

学习笔记

步骤二　结构及技术要求分析

一、齿轮的技术要求

齿轮的制造精度对整个机器的工作性能、承载能力及使用寿命都有很大的影响。齿轮的技术要求见表 3-1。

表 3-1　齿轮技术要求

技术要求	说明
传递运动准确性	要求齿轮较准确地传递运动，传动比恒定，即要求齿轮在一转中的转角误差不超过一定范围
传递运动平稳性	要求齿轮传递运动平稳，以减小冲击、振动和噪声，即要求限制齿轮转动时瞬时速比的变化
载荷分布均匀性	要求齿轮工作时，齿面接触要均匀，以使齿轮在传递动力时不致因载荷分布不匀而使接触应力过大，引起齿面过早磨损。接触精度除了包括齿面接触均匀性以外，还包括接触面积和接触位置
传动侧隙的合理性	要求齿轮工作时，非工作齿面间留有一定的间隙，以储存润滑油，补偿因温度、弹性变形所引起的尺寸变化及加工、装配时的一些误差

二、齿轮的精度等级

GB/T 10095.1—2008 中对齿轮及齿轮副规定了 13 个精度等级，从 0 ~ 12 顺次降低。其中 0 ~ 2 级是有待发展的精度等级，3 ~ 5 级为高精度等级，6 ~ 8 级为中等精度等级，9 级以下为低精度等级。按误差的特性及其对传动性能的主要影响，每个精度等级都有三个偏差组，分别规定出各项偏差和偏差项目。齿轮的公差组见表 3-2。

表 3-2　齿轮的公差组（GB/T 10095.1—2008）

公差组	公差与极限偏差项目	误差特性	对传动性能的主要影响
Ⅰ	F_i'，F_p，F_{pk}，F_i''，F_r，F_w	以齿轮一转为周期的误差	传递运动的准确性
Ⅱ	F_i'，F_i''，F_f，$\pm F_{pt}$，$\pm F_{pb}$，$F_{f\beta}$	在齿轮一周内，多次周期重复出现的误差	传动的平稳性、噪声、振动
Ⅲ	F_β，F_b，$\pm F_{pt}$、	齿向线的误差	载荷分布的均匀性

1. 齿距偏差

1）单个齿距偏差（f_{pt}）

在端平面上，在接近齿高中部的一个与齿轮轴线同心的圆上，实际齿距与理论齿距的代数差，如图 3–5 所示。

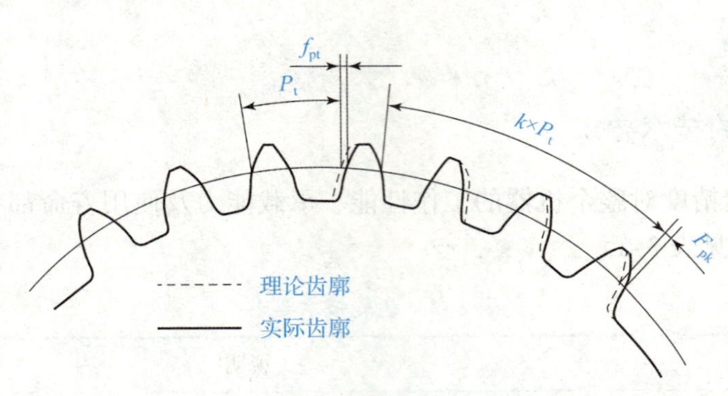

图 3–5　齿距偏差与齿距累积偏差

2）齿距累积偏差（F_{pk}）

任意 k 个齿距的实际弧长与理论弧长的代数差。理论上它等于这 k 个齿距的各单个齿距偏差的代数和。

3）齿距累积总偏差（F_p）

在齿轮同侧齿面任意弧段（k=1 至 k=z）内的最大齿距累积偏差，它表现为齿距累积偏差曲线的总幅值。

2. 切向综合偏差

1）切向综合总偏差（F'_i）

被测齿轮与测量齿轮单面啮合检验时，被测齿轮一转内，齿轮分度圆上实际圆周位移与理论圆周位移的最大差值。

2）一齿切向综合偏差（f'_i）

在一个齿距内的切向综合偏差。

想一想： 在企业见习时，该企业使用了哪些偏差检测设备？检测了哪些误差？

提示：

2008 年国家对 GB/T 10095.1—2001 和 GB/T 10095.2—2001 进行了修订，颁布了圆柱齿轮精度制标准（GB/T 10095.1—2008 和 GB/T 10095.2—2008），对部分术语进行了修改。但现有的多数文献仍采用 2001 年标准，有些术语和本教材可能存在不一致，如有些文献称“极限偏差”，而本教材采用 2008 年标准统一称为“偏差”。

三、齿轮技术要求确定的一般原则

齿轮的制造精度主要根据齿轮的用途和工作条件而定，其一般确定原则如图 3-6 所示。

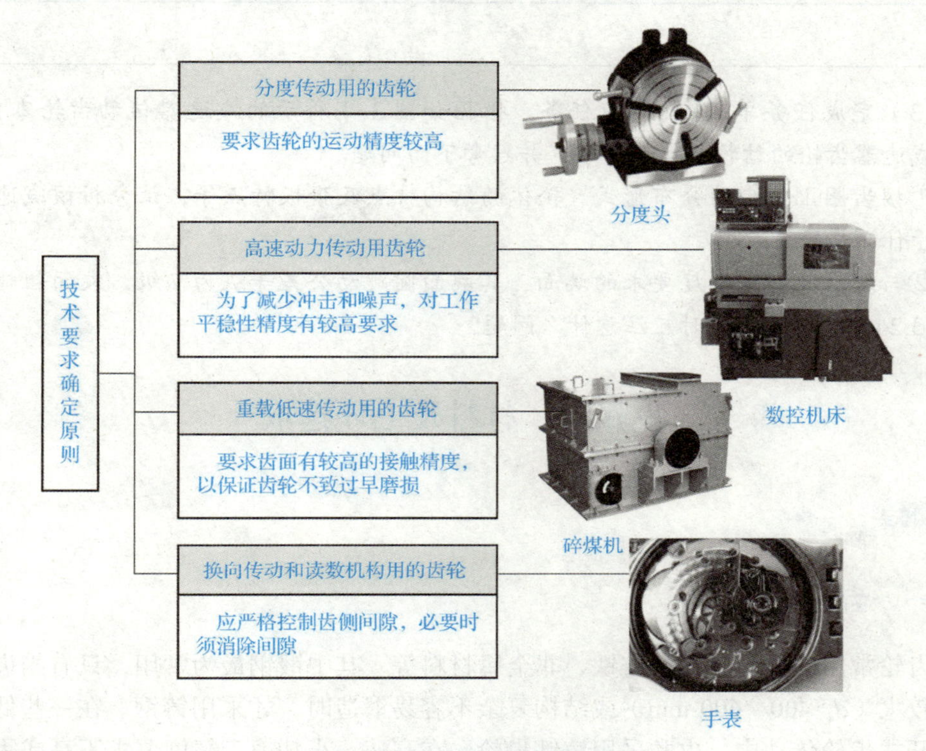

图 3-6　齿轮技术要求确定原则

做一做

（1）阅读并分析相关知识，试说明齿轮技术要求确定的一般原则是什么。

______

______

______

（2）阅读下列“齿轮精度标注”，说明教材任务三齿轮精度的含义。

应知应会

齿轮精度标注

某齿轮精度标注为 766 GM，表示齿轮第Ⅰ、Ⅱ、Ⅲ公差组的精度分别为 7 级、6 级、6 级，齿厚上、下偏差代号分别为 G、M。

若三个公差组的精度等级相同，则只需标注的一个数字。如 7F L 表示齿轮第Ⅰ、Ⅱ、Ⅲ公差组的精度同为 7 级，齿厚上、下偏差代号分别为 F、L。

（3）完成任务单 3.1 的相应任务。根据如图 3–1 所示的减速器传动齿轮零件图，分析减速器齿轮的结构及技术要求，并思考下面问题。

①按齿圈上轮齿的分布形式、轮体的结构特点及腹板特点等，试分析该减速器齿轮属于什么齿轮。

②与基准孔有垂直度要求的端面，其端面圆跳动公差等级为 7 级，表面粗糙度为 $Ra \leqslant 3.2\ \mu m$，制定工艺时应注意什么问题？

步骤三　材料及毛坯选取

相关知识

一、齿轮常用材料

齿轮常用的材料有钢、铸铁、非金属材料等，其中锻钢最为常用，只有当齿轮的尺寸较大（d_a>400 ~ 600 mm）或结构复杂不容易锻造时，才采用铸钢。在一些低速轻载的开式齿轮传动中，也常采用铸铁齿轮。在高速、小功率、精度要求不高或需要低噪声的特殊齿轮传动中，可以采用非金属材料。齿轮常用材料及机械性能见表 3–3。

表 3–3　常用材料及机械性能

材料牌号	热处理方法	强度极限 σ_B/MPa	屈服极限 σ_S/MPa	硬度（HBS）	
				齿芯部	齿面
HT250		250		170 ~ 240	
HT300		300		187 ~ 255	
HT350		350		197 ~ 269	
QT500–5	常化	500		147 ~ 241	
QT600–2		600		229 ~ 320	
ZG310–570		580	320	156 ~ 217	
ZG340–640		650	350	169 ~ 229	
45		580	290	162 ~ 217	

学习笔记

续表

材料牌号	热处理方法	强度极限 σ_B/MPa	屈服极限 σ_S/MPa	硬度（HBS）	
				齿芯部	齿面
ZG340-640	调质	700	380	241 ~ 269	
45		650	360	217 ~ 255	
30CrMnSi		1 100	900	310 ~ 360	
35SiMn		750	450	217 ~ 269	
38SiMnMo		700	550	217 ~ 269	
40Cr		700	500	241 ~ 286	
45	调质后表面淬火				40 ~ 50 HRC
40Cr					48 ~ 55 HRC
20Cr	渗碳后淬火	650	400	300	58 ~ 60 HRC
20CrMnTi		1 100	850		
12Cr2Ni4		1 100	850	320	
20Cr2Ni4		1 200	1 100	350	
35CrAIA	调质后氮化（氮化层厚≥0.3 ~ 0.5 mm）	950	750	255 ~ 321	>850
38CrMoALA		1 000	850		
夹布胶带		100		25 ~ 35	

提示：

40Cr 钢可用 40MnVB 替代；20Cr、20CrMnTi 钢可用 20Mn2B 或 20MnVB 替代。

二、齿轮材料选用

齿轮应按照使用时的工作条件选用合适的材料，如图 3-7 所示。齿轮材料选择合适与否对齿轮的加工性能和使用寿命都有直接的影响。

三、齿轮毛坯选择

齿轮毛坯形式主要有棒料、锻件和铸件。

（1）棒料：用于小尺寸、结构简单且对强度要求不太高的齿轮。

（2）锻件：用于强度要求高，并要求耐磨损、耐冲击的齿轮。

（3）铸件：铸钢件用于直径大或结构形状复杂，不宜锻造的齿轮；铸铁件用于受力小、无冲击的开式传动的齿轮。其多用于直径大于 ϕ400 ~ ϕ600 mm 的齿轮。

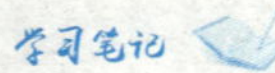

低速重载的传力齿轮

齿面受压产生塑性变形和磨损，且轮齿易折断，应选用机械强度、硬度等综合力学性能较好的材料，如18CrMnTi

线速度高的传力齿轮

齿面容易产生疲劳点蚀，所以齿面应有较高的硬度，可用38CrMoAlA氮化钢

承受冲击载荷的传力齿轮

可选用韧性好的材料，如低碳合金钢18CrMnTi

非传力齿轮

可选用不淬火钢、铸铁及夹布胶木、尼龙等非金属材料。

一般用途的齿轮

可选用用45钢等中碳结构钢和低碳结构钢，如20Cr、40Cr、20CrMnTi等

图 3-7　齿轮零件常用材料

提示：

（1）对于小尺寸、形状复杂的齿轮，可以采用精密铸造、压力铸造、精密锻造、粉末冶金、热轧和冷挤等新工艺制造出具有轮齿的齿坯，以提高劳动生产率，节约原材料。

（2）行业标准《机械行业节能设计规范》JBJ 14—2004 中规定，锻件原材料截面直径大于 ϕ350 mm 的应采用钢锭。

做一做

（1）阅读教材材料与毛坯选择相关知识，试说明齿轮的常用材料是什么，以及如何选用齿轮毛坯。

____

____

（2）完成任务单 3.1 的相应任务。根据本步骤所学的相关知识及减速器传动的工作环境、技术要求及其结构，分析确定该齿轮的毛坯，并思考下面问题。

该齿轮材料要求表面淬火 58 ~ 64 HRC，芯部 35 ~ 48 HRC，设计人员选用 45 钢，请分析该材质能否满足需要。

学习笔记

步骤四　定位基准的选择

相关知识

定位基准的精度对齿形加工精度有直接的影响。轴类齿轮的齿形加工一般选择顶尖孔定位，某些大模数的轴类齿轮多选择齿轮轴颈和一个端面进行定位。盘套类齿轮的齿形加工多采用以下两种定位基准。

1. 内孔和端面定位

选择既是设计基准，又是测量和装配基准的内孔作为定位基准，既符合“基准重合”原则，又能使齿形加工等工序基准统一，只需严格控制内孔精度，在专用心轴上定位时不需要找正，故生产率高，广泛用于成批生产中。

2. 外圆和端面定位

齿坯内孔在通用心轴上安装，采用找正的外圆来决定孔中心位置，故要求齿坯外圆对内孔的径向跳动要小。因为这种方法的找正效率较低，故一般多用于单件小批量生产。

做一做

根据教材相关知识，完成下列问题。

（1）盘套类齿轮的齿形加工多采用____________________和____________________两种定位基准。

（2）完成任务单 3.1 的相应任务。根据本步骤所学知识及减速器结构特点，试分析确定该齿轮加工的粗基准与精基准，并对比表 3-4，分析自己确定的基准与其有何不同。

表 3-4　减速器齿轮加工基准

基准分类	基准	简图	基准分类	基准	简图
粗基准	外圆及端面		精基准	端面及内孔	

学习笔记

步骤五　加工方法及加工方案选择

相关知识 

齿形加工之前的齿轮加工称为齿坯加工，齿坯的内孔（或轴颈）、端面或外圆经常是齿轮加工、测量和装配的基准，齿坯的精度对齿轮的加工精度有着重要的影响。

一、齿坯加工精度

齿坯加工中，主要保证的是基准孔（或轴颈）的尺寸精度和形状精度、基准端面相对于基准孔（或轴颈）的位置精度。不同精度孔（或轴颈）的齿坯公差以及表面粗糙度等要求见表 3–5 ~ 表 3–7。

表 3–5　齿坯公差

齿轮精度等级①	5	6	7	8	9
孔尺寸公差形状公差	IT5	IT6	IT7		IT8
轴尺寸公差形状公差	IT5		IT6		IT7
顶圆直径②	IT7	IT8			IT8

注：①三个公差组的精度等级不同时，按最高精度等级确定公差值。
②顶圆不作为测量齿厚基准时，尺寸公差按 IT11 给定，但应小于 0.1 mm

表 3–6　齿坯基准面径向和端面圆跳动公差　　μm

分度圆直径 /mm		精度等级				
大于	到	1 和 2	3 和 4	5 和 6	7 和 8	9 和 12
0	125	2．8	7	11	18	28
125	400	3．6	9	14	22	36
400	800	5．0	12	20	32	50

表 3–7　齿坯基准面的表面粗糙度参数 *Ra*　　μm

精度等级	3	4	5	6	7	8	9	10
孔	≤0.2	≤0.2	0.4 ~ 0.2	≤0.8	1.6 ~ 0.8	≤1.6	≤3.2	≤3.2
颈端	≤0.1	0.2 ~ 0.1	≤0.2	≤0.4	≤0.8	≤1.6	≤1.6	≤1.6
端面	0.2 ~ 0.1	0.4 ~ 0.2	0.6 ~ 0.4	0.6 ~ 0.3	1.6 ~ 0.8	3.2 ~ 1.6	≤3.2	≤3.2

二、齿坯加工方案

齿坯加工方案的选择主要与齿轮的轮体结构、技术要求和生产批量等因素有关。轴、套筒类齿轮齿坯的加工工艺与一般轴、套筒零件加工工艺类似。

1. 中、小批生产的齿坯加工方案

在中、小批生产中尽量采用通用机床加工。对于圆柱孔齿坯，可采用粗车—精车的加工方案，具体如下：

（1）在卧式车床上粗车齿轮各部分；

（2）在一次安装中精车内孔和基准端面，以保证基准端面对内孔的跳动要求；

（3）以内孔在心轴上定位，精车外圆、端面及其他部分。

2. 大批量生产的齿坯加工方案

在大批量生产中，无论是花键孔还是圆柱孔，均采用高生产率的机床（如拉床、多轴自动或多刀半自动车床等），具体如下：

（1）以外圆定位加工端面和孔（留拉削余量）；

（2）以端面支承拉孔；

（3）以孔在心轴上定位，在多刀半自动车床上粗车外圆、端面和切槽；

（4）不卸下心轴，在另一台车床上继续精车外圆、端面及切槽和倒角。

三、齿形加工方法分类

齿轮齿形的加工方法，按加工中有无切削可分为无切削加工和切削加工两大类。

1. 无切削加工

无切削加工常采用热轧齿轮、冷轧齿轮、精锻、粉末冶金等新工艺实现。其优点是生产率高、材料消耗少、成本低等；缺点是加工精度较低，工艺不够稳定，特别是在生产批量较小时难以采用。

2. 有切削加工

有切削加工常用方法有铣齿、磨齿、插齿、滚齿、珩齿等。切削加工具有良好的加工精度，但生产率低、材料消耗多、成本高。

有切削加工按加工原理又可分为展成法和成形法两类，如图 3–8 所示。

1）成形法

成形法是利用与被加工齿轮齿槽轮廓相同的成形刀具或成形砂轮，由分度机构将工件分齿逐齿切出，常用的有铣齿、拉齿、磨齿。成形法的特点是所用刀具的切削刃形状与被切齿轮轮槽的形状相同，如图 3–9 所示。

实现方法：用齿轮铣刀在铣床上铣齿、用成形砂轮磨齿或用齿轮拉刀拉齿等方法，如图 3–10 ~ 图 3–13 所示。

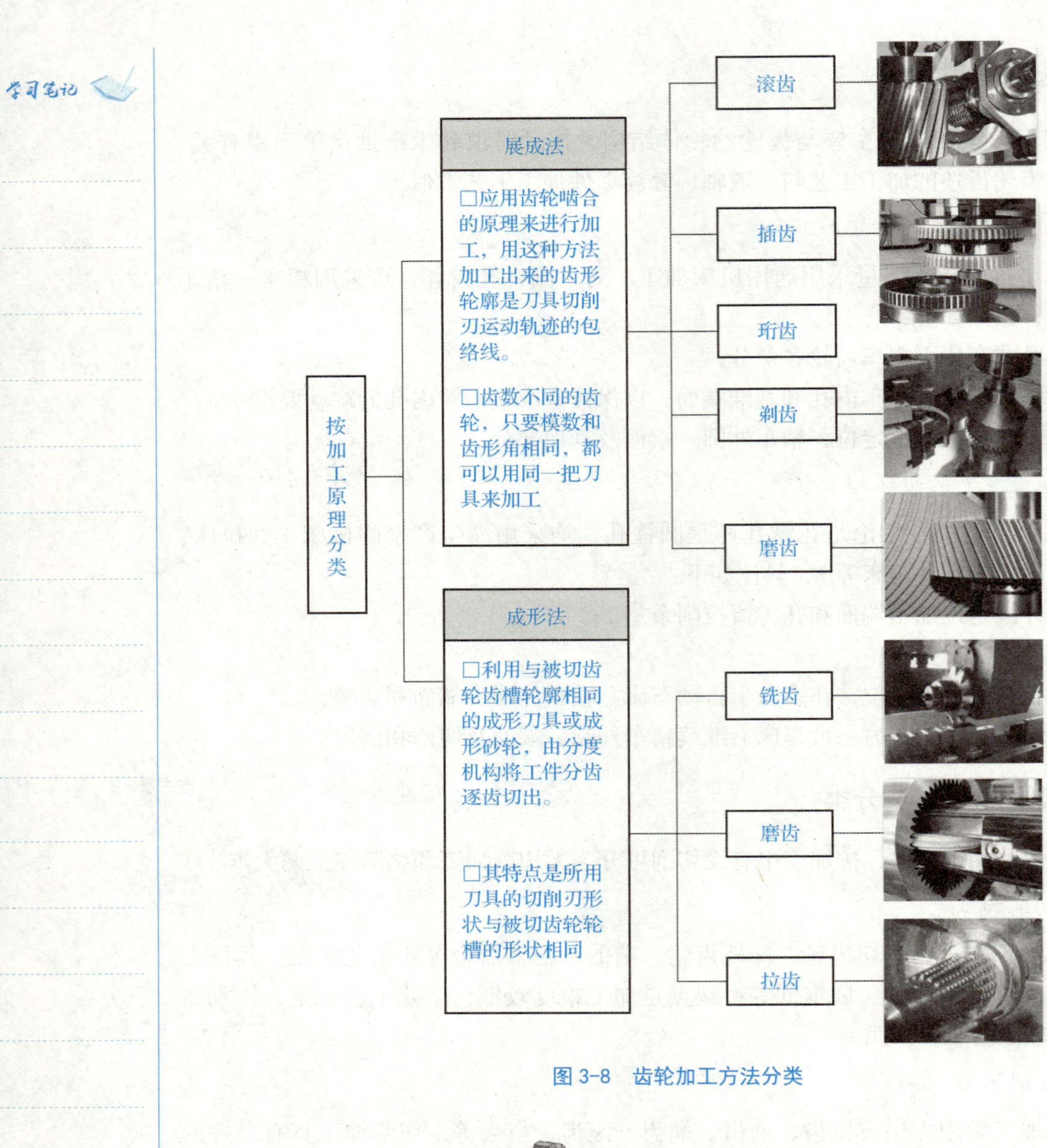

图 3-8 齿轮加工方法分类

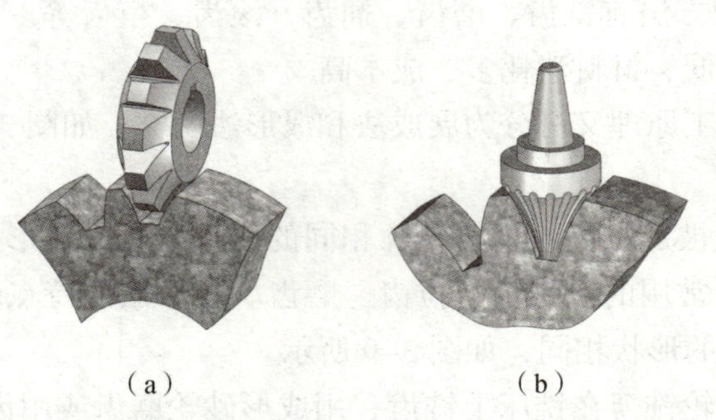

图 3-9 成形法加工齿轮

(a) 盘状铣刀；(b) 指状铣刀

学习笔记

图 3-10　S380 成形法磨齿机

图 3-11　成形法磨齿

图 3-12　成形法铣齿

图 3-13　成形法拉齿

提示：

成形法存在加工原理误差、分度误差及刀具的安装误差，加工精度较低，一般只能加工出 9 ~ 10 级精度的齿轮。此外，加工过程中需多次不连续分齿，生产率也很低。因此，主要用于单件小批量生产及在修配工作中加工精度不高的齿轮。

2）展成法

展成法是应用齿轮啮合的原理来进行加工的，用这种方法加工出来的齿形轮廓是刀具切削刃运动轨迹的包络线。齿数不同的齿轮，只要模数和齿形角相同，都可以用同一把刀具来加工。

齿轮加工

实现方法：滚齿、插齿、剃齿、珩齿和磨齿等。

四、常见的齿形加工方法

1. 滚齿

滚齿是齿形加工中生产率较高、应用最广的一种加工方法。滚齿时，蜗杆形的齿轮滚刀在滚齿机上与被切齿轮做空间交轴啮合，滚刀的旋转形成连续的切削运动，切削加工出外啮合的直齿、斜齿圆柱齿轮等，如图 3-14 和图 3-15 所示。

1）滚齿的加工精度

滚齿的加工精度等级一般为 6 ~ 10 级，对于 8、9 级精度齿轮，可直接滚齿得到；对于 7 级精度以上的齿轮，通常滚齿可作为齿形的粗加工或半精加工。当采用 AA 级齿轮滚刀和高精度滚齿机时，可直接加工出 7 级精度以上的齿轮。

学习笔记

图 3-14　滚齿刀

图 3-15　滚齿

提示：

国际标准把滚刀的精度等级分为 AA 级、A 级和 B 级。为了加工特别精密的齿轮，有的国家还有 AAA 级滚刀。在切齿过程中，滚刀的制造误差主要影响齿轮的齿形误差和基节偏差。

在滚齿加工中，由于机床、刀具、夹具和齿坯在制造、安装和调整中不可避免地存在一些误差，因此被加工齿轮在尺寸、形状和位置等方面也会产生一些误差，这些误差将影响齿轮传动的准确性、平稳性、载荷分布的均匀性和齿侧间隙。滚齿误差产生的主要原因和采取的相应措施如表 3-8 所示。

表 3-8　滚齿误差产生原因及其措施

<table>
<tr><th>影响因素</th><th colspan="2">滚齿误差</th><th>主要原因</th><th>采取的措施</th></tr>
<tr><td rowspan="4">影响传递运动的准确性</td><td rowspan="4">齿距累积误差超差</td><td rowspan="3">齿圈径向圆跳动超差 F_r</td><td>齿坯几何偏心或安装偏心造成</td><td>提高齿坯基准面精度要求；
提高夹具定位面精度；
提高调整技术水平</td></tr>
<tr><td>用顶尖定位时，顶尖与机床中心偏心</td><td>更换顶尖及提高中心孔制造质量，并在加工过程中保护中心孔</td></tr>
<tr><td>用顶尖定位时，因顶尖或中心孔制造不良，使定位面接触不好造成偏心</td><td>提高顶尖及中心孔制造质量，并在加工过程中保护中心孔</td></tr>
<tr><td>法线长度变动量超差 F_w</td><td>滚齿机分度蜗轮精度过低；
滚齿机工作台圆形导轨磨损；
分度蜗轮与工作台圆形导轨不同轴</td><td>提高机床分度蜗轮精度；
采用滚齿机校正机构；
修刮导轨，并以其为基准精滚（或珩）分度蜗轮</td></tr>
<tr><td>影响传递运动的平稳性、噪声和振动</td><td>齿形误差超差</td><td>齿形变肥或变瘦，且左右齿形对称</td><td>滚刀齿形角误差；
前面刃磨产生较大的前角</td><td>更换滚刀或重磨前面</td></tr>
</table>

续表

影响因素	滚齿误差		主要原因	采取的措施
影响传递运动的平稳、噪声、振动	齿形误差超差	一边齿顶变肥，另一边齿顶变瘦，齿形不对称	刃磨时产生导程误差或直槽滚刀非轴向性误差； 刀对中不好	误差较小时，重调刀架转角； 重新调整滚刀刀齿，使它和齿坯中心对中
		齿面上个别点凸出或凹进	滚刀容屑槽槽距误差	重磨滚刀前面
		齿形面误差近似正弦分布的短周期误差	刀杆径向圆跳动太大； 滚刀和刀轴间隙大； 滚刀分度圆柱对内孔轴心线径向圆跳动误差	找正刀杆径向圆跳动； 找正滚刀径向圆跳动； 重磨滚刀前面
		齿形一侧齿顶多切，另一侧齿根多切，呈正弦分布	滚刀轴向齿距误差； 滚刀端面与孔轴线不垂直； 垫圈两端面不平行	防止刀杆发生轴向窜动； 找正滚刀偏摆，转动滚刀或刀杆加垫圈； 重磨垫圈两端面
		基圆齿距偏差超差 f_{pb}	滚刀轴向齿距误差； 滚刀齿形角误差； 机床蜗杆副齿距误差过大	提高滚刀铲磨精度（齿距齿形角）； 更换滚刀或重磨前面； 检修滚齿机或更换蜗杆副
载荷分布均匀性	齿向误差超差		机床几何精度低或使用磨损（立柱导轨、顶尖、工作台水平性等）	定期检修几何精度
			夹具制造、安装、调整精度低	提高夹具的制造和安装精度
			齿坯制造、安装、调整精度低	提高齿坯精度
	表面粗糙度差		滚刀因素； 滚刀刃磨质量差； 滚刀径向圆跳动量大； 滚刀磨损； 滚刀未固紧而产生振动； 辅助轴承支承不好	选用合格滚刀或重新刃磨； 重新校正滚刀； 刃磨滚刀； 紧固滚刀； 调整间隙
			切削用量选择不当	合理选择切削用量
			切削挤压引起	增加切削液的流量或采用顺铣加工
			齿坯刚性不好或没有夹紧，加工时产生振动	选用小的切削用量，或夹紧齿坯，提高齿坯刚性

学习笔记

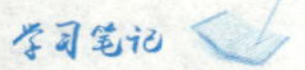

续表

影响因素	滚齿误差	主要原因	采取的措施
载荷分布均匀性	表面粗糙度差	机床有间隙； 工作台蜗杆副有间隙； 滚刀轴向窜动和径向圆跳动大； 刀架导轨与刀架间有间隙； 进给丝杠有间隙	检修机床，消除间隙

2）滚齿加工的适用范围

滚齿加工通用性好，既可加工圆柱齿轮，又可加工蜗轮；既可加工渐开线齿形，又可加工圆弧、摆线等齿形；既可加工小模数、小直径齿轮，又可加工大模数、大直径齿轮。

2. 插齿

插齿是利用齿轮形插齿刀或齿条形梳齿刀切出齿形的加工方法。用插齿刀切齿时，刀具随插齿机主轴做轴向往复运动，同时由机床传动链使插齿刀与工件按一定速比相互旋转，保证插齿刀转一齿时工件也转一齿，形成展成运动，齿轮的齿形即被准确地包络出来。如图 3–16 和图 3–17 所示。

插齿加工

图 3–16　插齿刀

图 3–17　插齿

1）插齿的加工精度

插齿的加工精度等级一般为 7 ~ 9 级，表面粗糙度为 $Ra3.2 \sim 6.3$ μm。在插齿加工中，同样存在加工误差，影响齿轮正常工作。但插齿加工与滚齿加工相比，精度接近。

2）插齿的适用范围

插齿加工效率低于滚齿，多用于加工内齿轮、扇形齿轮、齿条、双联齿轮等滚齿不方便加工的场合。但是加工齿条需要附加齿条夹具，并在插齿机上开洞；加工斜齿轮需要螺旋刀轨。

学习笔记

3. 剃齿

剃齿是根据一对轴线交叉的斜齿轮啮合时，沿齿向有相对滑动而建立的一种加工方法。剃齿时，剃齿刀在剃齿机上对齿轮齿面进行精整加工，常作为滚齿或插齿的后续工序，一般加工余量为 0.05 ~ 0.1 mm（单面），剃齿后可使齿轮精度大致提高一级，齿面粗糙度达 *Ra*1.25 ~ 0.32 μm。如图 3–18 和图 3–19 所示。

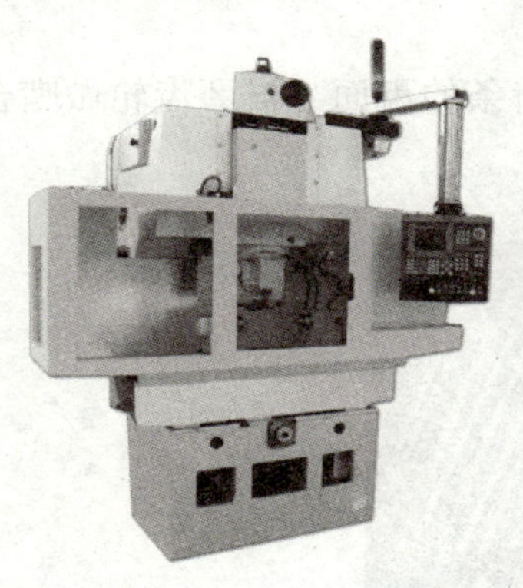

图 3–18 数控径向剃齿机

图 3–19 剃齿

1）剃齿的加工精度

剃齿的加工精度等级一般为 7 ~ 9 级，表面粗糙度为 *Ra*3.2 ~ 6.3 μm。

由于剃齿的质量较好、生产率高、所用机床简单、调整方便、剃齿刀耐用度高，所以汽车、拖拉机和机床中的齿轮多用这种加工方法来进行精加工。

近年来，由于含钴、钼成分较高的高性能高速钢刀具的应用，使剃齿也能进行硬齿面的齿轮精加工；加工精度可达 7 级，齿面的表面粗糙度值为 *Ra*0.8 ~ 1.6 μm。但淬硬前的精度应提高一级，即留硬剃余量为 0.01 ~ 0.03 μm。

2）剃齿工艺中的几个问题

（1）齿轮硬度在 22 ~ 32 HRC 范围时，剃齿刀校正误差能力最好，如果齿轮材质不均匀，含杂质过多或韧性过大，则会引起剃齿刀滑刀或啃刀，最终影响剃齿的齿形及表面粗糙度。

（2）剃齿是齿形的精加工方法，因此剃齿前的齿轮应有较高的精度，通常剃齿后的精度只能比剃齿前提高一级。

（3）剃齿余量的大小，对剃齿质量和生产率均有较大影响。余量不足时，剃齿误差及表面缺陷不能全部除去；若余量过大，则剃齿效率低，刀具磨损快，剃齿质量反而下降。

（4）为了减轻剃齿刀齿顶负荷，避免刀尖折断，剃齿前在齿跟处挖掉一块。齿顶处希望能有一修缘，这不仅对工作平稳性有利，而且可使剃齿后的工件沿外圆不产生毛刺。

此外，合理的确定切削用量和正确的操作也十分重要。

学习笔记

提示：

目前平行剃齿法是我国剃齿加工最常用的方法，它最主要的缺点是刀具利用率不好，局部磨损使刀具利用率寿命低；另一缺点是剃前时间长，生产率低。为此，大力发展了对角剃齿、横向剃齿和径向剃齿等方法。

4. 磨齿

展成法磨齿是将运动中的砂轮表面作为假想齿条的齿面与被磨齿轮做啮合传动，形成展成运动磨出齿形，如图 3–20 所示。

图 3-20 蜗杆砂轮磨齿

不同的齿轮加工方法其加工精度不同，具体见表 3–9。

表 3–9 齿轮加工方法及其加工精度

加工方法	加工精度	表面粗糙度 Ra/μm
盘状成形铣刀铣齿	9 级	2.5 ~ 10
指状成形铣刀铣齿	9 级	2.5 ~ 10
滚齿加工	6 ~ 8 级	1.25 ~ 5
插齿加工	6 ~ 8 级	1.25 ~ 5
剃齿加工	6 ~ 7 级	0.32 ~ 1.25
磨齿加工	4 ~ 7 级	0.16 ~ 0.63

五、齿形加工方案

齿形加工是齿轮加工的关键，其加工方案的选择取决于诸多因素，但主要决定于齿轮的精度等级。此外还应考虑齿轮的结构特点、硬度、表面粗糙度、生产批量、设备条件等。常用齿形加工方案见表 3–10。

学习笔记

表 3-10　齿形加工方案

分类	加工方案
9 级精度以下的齿轮加工方案	一般采用铣齿—齿端加工—热处理—修正内孔的加工方案。若无热处理，则可去掉修正内孔的工序。 此方案适用于单件小批生产或维修
8 ~ 7 级精度的齿轮加工方案	采用滚（插）齿—齿端加工—淬火—修正基准—珩齿（研齿）的加工方案。若无淬火工序，则可去掉修正基准和珩齿工序。 此方案适于各种批量生产
7 ~ 6 级精度的齿轮加工方案	采用滚(插)齿—齿端加工—剃齿—淬火—修正基准—珩齿(或磨齿)的加工方案。 单件小批生产时采用磨齿方案；大批大量生产时采用珩齿方案。如无须淬火，则可去掉磨齿或珩齿工序
6 ~ 3 级精度的齿轮加工方案	采用滚（插）齿—齿端加工—淬火—修正基准—磨齿加工方案。 此方案适用各种批量生产。对于齿轮精度虽低于 6 级，但淬火后变形较大的齿轮，也需采用磨齿方案

做一做

（1）阅读体教材的相关知识，试讨论齿轮常见加工方法有哪些，如何分类。

____

____

____

____

（2）完成任务单 3.1 的相应任务。根据本步骤所学知识及该减速器传动齿轮的结构与技术要求，分析确定该齿轮齿坯与齿形的加工方法，制定加工方案。

步骤六　加工设备选择及工件装夹

相关知识

一、机械加工误差

机械加工误差是指零件加工后的实际几何参数（几何尺寸、几何形状和相互位置）与理想几何参数之间偏差的程度。零件加工后实际几何参数与理想几何参数之间的符合程度即为加工精度。加工误差越小、符合程度越高，加工精度就越高。加工精度与加工误差是一个问题的两种提法。因此，加工误差的大小反映了加工精度的高低。

零件的机械加工是在由机床、刀具、夹具和工件组成的工艺系统内完成的。零件加工表面的几何尺寸、几何形状和加工表面之间的相互位置关系取决于工艺系统间的相对运动关系。工件与刀具分别安装在机床和刀架上，在机床的带动下实现运动，并

学习笔记

受机床和刀具的约束。所以，工艺系统中各种误差就会以不同的程度和方式反映在零件的加工误差上。由于工艺系统各种原始误差的存在，如机床、夹具、刀具的制造误差及磨损、工件的装夹误差、测量误差、工艺系统的调整误差以及加工中的各种力和热所引起的误差等，使工艺系统间正确的几何关系遭到破坏而产生加工误差。这些误差产生的原因可以归纳为以下几个方面。

1. 加工原理误差

加工原理误差是指采用了近似的刀刃轮廓或近似的传动关系进行加工而产生的误差。

对于加工渐开线齿轮用的齿轮滚刀，为使滚刀制造方便，常采用阿基米德基本蜗杆或法向直廓基本蜗杆代替渐开线基本蜗杆，使齿轮渐开线齿形产生了误差。

车削蜗杆时，由于蜗杆的螺距等于蜗轮的周节（即 $m\pi$），其中 m 是模数，而 π 是一个无理数，但是车床配换齿轮的齿数是有限的，选择配换齿轮时只能将 π 化为近似的分数值（π=3.1415）计算，这将引起刀具对于工件成形运动（螺旋运动）的不准确，造成螺距误差。

在实际生产中，采用近似的成形运动或近似的切削刃轮廓，虽然会带来加工误差，但往往可以简化机床或刀具结构，降低生产成本，提高生产效率。因此，只要将这种加工原理误差控制在允许的范围内，在实际的生产过程中是完全可以使用的。

2. 工艺系统的几何误差

由于工艺系统中各组成环节的实际几何参数和位置，相对于理想几何参数和位置发生偏离而引起的误差，统称为工艺系统几何误差。工艺系统几何误差只与工艺系统各环节的几何要素有关。

3. 工艺系统受力变形引起的误差

工艺系统在切削力、夹紧力、重力和惯性力等作用下会产生变形，从而破坏已调整好工艺系统各组成部分的相互位置关系，导致加工误差的产生，并影响加工过程的稳定性。

4. 工艺系统受热变形引起的误差

在加工过程中，由于受切削热、摩擦热以及工作场地周围热源的影响，工艺系统的温度会产生复杂的变化。在各种热源的作用下，工艺系统会发生变形，改变系统中各组成部分的正确相对位置，导致加工误差的产生。

5. 工件内应力引起的加工误差

内应力是工件自身的误差因素。工件冷热加工后会产生一定的内应力，通常情况下内应力处于平衡状态，但对具有内应力的工件进行加工时，工件原有的内应力平衡状态被破坏，从而使工件产生变形。

6. 测量误差

在工序调整及加工过程中测量工件时，由于测量方法、量具精度等因素对测量结果准确性的影响而产生的误差，统称为测量误差。

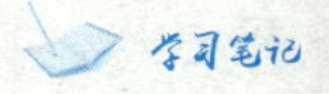

二、工艺系统误差

工艺系统的几何误差主要是指机床、刀具和夹具本身在制造时所产生的误差，以及使用中产生的磨损和调整误差。这类误差在加工过程开始之前已经客观存在，并在加工过程中反映在工件上。

1. 机床的几何误差

机床的几何误差是通过各种成形运动反映到加工表面的，机床的成形运动主要包括两大类，即主轴的回转运动和移动件的直线运动。因而分析机床的几何误差主要包括主轴的回转运动误差、导轨导向误差和传动链误差。

1）主轴的回转运动误差

主轴的回转运动误差是指主轴实际回转轴线相对于理论回转轴线的偏移。由于主轴部件在制造、装配、使用中等各种因素的影响，会使主轴产生回转运动误差，其误差形式可以分解为轴向窜动、径向跳动和角度摆动三种。

（1）轴向窜动。

轴向窜动是指瞬时回转轴线沿回转轴线方向的轴向运动，如图 3-21 所示，它主要影响工件的端面形状和轴向尺寸精度。

（2）径向跳动。

主轴径向跳动误差测量

径向跳动是指瞬时回转轴线平行于平均回转轴线的径向运动量，如图 3-22 所示，它主要影响加工工件的圆度和圆柱度。

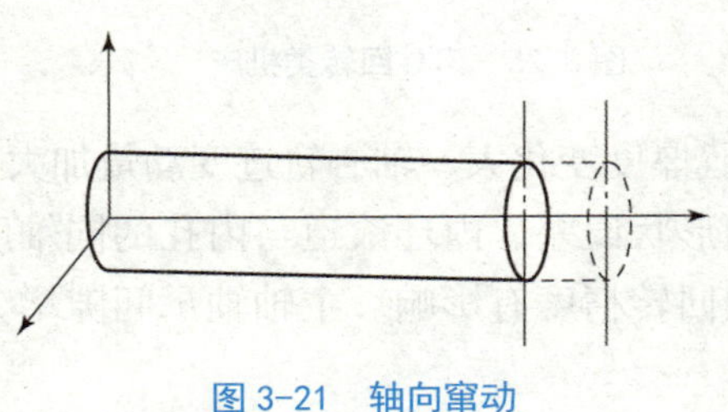
图 3-21　轴向窜动

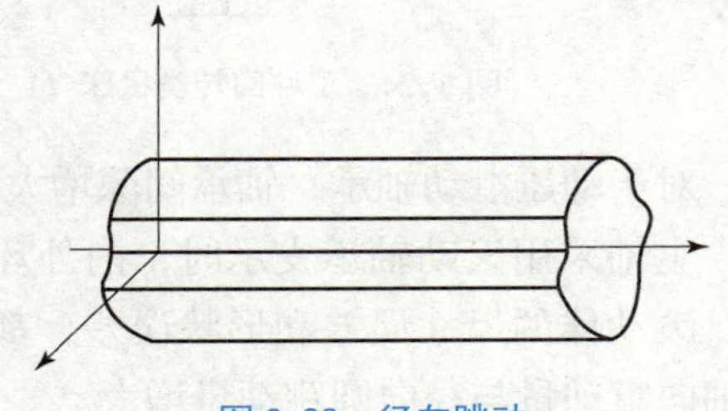
图 3-22　径向跳动

（3）角度摆动。

角度摆动是指瞬时回转轴线与平均回转轴线成一倾斜角度做公转，如图 3-23 所示。它对工件的形状精度影响很大，如车外圆时，会产生锥度。

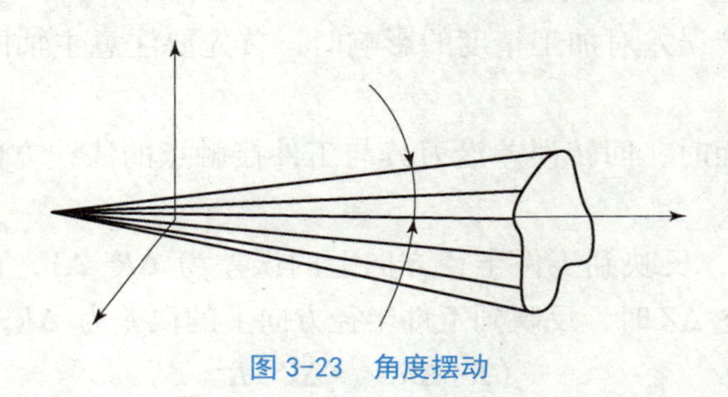
图 3-23　角度摆动

学习笔记

2）影响主轴回转运动误差的主要因素

影响主轴回转运动误差的因素较多，主要有主轴误差和轴承误差两方面。

（1）主轴误差。

主轴误差主要包括主轴支承轴颈的圆度误差、同轴度误差（使主轴轴心线发生偏斜）和主轴轴颈轴向承载面与轴线的垂直度误差（影响主轴轴向窜动量）。

（2）轴承误差。

主轴采用滑动轴承支承时，主轴轴颈和轴承孔的圆度误差对主轴回转精度有直接影响。

譬如，对于工件回转类机床，切削力的方向大致不变，在切削力的作用下，主轴轴颈以不同部位与轴承孔的某一固定部位接触，此时主轴轴颈的形状误差即为影响回转精度的主要因素，如图 3–24 所示。

对于刀具回转类机床，切削力的方向随主轴回转而变化，主轴轴颈以某一固定位置与轴承孔的不同位置相接触，此时轴承孔的形状精度即为影响回转精度的主要因素，如图 3–25 所示。

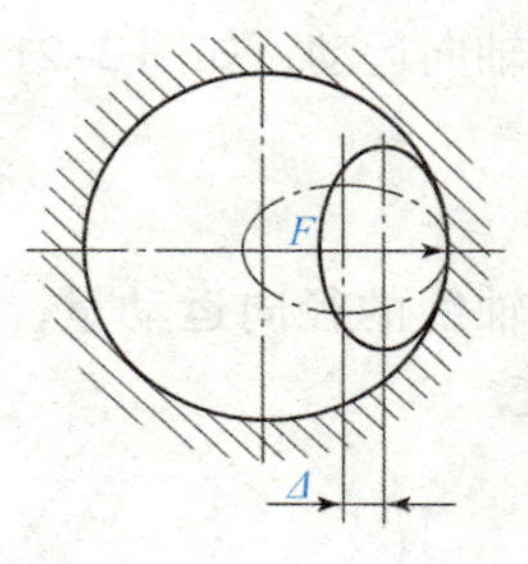

图 3–24　工件回转类机床

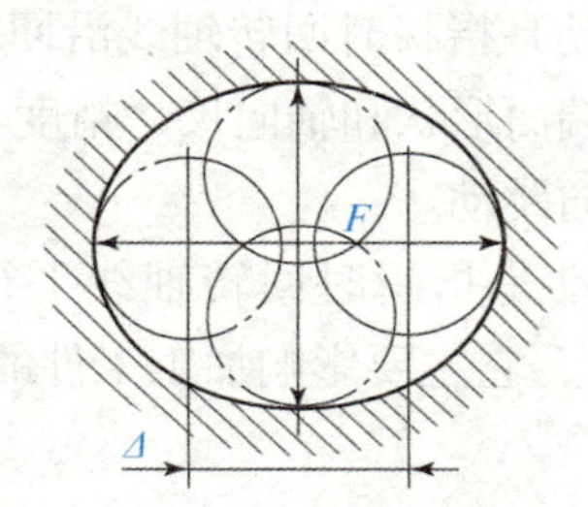

图 3–25　刀具回转类机床

对于动压滑动轴承，轴承间隙增大会使油膜厚度变化大、轴心轨迹变动量加大。

主轴采用滚动轴承支承时，内外环滚道的形状误差、内环滚道与内孔的同轴度误差、滚动体的尺寸误差和形状误差，都对主轴回转精度有影响。主轴轴承间隙增大会使轴向窜动量与径向圆跳动量增大。

主轴采用推力轴承时，其滚道的端面误差会造成主轴的端面圆跳动。角接触球轴承和圆锥滚子轴承的滚道误差既会造成主轴端面圆跳动，又会引起径向跳动和摆动。

3）主轴回转误差对加工精度的影响

在分析主轴回转误差对加工精度的影响时，首先要注意主轴回转误差在不同方向上的影响是不同的。

在车削圆柱表面时，回转误差沿刀具与工件接触点的法线方向分量 ΔY 对精度影响最大。

如图 3–26 所示，反映到工件半径方向上的误差为 $\Delta R=\Delta Y$，而切向分量 ΔZ 的影响最小；当存在误差 ΔZ 时，反映到工件半径方向上的误差为 ΔR，其关系式为

$$(R+\Delta R)^2=\Delta Z^2+R^2$$

整理中略去高阶微量 ΔR^2 项，可得

$$\Delta R=\Delta Z^2/2\times R$$

假设 ΔZ=0.01 mm，R=50 mm，则 ΔR=0.000 001 mm，此值完全可以忽略不计。

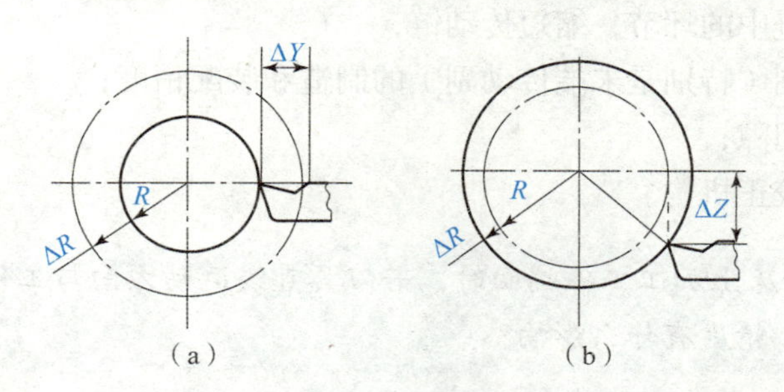

图 3-26　车床主轴回转误差对加工的影响

提示：

一般称法线方向为误差的敏感方向，切线方向为非敏感方向。分析主轴回转误差对加工精度的影响时，应着重分析误差敏感方向的影响。

主轴的纯轴向窜动对工件内、外圆加工没有影响，但会影响加工端面与内、外圆的垂直度误差。主轴每旋转一周，就要沿轴向窜动一次，向前窜的半周中形成右螺旋面，向后窜的半周中形成左螺旋面，最后切出如端面凸轮一样的形状，并在端面中心附近出现一个凸台。当加工螺纹时，主轴轴向窜动会使加工的螺纹产生螺距的小周期误差。

提高主轴回转精度的措施有以下几种。

（1）采用高精度的轴承。

获得高精度的主轴部件的关键是提高轴承精度。因此，主轴轴承，特别是前轴承，多选用 D、C 级轴承；当选用滑动轴承时，则采用静压滑动轴承，以提高轴系刚度，减少径向圆跳动。其次是提高主轴箱体支承孔、主轴轴颈和与轴承相配合零件的有关表面的加工精度，对滚动轴承进行预紧。

（2）使主轴回转的误差不反映到工件上。

譬如采用死顶尖磨削外圆，只要保证定位中心孔的形状、位置精度，即可加工出高精度的外圆柱面。

4）机床导轨误差

机床导轨副是实现直线运动的主要部件，其制造和装配精度是影响直线运动精度的主要因素，导轨误差对零件的加工精度产生直接的影响。不同平面内的导轨误差对不同机床有着不同影响，分析导轨误差对零件加工精度的影响时应具体问题具体分析。

5）机床的传动误差

对于某些加工方法，为保证工件的精度，要求工件和刀具间必须有准确的传动关系。此时，机床的传动误差将影响工件的加工精度。

学习笔记

如车削螺纹时，要求工件旋转一周刀具直线移动一个导程，那么车床丝杠导程和各齿轮的制造误差都必将引起工件螺纹导程的误差。

为了减少机床传动误差对加工精度的影响，可以采用以下措施：

□ 减少传动链中的环节，缩短传动链；

□ 提高传动副（特别是末端传动副）的制造和装配精度；

□ 消除传动间隙；

□ 采用误差校正机构。

想一想： 在车床上加工工件端面时，若刀具直线运动方向与工件回转运动轴线不垂直，对零件加工精度有什么影响？

2. 工艺系统的其他几何误差

1）刀具误差

刀具误差主要指刀具的制造、磨损和安装误差等，刀具对加工精度的影响因刀具种类不同而不同。

一般刀具（如普通车刀、单刃镗刀、平面铣刀等）的制造误差，对加工精度没有直接的影响。但当刀具与工件的相对位置调整好以后，在加工过程中，刀具的磨损将会影响加工误差。

定尺寸刀具（如钻头、铰刀、拉刀、槽铣刀等）的制造误差及磨损误差均会直接影响工件的加工尺寸精度。

成形刀具（如成形车刀、成形铣刀、齿轮刀具等）的制造和磨损误差主要影响被加工工件的形状精度。

2）夹具误差

夹具误差主要是指定位误差、夹紧误差、夹具安装误差和对刀误差以及夹具的磨损等。

3）调整误差

零件加工的每一道工序中，为了获得被加工表面的形状、尺寸和位置精度，必须对机床、夹具和刀具进行调整，而采用任何调整方法及使用任何调整工具都难免带来一些原始误差，这就是调整误差。

三、工艺系统受力变形对加工误差的影响

由机床、夹具、刀具、工件组成的工艺系统，在切削力、传动力、惯性力、夹紧力以及重力等的作用下，会产生相应的变形（弹性变形及塑性变形）。这种变形将破坏工艺系统间已调整好的正确位置关系，从而产生加工误差。

例如车削细长轴时，工件在切削力作用下的弯曲变形，加工后会形成腰鼓形的圆柱度误差，如图 3–27（a）所示；又如在内圆磨床上用横向切入磨孔时，由于磨头主轴的弯曲变形，使磨出的孔会带有锥度的圆柱度误差，如图 3–27（b）所示。

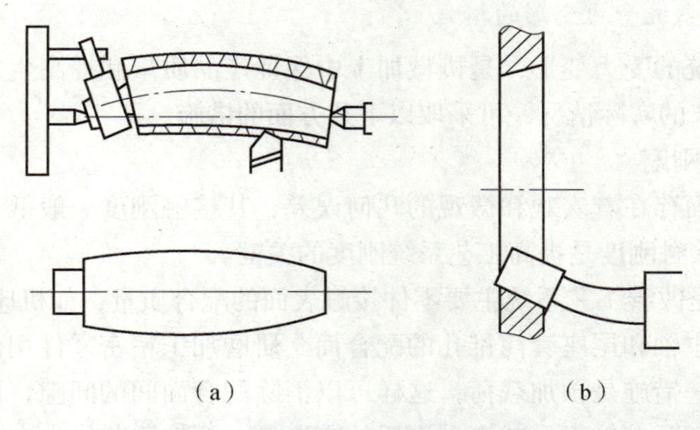

图 3-27　工艺系统受力变形引起的加工误差

工艺系统受力变形引起的加工误差

学习笔记

1. 工艺系统受力变形对加工精度的影响

（1）工艺系统受力点变化会引起形状误差，如上述案例。但工艺系统随受力点位置变化不同，其变形也不同，具体问题应具体分析。

（2）加工毛坯形状不规则的零件时，由于在同道工序中的切削量不同，而使刀具与工件之间的切削力不同，从而使工件或工艺系统变形量也不同，导致工艺系统产生与毛坯形状变化相应的变形，这种现象称为“误差复映”，如图 3-28 所示。

例如由于工件毛坯的圆度误差，使车削时刀具的切削深度在 α_{p1} 与 α_{p2} 之间变化，因此，切削分力 F 也随切削深度 α_p 的变化由 F_{max} 变到 F_{min}。此时，工艺系统将产生相应的变形，即由 y_1 变到 y_2（刀尖相对于工件产生 y_1 到 y_2 的位移），这样就形成了被加工表面的圆度误差。

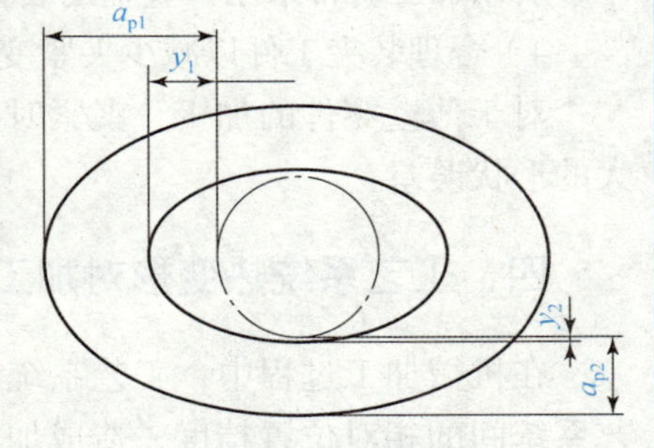

图 3-28　误差复映

（3）其他力引起的加工误差。

①由重力引起的加工误差。

在工艺系统中，由于零部件的自重也会引起变形，如龙门铣床、龙门刨床刀架横梁的变形，镗床镗杆的下垂变形等，都会造成加工误差。

②夹紧力引起的加工误差。

在加工刚性较差的工件时，若夹紧不当，则会引起工件的变形而产生形状误差。

③由传动力引起的加工误差。

在机床上加工零件时，由于传动力引起的工艺系统变形也会造成加工误差。

④由惯性力引起的加工误差。

在切削加工中，高速旋转的零部件（包括夹具、工件和刀具等）的不平衡将产生离心力，在每一转中不断地改变着方向，将使工艺系统的受力变形也随之变换而产生加工误差。

学习笔记

2. 减少工艺系统受力变形的措施

减少工艺系统的受力变形，是机械加工中保证产品质量和提高生产效率的主要途径之一。根据生产的实际情况，可采取以下几方面的措施。

1）提高接触刚度

由于零件表面存在着宏观和微观的几何误差，其接触刚度一般低于实体零件的刚度。所以，提高接触刚度是提高工艺系统刚度的关键。

常用的方法是改善工艺系统主要零件接触表面的配合质量，如机床导轨副的刮研、配研顶尖锥体与主轴和尾座套筒锥孔的配合面、研磨加工精密零件用的顶尖孔等。提高接触刚度的另一措施是预加载荷，这样可以消除配合面间的间隙，而且还能使零部件之间有较大的实际接触面，减少受力后的变形量。预加载荷法常在各类轴承的调整中使用。

2）提高工件刚度

在加工中，由于工件本身刚度不足，故容易产生变形，特别是加工叉类、细长轴等结构的零件，变形较大。其主要措施是缩小切削力作用点到工件支承面之间的距离，以增大工件加工时的刚度。

3）提高机床部件刚度

在切削加工中，由于机床部件刚度低而产生变形和振动，会影响加工精度及生产率，所以加工时常采用一些辅助装置，以提高机床部件的刚度。

4）合理装夹工件以减少夹紧变形

对于薄壁零件的加工，夹紧时必须特别注意选择适当的夹紧方法，否则会引起很大的形状误差。

四、工艺系统热变形对加工误差的影响

在机械加工过程中，工艺系统在各种热源的影响下常产生复杂的变形，破坏了工艺系统间的相对位置精度，造成加工误差。据统计，在某些精密加工中，由于热变形引起的加工误差占总加工误差的40%~70%。热变形不仅降低了系统的加工精度，而且还影响了加工效率的提高。

1. 工艺系统的热源

引起工艺系统热变形的热源大致可分为内部热源（切削热和摩擦热）和外部热源（环境温度和辐射热）两类，切削热和摩擦热是工艺系统的主要热源。

2. 机床热变形引起的加工误差

机床受热源的影响，各部分温度将发生变化，由于热源分布的不均匀性和机床结构的复杂性，机床各部件将发生不同程度的热变形，破坏了机床原有的几何精度，从而引起了加工误差。

3. 刀具热变形引起的加工误差

刀具的热变形主要是由切削热引起的，其传到刀具上的热量不多，但因刀具切削

部分质量小（体积小）、热容量小，所以刀具切削部的温升大。例如用高速钢刀具车削时，刃部的温度高达 700 ~ 800℃，刀具热伸长量可达 0.03 ~ 0.05 mm。因此对加工精度的影响不容忽略。

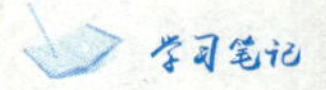

4. 工件热变形引起的加工误差

轴类零件在车削或磨削时，一般是均匀受热，温度逐渐升高，其直径也逐渐胀大，胀大部分将被刀具切去，待工件冷却后则形成圆柱度和直径尺寸的误差。

细长轴在顶尖间车削时，热变形将使工件伸长，导致工件弯曲变形，加工后将产生圆柱度误差。精密丝杠磨削时，工件的受热伸长会引起螺距的积累误差。

譬如，磨削长度为 3 000 mm 的丝杠，每一次走刀温度将升高 3℃，工件热伸长量为 $\varDelta = 3\,000 \times 12 \times 10^{-6} \times 3 = 0.1$（mm）（$12 \times 10^{-6}$ 为钢材的热膨胀系数）。而 6 级丝杠螺距积累误差，按规定在全长上不许超过 0.02 mm，可见受热变形对加工精度影响的严重性。

床身导轨面的磨削时，由于单面受热，故与底面产生温差而引起热变形，使磨出的导轨产生直线度误差。

薄圆环磨削，虽近似均匀受热，但磨削时磨削热量大，工件质量小，温升高，在夹压处散热条件较好，温度较其他部分低，故在加工完毕待工件冷却后会出现棱圆形的圆度误差。

当粗精加工时间间隔较短时，粗加工时的热变形将影响到精加工，工件冷却后将产生加工误差。

想一想：工件热变形会引起加工误差，但在机械装配中，常利用工件热变形进行装配，试分析这是利用了工件热变形的什么性质。

5. 减少工艺系统热变形的主要途径

1）减少发热和隔热

为了减少机床的热变形，凡是能分离出去的热源，一般都有分离出去的趋势。如电动机、齿轮箱、液压装置和油箱等已有不少分离出去的实例。对于不能分离出去的热源，如主轴轴承、丝杠副、高速运动的导轨副、摩擦离合器等，可从结构和润滑等方面改善其摩擦特性，减少发热，例如采用静压轴承、静压导轨、低黏度润滑油、锂基润滑脂等。

2）加强散热能力

为了消除机床内部热源的影响，可以采用强制冷却的办法，吸收热源发出的热量，从而控制机床的温升和热变形，这是近年来使用较多的一种方法。

目前，大型数控床机床、加工中心都普遍使用冷冻机对润滑油和切削液进行强制冷却，以提高冷却的效果。

3）用热补偿法减少热变形的影响

单纯地减少温升有时不能得到满意的效果，可采用热补偿法使机床的温度场比较

学习笔记

均匀，从而使机床产生均匀的热变形以减少对加工精度的影响。

4）控制温度的变化

环境温度的变化和室内各部分的温差，将使工艺系统产生热变形，从而影响工件的加工精度和测量精度。因此，在加工或测量精密零件时，应控制室温的变化。精密机床（如精密磨床、坐标镗床、齿轮磨床等）一般安装在恒温车间，以保持其温度的恒定。恒温精度一般控制在 ±1℃，精密级为 ±0.5℃，超精密级为 ±0.01℃。

想一想：还有哪些措施可减少工艺系统热变形？

五、齿轮常用加工设备及刀具

1. 齿轮加工机床

齿轮加工机床按照加工原理不同分为滚齿机、插齿机、拉齿机、铣齿机、珩齿机、剃齿机和磨齿机等；按照被加工齿轮种类可分为圆柱齿轮加工机床和锥齿轮加工机床两大类。

滚齿机是用滚刀按展成法加工直齿、斜齿、人字齿轮和蜗轮等，加工范围广，可达到高精度或高生产率，如图 3–29 所示；插齿机是用插齿刀按展成法加工直齿、斜齿齿轮和其他齿形件，主要用于加工多联齿轮和内齿轮；铣齿机是用成形铣刀按分度法加工，主要用于加工特殊齿形的仪表齿轮；剃齿机是用齿轮式剃齿刀加工齿轮的一种高效机床；磨齿机是用砂轮精加工淬硬圆柱齿轮或齿轮刀具齿面的高精度机床；珩齿机是利用珩轮与被加工齿轮的自由啮合消除淬硬齿轮毛刺和其他齿面缺陷的机床，如图 3–30 所示。

图 3–29　S200 CDM 型滚齿机

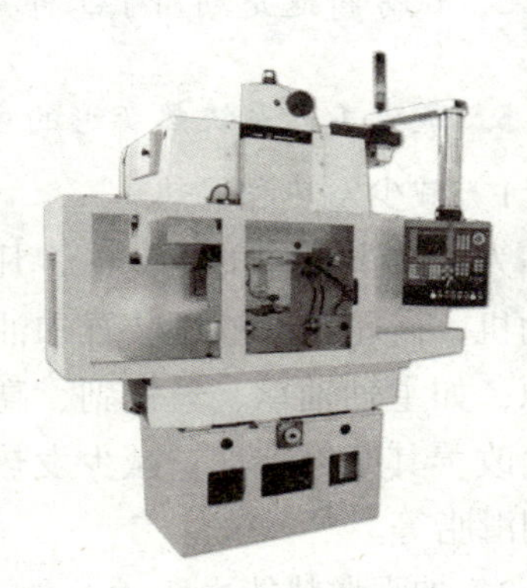
图 3–30　YA4232CNC 型剃齿机

2. 齿轮加工机床的选用

选用齿轮加工机床时，应根据待加工齿轮的形状、精度、模数、直径等参数及机床型号参数综合选择。

（1）齿轮形状与精度。

不同齿轮加工机床适合加工的齿轮不同，如插齿机不能加工人字形齿轮。同时，不同加工原理的机床，其齿轮加工精度不同，见表 3-10。所以应先根据齿轮形状及精度确定齿轮加工机床的类型。

（2）齿轮模数及直径。

不同机床可加工的齿轮最大模数、齿轮最大直径不同，选择机床时，应从最大加工模数、最大加工直径等方面考虑待选机床能否加工待加工齿轮。

（3）机床功率。

机床功率决定了各工序的最大进给量。为提高生产效率，若在粗加工中安排的进给量较大，此时需要的机床功率较大，故选择机床时需考虑机床功率。

3. 齿轮加工常用刀具

齿轮刀具是用于加工齿轮齿形的刀具，由于齿轮的种类很多，其生产批量和质量的要求以及加工方法又各不相同，所以齿轮加工刀具的种类也较多。

1）齿轮刀具的分类

（1）按照加工的齿轮类型来分，可分为以下三类。

①圆柱齿轮刀具。圆柱齿轮刀具又可分为渐开线圆柱齿轮刀具（盘形齿轮铣刀、指形齿轮铣刀、齿轮滚刀、插齿刀、剃齿刀等）和非渐开线圆柱齿轮刀具（圆弧齿轮滚刀、摆线齿轮滚刀、花键滚刀等）。

②蜗轮刀具。如蜗轮滚刀、蜗轮飞刀等。

③锥齿轮刀具。

（2）按刀具的工作原理分，可分为以下两类。

①成形齿轮刀具。这类刀具切削刃的廓形与被加工齿轮端剖面内的槽形相同，如盘形齿轮铣刀、指壮齿轮铣刀等。

②展成齿轮刀具。这类刀具加工齿轮时，刀具本身就是一个齿轮，它和被加工齿轮各自按啮合关系要求的速比转动，而由刀具齿形包络出齿轮的齿形，如齿轮滚刀、插齿刀、剃齿刀等。

2）齿轮铣刀

用模数盘形齿轮铣刀铣削直齿圆柱齿轮时，刀具廓形应与工件端剖面内的齿槽的渐开线廓形相同，根据形状的不同可分为盘形齿轮铣刀和和指形齿轮铣刀两种，如图 3-33 所示。

当被铣削齿轮的模数、压力角相等，而齿数不同时，其基圆直径也不同，因而渐开线的形状（弯曲程度）也不同。因此铣削不同的齿数，应采用不同齿形的铣刀，即不能用一把铣刀铣制同一模数中所有齿数的齿轮齿形，这样就需要有大量的齿轮铣刀，在生产上不经济，而且对于小于 9 级的齿轮来说也没有必要。为此，在生产中是将同一模数的齿轮铣刀按渐开线弯曲度相近的齿数分成 8 把一组（精确的分成 15 把一组），每种铣刀用于加工一定齿数范围的一组齿轮，见表 3-11。

用盘形铣刀铣制斜齿轮时，铣刀是在齿轮法剖面中进行成形铣削的。选择刀号时，铣刀模数应依照被切齿轮的法向模数 m_n 和法剖面中当量齿轮的当量齿数 Z_v 选择。

学习笔记

表 3-11　8 把一套的齿轮铣刀刀号及加工齿数范围

刀号	1	2	3	4	5	6	7	8
加工齿数范围	12～13	14～16	17～20	21～25	26～34	35～54	55～134	>135

$$Z_v=Z/(\cos^3\beta)$$

式中　β——斜齿轮螺旋角（°）；

Z_v——当量齿数；

Z——斜齿轮齿数。

3）齿轮滚刀

齿轮滚刀是加工渐开线齿轮所用的齿轮加工刀具，如图 3-16 所示。由于被加工齿轮是渐开线齿轮，所以它本身也具有渐开线齿轮的几何特性。齿轮滚刀实际上是仅有少数齿，但齿很长而螺旋角又很大的斜齿圆柱齿轮，因为它的齿很长而螺旋角又很大，可以绕滚刀轴线转好几圈，因此，从外貌上看，它很像蜗杆。

为了使这个蜗杆能起切削作用，须沿其长度方向开出好多容屑槽，因此把蜗杆上的螺纹割成许多较短的刀齿，并产生了前刀面和切削刃。每个刀齿有一个顶刃和两个侧刃。为了使刀齿有后角，还要用铲齿方法铲出侧后面和顶后刀面。

标准齿轮滚刀精度分为 AA、A、B、C 四个等级级，加工时按照齿轮精度的要求，选用相应的齿轮滚刀。AA 级滚刀可以加工 6～7 级齿轮，A 级可以加工 7～8 级齿轮，B 级可加工 8～9 级齿轮，C 级可加工 9～10 级齿轮。

4）插齿刀

插齿刀可分为直齿插齿刀和斜齿插齿刀两类。根据机械工业颁布的刀具标准 JB 2496—1978 规定，直齿插齿刀又分为以下三种结构型式。

（1）盘形直齿插齿刀。如图 3-31 所示，这是最常用的一种结构型式，用于加工直齿外齿轮和大直径的内齿轮。不同规范的插齿机应选用不同分圆直径的插齿刀。

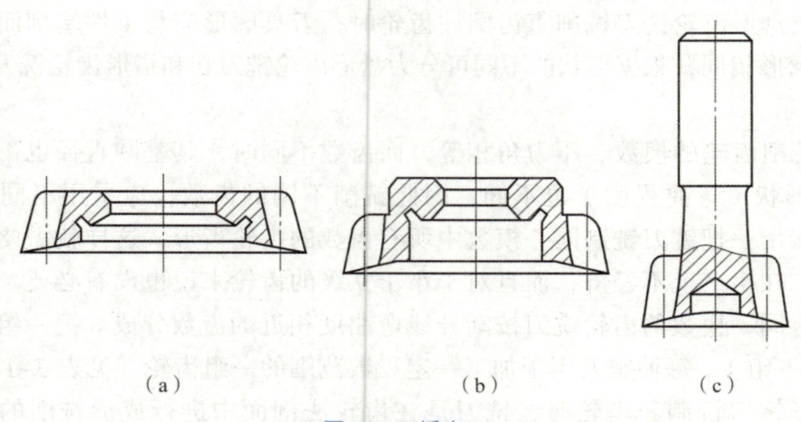

图 3-31　插齿刀
（a）盘形插齿刀；（b）碗形插齿刀；（c）锥柄插齿刀

（2）碗形直齿插齿刀。它以内孔和端面定位，夹紧螺母可容纳在刀体内，主要用于加工多联齿轮和带凸肩的齿轮。

（3）锥柄直齿插齿刀。这种插齿刀的公称分圆直径有 25 mm 和 38 mm 两种。因直径较小，不能做成套装式，所以做成带有锥柄的整体结构型式。这种插齿刀主要用于加工内齿轮。

插齿刀有 AA、A、B 三个精度等级：AA 级适用于加工 6 级精度齿轮，A 级适用于加工 7 级精度的齿轮，B 级适用于加工 8 级精度的齿轮，应该根据被加工齿轮的传动平稳性精度等级选取。

做一做

（1）齿轮的常见加工设备有哪些？

（2）讨论并分析影响零件加工误差的因素有哪些。

（3）减少工艺系统热变形的主要途径有哪些？

（4）完成任务单 3.1 的相应任务。根据本步骤所学知识及减速器传动齿轮的加工方法，试确定该齿轮的加工设备及夹具，并确定装夹方式。

步骤七　齿轮热处理方法确定

一、齿轮热处理方法

齿轮热处理工艺一般有调质正火、碳渗（或碳氮共渗）、氮化、感应淬火等四类。

调质处理通常用于中碳钢和中碳合金钢齿轮。调质后材料的综合性能良好，容易切削和跑合。正火处理通常用于中碳钢齿轮，其可消除内应力，细化晶粒，改善材料的力学性能和切削性能。

学习笔记

学习笔记

硬齿面齿轮，当硬度大于 350 HBS 时，常采用表面淬火、表面渗碳淬火与渗氮等的热处理方法。表面淬火处理通常用于中碳钢和中碳合金钢齿轮。经过表面淬火后齿面硬度一般为 40 ~ 55 HRC，增强了轮齿齿面抗点蚀和抗磨损的能力，齿心仍然保持良好的韧性，故可以承受一定的冲击载荷。渗碳淬火齿轮可以获得高的表面硬度、耐磨性、韧性和抗冲击性能，能提供高的抗点蚀和抗疲劳性能。

与大齿轮相比，小齿轮循环次数较多，而且齿根较薄。两个软齿面齿轮配对时，一般使小齿轮的齿面硬度比大齿轮高出 30 ~ 50 HBS，以使一对软齿面传动的大小齿轮的寿命接近相等，也有利于提高轮齿的抗胶合能力。而两个硬齿面齿轮配对时，大小齿轮的硬度大致相同。

现在，齿轮热处理的主要诉求是提高齿面硬度，渗碳淬火齿轮的承载能力可比调质齿轮提高 2 ~ 3 倍，使用较多。但采用何种材料及热处理方法应视具体需要及可能性而定，如表 3–12 所示。常见的热处理案例见表 3–13。

表 3–12　不同材料的热处理特点及适用条件

材料	热处理	特点	适用条件
调质钢	调质或正火	具有较好的强度和韧性，常在 20 ~ 300 HBS 的范围内使用；当受刀具的限制而不能提高小齿轮硬度时，为保持大小齿轮之间的硬度差，可使用正火的大齿轮，但强度较调质者差；不需要专门的热处理设备和齿面精加工设备，制造成本低；齿面硬度较低，易于跑合，但是不能充分发挥材料的承载能力	广泛应用于强度和精度要求不太高的一般中低速齿轮传动，以及热处理和齿面精加工困难的大型齿轮
	高频淬火	齿面硬度高，具有较强的抗点蚀和耐磨性能；芯部具有较好的韧性，表面经硬化后产生的残余压缩应力可大大提高齿根强度；通常的齿面硬度范围是合金钢 45 ~ 55 HRC，碳素钢 40 ~ 50 HRC；为进一步提高芯部的强度，往往在高频淬火前先调质；为消除热处理变形，需要磨齿，增加了加工时间和成本，但是可以获得高精度的齿轮；表面硬化层深度和硬度沿齿面不等；由于急速加热和冷却，故容易淬裂	广泛用于要求承载能力高、体积小的齿轮
氮化钢	氮化	可以获得很高的齿面硬度，具有较强的抗点蚀和耐磨性能；芯部具有较好的韧性，为提高芯部强度，对中碳钢往往先调质；由于加热温度低，所以变形小，氮化后不需要磨齿；硬化层很薄，因此承载能力不及渗碳淬火齿轮，不宜用于冲击载荷条件下；成本较高	适用于较大载荷下工作的齿轮，以及没有齿面精加工设备而又需要硬齿面的条件下
铸钢	正火或调质，及高频淬火	可以制造复杂形状的大型齿轮；其强度低于同种牌号和热处理的调质钢；容易产生铸造缺陷	用于不能锻造的大型齿轮

表 3-13　常见齿轮热处理案例

工作条件	材料及热处理	工作条件	材料及热处理
低速、轻载、不受冲击	HT200，HT250，HT300 去应力退火	低速（<1 m/s）、轻载，如车床溜板齿轮	45 钢； 调制，HB200～250
低速、中载，如标准系列减速器齿轮	45，40Cr，40MnB； 调制 HB220～250	中速、中载、无猛烈冲击，如机床主轴箱齿轮	40Cr，42MnVB； 淬火，中温回火，HRC40～45
高速、轻载	15，20，20Cr，20MnVB； 渗碳，淬火，低温回火，HRC56～62	载荷不高的大齿轮，如大型龙门刨齿轮	50Mn2，50，65Mn； 淬火，空冷，HB<241

学习笔记

二、齿轮加工不同阶段的热处理

齿轮加工中一般会在锻造或铸造后、齿形加工过程中进行热处理。

1. 锻造或铸造后的毛坯热处理

目的：消除锻造及粗加工所引起的残余应力，改善材料的切削性能和提高综合力学性能。

热处理工序：正火或调质。

2. 齿形加工过程中的热处理

目的：提高齿面的硬度和耐磨性。

热处理工序：退火、渗碳淬火、高频淬火、碳氮共渗或氮化处理等。

三、齿轮热处理常用设备

热处理设备是对零件进行退火、回火、淬火、加热等热处理工艺操作的设备。现有的热处理设备种类较多，如渗碳炉（见图 3-32）、真空炉、回火炉（见图 3-33）、焙烧炉、箱式炉、硝盐炉、时效炉、感应炉、盐浴炉、退火炉、淬火炉（见图 3-34）等。

选用的热处理设备在满足热处理工艺要求的基础上，应有较高的生产率、热效率，且能耗较低。通常，当产品有足够批量时，选用专用设备有最好的节能效果，如图 3-35 所示。

学习笔记

图 3-32 渗碳炉

图 3-33 回火炉

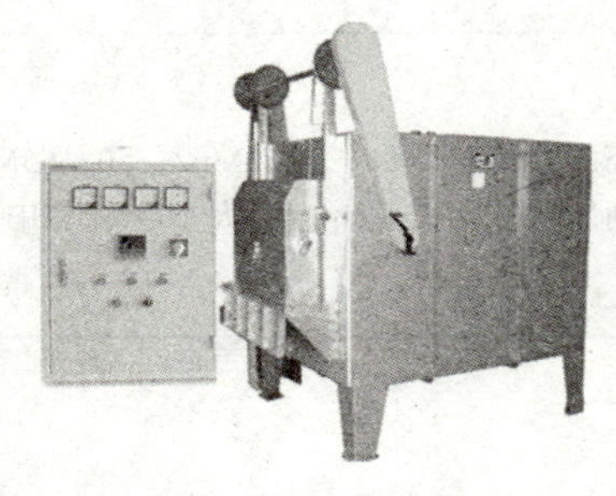

图 3-34 淬火炉

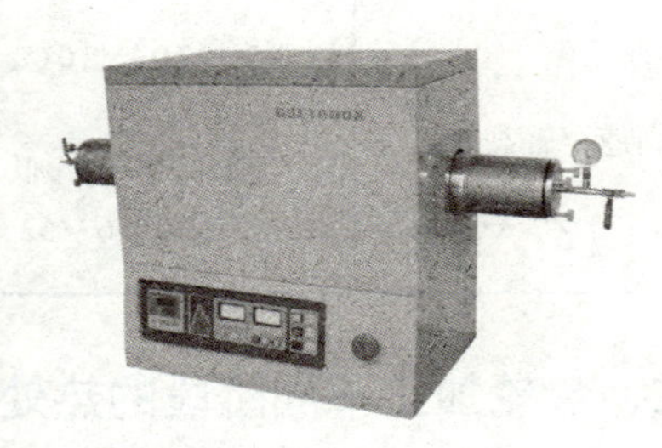

图 3-35 齿面退火

想一想： 您还了解哪些齿轮热处理设备？

做一做

（1）齿轮加工中，在锻造或铸造后、齿形加工过程中一般采取什么热处理？为什么？

____

____

____

（2）完成任务单 3.1 的相应任务。一齿轮要求齿轮表面需淬火，齿面硬度达 58 ~ 64 HRC，芯部硬度为 35 ~ 48 HRC，材料选用 45 钢，根据齿轮的技术要求，确定该齿轮的热处理方法。

步骤八 加工余量和工序尺寸的确定

相关知识

在实际生产中，齿轮加工余量应考虑工件的结构形状、生产数量、车间设备条件及工人技术等级等各项因素，酌情修正后选取，见表 3-14。

表 3–14 齿轮齿形的机械加工余量

mm

齿轮模数			2	3	4	5	6	7	8	9	10	11	12
精滚、精插余量			0.6	0.75	0.9	1.05	1.2	1.35	1.5	1.7	1.9	2.1	2.2
剃齿余量	齿轮直径	≤50	0.08	0.09	0.1	0.11	0.12	—	—	—	—	—	—
		50 ~ 100	0.09	0.1	0.11	0.12	0.14	—	—	—	—	—	—
		100 ~ 200	0.12	0.13	0.14	0.15	0.16	—	—	—	—	—	—
磨齿余量			0.15	0.2	0.23	0.26	0.29	0.32	0.35	0.38	0.4	0.45	0.5
渗碳齿轮余量	齿轮直径	40 ~ 50	—	—	—	—	—	—	—	—	0.45	0.5	0.6
		50 ~ 75	—	—	—	—	—	0.45	0.5	0.55	0.6	0.65	0.7
		75 ~ 100	—	—	—	0.45	0.5	0.55	0.6	0.65	0.7	0.75	0.8
		100 ~ 150	—	0.45	0.5	0.55	0.6	0.65	0.7	0.75	0.8	—	—
		150 ~ 200	0.5	0.55	0.6	0.65	0.7	0.75	—	—	—	—	—
		200	0.6	0.65	0.7	0.75	—	—	—	—	—	—	—
锥齿轮精加工余量			0.4	0.5	0.57	0.65	0.72	0.8	0.87	0.93	1.0	1.07	1.5
涡轮精加工余量			0.8	1.0	1.2	1.4	1.6	1.8	2.0	2.2	2.4	2.6	3.0
蜗杆精加工余量	粗铣后精车		0.8	1.0	1.2	1.3	1.4	1.5	1.6	1.7	1.8	1.9	2.0
	淬火后精磨		0.2	0.25	0.3	0.35	0.4	0.45	0.5	0.55	0.6	0.7	0.8

做一做

完成任务单 3.1 的相应任务。根据本步骤所学知识及减速器齿轮的加工方法，确定该齿轮齿坯与齿形各工序的加工余量及毛坯尺寸。

步骤九 工艺卡片填写

（1）完成任务单 3.1 的相应任务。根据步骤一至步骤八所确定的减速器传动齿轮加工方案，填写机械加工工序卡。

（2）对比表 3–15，分析查找自己制定的该齿轮的加工工艺与表 3–15 是否相同，若不相同，有何不同？

学习笔记

表 3-15　减速器齿轮工艺过程卡

	机械加工工艺过程卡片	产品型号		零（部）件图号			
		产品名称		零（部）件名称		共（　）页	第（　）页

材料牌号	HT200	毛坯种类	铸件	毛坯外形尺寸		每个毛坯可制件数	1	每台件数	1	备注	

工序号	工序名称	工序内容	车间	工段	设备	工艺装备	工时：准终	工时：单件
10	铸造	铸造毛坯	铸造车间					
20	热处理	正火	热处理车间					
30	粗车	夹工件外圆，按毛坯找正，照顾工件各部毛坯尺寸，车内径至 ϕ44.5 mm，车端面，保证端面距辐板侧面尺寸 13 mm，齿轮外圆车至 ϕ160.5 mm	机加工车间		CA6140	卡爪		
40	粗车	掉头，夹 ϕ160.5 mm 处，找正 ϕ44.5 mm 内径，车端面，保证端面距辐板侧面尺寸 13 mm，车齿轮外圆至 ϕ160.5 mm	机加工车间		CA6140	卡爪		
50	划线	参考轮辐厚度，划各部加工线	机加工车间		CA6140	卡爪		
60	精车	夹 ϕ160.5 mm 外圆（参考划线），加工齿轮一端面各部至图样尺寸，内径加工至尺寸 ϕ45 H8 mm，外圆加工至尺寸 ϕ160 mm	机加工车间		CA6140	卡爪		

续表

	工序号	工序名称	工序内容	车间	工段	设备	工艺装备	工时	
								准终	单件
	70	精车	掉头，以 ϕ160 mm 定位装夹工件，内径找正，车工件另一端各部至图样尺寸，保证工件总厚度尺寸 36 mm，外圆加工至尺寸 ϕ160 mm	机加工车间		CA6140	卡爪		
	80	划线	划 14 mm 键槽加工线						
	90	插键槽	以 ϕ160 mm 外圆及一端面定位装夹工件，插键槽 $14^{+0.03}_{0}$ mm	机加工车间		B5020	组合夹具		
	100	滚齿	以 ϕ45 mm 及一端面定位滚齿，m=2 mm，z=77，α=20°，为剃齿留余量	机加工车间		S200CDM	专用心轴		
描图	110	倒角	以 ϕ45 mm 及一端面定位，加工齿端 4×C2	机加工车间			组合夹具		
	120	表面淬火		热处理车间					
描校	130	修正基准	以外圆和一端面定位，磨内孔	机加工车间		M2200	组合夹具		
	140	剃齿	以 ϕ45 mm 及一端面定位珩齿，m=2 mm，z=77，α=20°	机加工车间		Y5714	组合夹具		
底图号	150	检验	按图样检验工件各部尺寸及精度						
	160	入库	涂油入库						

装订号											设计（日期）	审核（日期）	标准化（日期）	会签（日期）	
	标记	处数	更改文件号	签字	日期	标记	处数	更改文件号	签字	日期					

学习笔记

重点难点

本任务的核心目标是通过齿轮加工工艺的编制，使学习者掌握齿轮零件常用材料、定位基准、设备及刀具等相关知识，了解机械加工工艺系统、影响机械加工误差的因素及其控制措施等，并进一步理解机械加工工艺编制思路及方法。

齿轮传动是按规定的速度比传递运动和动力的，在现代机器和仪器中的应用极为广泛。

齿轮的制造精度对整个机器的工作性能、承载能力及使用寿命都有很大的影响，应依据齿轮的用途和工作条件而定。钢、铸铁、非金属材料是齿轮常用的材料，其中锻钢最为常用。

齿形加工之前的齿轮加工称为齿坯加工，齿坯的内孔（或轴颈）、端面或外圆经常是齿轮加工、测量和装配的基准，齿坯的精度对齿轮的加工精度有着重要的影响。齿轮齿形的加工方法，按加工中有无切削可分为无切削加工和切削加工两大类。滚齿、插齿、剃齿、磨齿是齿形加工的常用方法。

机械加工误差是指零件加工后的实际几何参数（几何尺寸、几何形状和相互位置）与理想几何参数之间偏差的程度。由机床、刀具、夹具和工件组成的工艺系统存在各种原始误差，如机床、夹具、刀具的制造误差及磨损，工件的装夹误差，测量误差，工艺系统的调整误差以及加工中各种力和热所引起的误差，使工艺系统间正确的几何关系遭到破坏而产生的加工误差。

齿轮热处理工艺一般有调质正火、碳渗（或碳氮共渗）、氮化、感应淬火等四类。

难点点拨：

（1）齿轮精度等级的理解及其应用。

（2）齿轮加工方法及其选用。

（3）机械加工误差及其控制。

任务实施

● 任务实施提示

（1）任务涉及机械加工误差等内容的知识点较多，建议读者利用课下时间阅读相关参考资料，加深理解，拓展知识，如通过参考资料了解成组技术中如何划分成组单元等。

（2）数字资源提供了任务实施所有步骤的参考方案，建议学习者完成任务后，对照参考方案，深入分析自己制定的工艺或方案与其有何不同，以加深知识的理解，提高解决实际问题的能力。

（3）完成任务后，建议结合任务二，进一步理解机械加工工艺的编制原则及方法。

- **任务部署**

阅读教材相关知识，按照任务单 3.1 的要求完成学习工作任务。

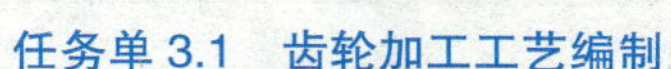

任务单 3.1　齿轮加工工艺编制

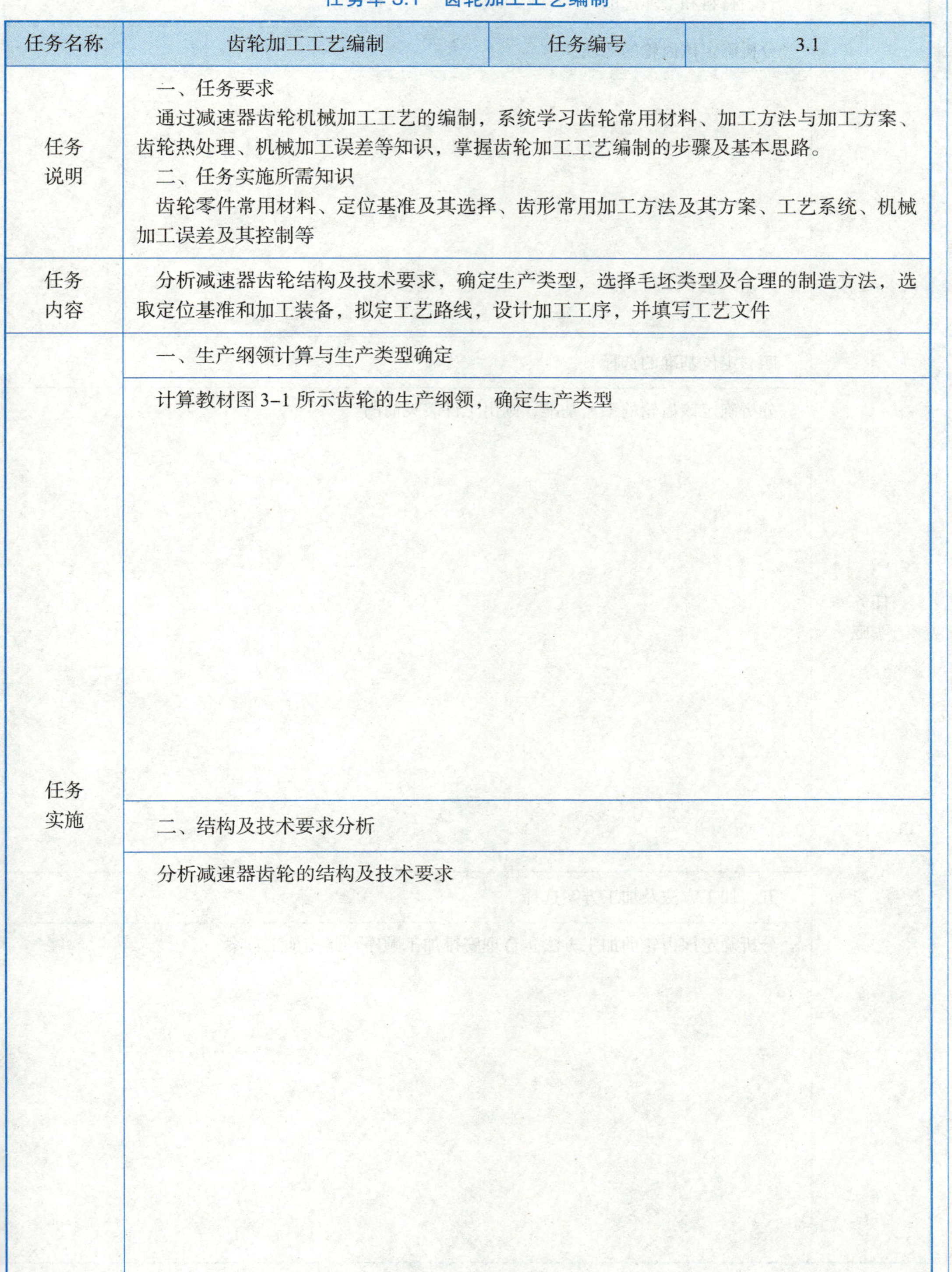

任务名称	齿轮加工工艺编制	任务编号	3.1
任务说明	一、任务要求 通过减速器齿轮机械加工工艺的编制，系统学习齿轮常用材料、加工方法与加工方案、齿轮热处理、机械加工误差等知识，掌握齿轮加工工艺编制的步骤及基本思路。 二、任务实施所需知识 齿轮零件常用材料、定位基准及其选择、齿形常用加工方法及其方案、工艺系统、机械加工误差及其控制等		
任务内容	分析减速器齿轮结构及技术要求，确定生产类型，选择毛坯类型及合理的制造方法，选取定位基准和加工装备，拟定工艺路线，设计加工工序，并填写工艺文件		
任务实施	一、生产纲领计算与生产类型确定		
	计算教材图 3-1 所示齿轮的生产纲领，确定生产类型		
	二、结构及技术要求分析		
	分析减速器齿轮的结构及技术要求		

学习笔记

续表

任务名称	齿轮加工工艺编制	任务编号	3.1
任务实施	三、材料和毛坯选取		
	分析确定该齿轮的毛坯		
	四、定位基准的选择		
	分析确定该齿轮的工艺基准，画出工件装夹简图		
	五、加工方法及加工方案选择		
	分析确定该齿轮的加工方法，合理安排加工顺序，制定加工方案		

续表

<table>
<tr><td>任务名称</td><td>齿轮加工工艺编制</td><td>任务编号</td><td>3.1</td></tr>
<tr><td rowspan="8">任务
实施</td><td colspan="3">六、加工设备的选择及工件装夹</td></tr>
<tr><td colspan="3">选择该齿轮的加工设备及夹具，确定装夹方式</td></tr>
<tr><td colspan="3">七、齿轮热加工方法确定</td></tr>
<tr><td colspan="3">确定该齿轮的热处理方法</td></tr>
<tr><td colspan="3">八、加工余量和工序尺寸的确定</td></tr>
<tr><td colspan="3">确定该齿轮的毛坯尺寸及各工序的加工余量</td></tr>
<tr><td colspan="3">九、工艺文件的填写
填写表 3–16 所示机械加工工艺过程卡。</td></tr>
</table>

学习笔记

表 3-16 机械加工工艺过程卡

		机械加工工艺过程卡	产品型号		零（部）件图号			
			产品名称		零（部）件名称		共（ ）页	第（ ）页

材料牌号		毛坯种类		毛坯外形尺寸		每个毛坯可制件数		每台件数		备注	

	工序号	工序名称	工序内容	车间	工段	设备	工艺装备	工时	
								准终	单件
描图									
描校									
底图号									

装订号										设计（日期）	审核（日期）	标准化（日期）	会签（日期）	
	标记	处数	更改文件号	签字	日期	标记	处数	更改文件号	签字	日期				

学习笔记

续表

		机械加工工艺过程卡	产品型号		零（部）件图号				
			产品名称		零（部）件名称		共（ ）页	第（ ）页	
	材料牌号		毛坯种类		毛坯外形尺寸		每个毛坯可制件数		每台件数		备注	
	工序号	工序名称	工序内容	车间	工段	设备	工艺装备	工时	
								准终	单件
描图									
描校									
底图号									

											设计（日期）	审核（日期）	标准化（日期）	会签（日期）	
装订号															
	标记	处数	更改文件号	签字	日期	标记	处数	更改文件号	签字	日期					

学习笔记

● 任务考核

任务三　考核表

任务名称：齿轮加工工艺编制　　专业__________　　20_____级_____班

第________小组　　姓名_________　　学号____________________

考核项目		分值 / 分	自评	备注
信息收集	信息收集方法	5		能够从教材、网站等多种途径获取知识，并能基本掌握关键词学习法
	信息收集情况	10		基本掌握教材任务三的相关知识
	团队合作	10		团队合作能力强
任务实施	生产纲领计算与生产类型的确定	5		每个步骤的任务完成思路正确给分 70%，即解决某问题时，能兼顾该问题所有需要考虑的方面，缺少一方面扣 20%，扣完为止；任务方案或答案正确给分 30%，答案模糊或不正确酌情扣分
	结构及技术要求分析	5		
	材料和毛坯的选取	5		
	定位基准的选择	10		
	加工方法及加工方案的选择	15		
	加工设备选择及工件装夹	10		
	齿轮热加工方法的确定	15		
	加工余量和工序尺寸的确定	5		
	工艺文件的填写	5		字迹端正，表达清楚，数据准确
小计		100		

其他考核

考核人员	分值 / 分	评分	
（指导）教师评价	100		根据学生情况教师给予评价，建议教师主要通过肯定成绩引导学生，少提缺点，对于存在的主要问题可通过单独面谈反馈给学生
小组互评	100		主要从知识掌握、小组活动参与度及见习记录遵守等方面给予中肯考核
总评	100		总评成绩＝自评成绩 ×40%＋（指导）教师评价 ×35%＋小组评价 ×25%

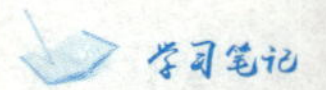

巩固与拓展

一、拓展任务

（1）阅读相关齿轮加工工艺案例，研讨后谈谈自己的体会。

（2）自学相关齿形检测方法，研讨后谈谈自己的体会。

（3）根据任务三的工作步骤及方法，利用所学知识，自主完成矩形齿花键套加工工艺的编制，如图 3–36 所示，并填写表 3–17 所示机械加工工艺过程卡。该零件的技术要求：热处理 28 ~ 32 HRC，倒角为 $C1$。

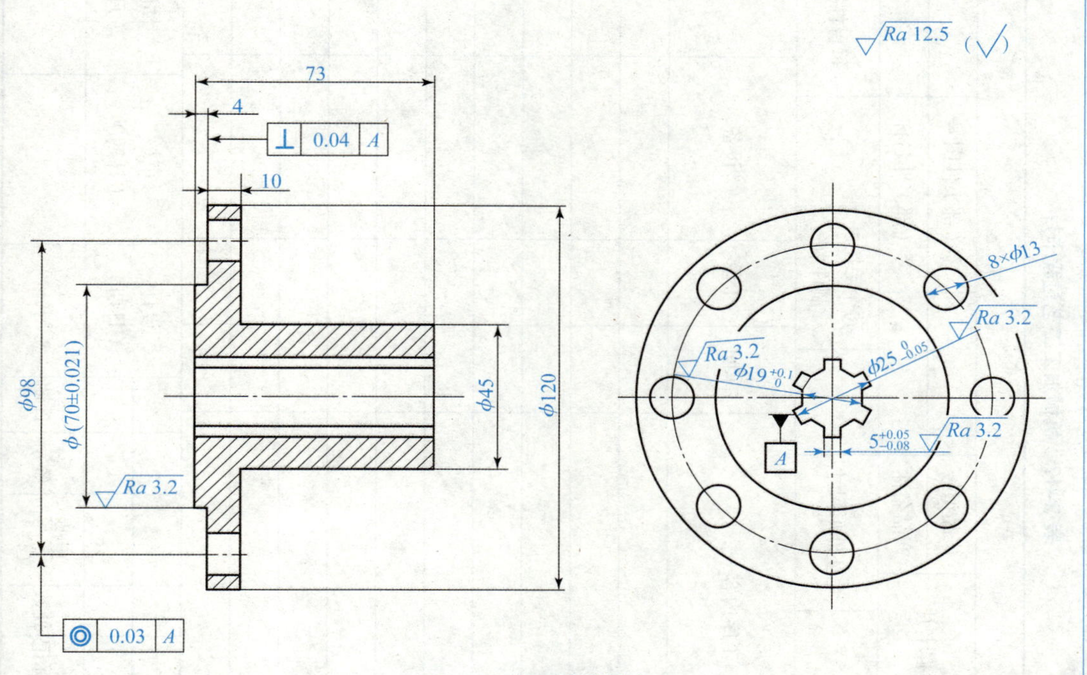

图 3–36　矩形齿花键套

二、拓展知识

1. 齿轮检测

1）齿形检测项目

GB/T 10095.1 规定齿距累积总偏差 F_p、齿距累积偏差 F_{pk}、单个齿距偏差 f_{pt}、齿厚偏差 E_{sn} 或公法线长度偏差 E_{bn}、齿廓总偏差 F_α、螺旋线总偏差 F_β 等为必检项目。

非必检项目：其余的由采购方和供货方协商确定。

2）齿距偏差检测

齿距偏差 Δf_{pt} 是指分度圆上实际齿距与公称齿距之差。齿距累积误差 ΔF_p 是指任意两同测齿廓在分度圆上的实际弧长与公称弧长的最大差值（取绝对值）。

表 3-17　机械加工工艺过程卡片

<table>
<tr><td colspan="10"></td></tr>
<tr><td rowspan="2"></td><td colspan="2" rowspan="2"></td><td rowspan="2">机械加工工艺过程卡片</td><td>产品型号</td><td></td><td>零（部）件图号</td><td></td><td colspan="2"></td></tr>
<tr><td>产品名称</td><td></td><td>零（部）件名称</td><td></td><td>共（　）页</td><td>第（　）页</td></tr>
<tr><td></td><td>材料牌号</td><td></td><td>毛坯种类</td><td></td><td>毛坯外形尺寸</td><td></td><td>每个毛坯可制件数</td><td>每台件数</td><td>备注</td></tr>
<tr><td rowspan="2"></td><td rowspan="2">工序号</td><td rowspan="2">工序名称</td><td rowspan="2">工序内容</td><td rowspan="2">车间</td><td rowspan="2">工段</td><td rowspan="2">设备</td><td rowspan="2">工艺装备</td><td colspan="2">工时</td></tr>
<tr><td>准终</td><td>单件</td></tr>
<tr><td></td><td></td><td></td><td></td><td></td><td></td><td></td><td></td><td></td><td></td></tr>
<tr><td></td><td></td><td></td><td></td><td></td><td></td><td></td><td></td><td></td><td></td></tr>
<tr><td></td><td></td><td></td><td></td><td></td><td></td><td></td><td></td><td></td><td></td></tr>
<tr><td></td><td></td><td></td><td></td><td></td><td></td><td></td><td></td><td></td><td></td></tr>
<tr><td>描图</td><td></td><td></td><td></td><td></td><td></td><td></td><td></td><td></td><td></td></tr>
<tr><td></td><td></td><td></td><td></td><td></td><td></td><td></td><td></td><td></td><td></td></tr>
<tr><td>描校</td><td></td><td></td><td></td><td></td><td></td><td></td><td></td><td></td><td></td></tr>
<tr><td></td><td></td><td></td><td></td><td></td><td></td><td></td><td></td><td></td><td></td></tr>
<tr><td>底图号</td><td></td><td></td><td></td><td></td><td></td><td></td><td></td><td></td><td></td></tr>
<tr><td></td><td></td><td></td><td></td><td></td><td></td><td></td><td></td><td></td><td></td></tr>
</table>

<table>
<tr><td>装订号</td><td></td><td></td><td></td><td></td><td></td><td></td><td></td><td></td><td></td><td></td><td rowspan="2">设计（日期）</td><td rowspan="2">审核（日期）</td><td rowspan="2">标准化（日期）</td><td rowspan="2">会签（日期）</td><td rowspan="2"></td></tr>
<tr><td></td><td></td><td></td><td></td><td></td><td></td><td></td><td></td><td></td><td></td><td></td></tr>
<tr><td></td><td>标记</td><td>处数</td><td>更该文件号</td><td>签字</td><td>日期</td><td>标记</td><td>处数</td><td>更改文件号</td><td>签字</td><td>日期</td><td></td><td></td><td></td><td></td><td></td></tr>
</table>

齿距累积误差一般采用相对法或绝对法进行测量。相对测量法较为常用，它是以任意一个齿距为基准，将仪器指示表调至某一示值（通常为零），然后沿整个齿圈依次测量其他齿距对于基准齿距的偏差值（即相对齿距偏差），经数据处理后得出齿距偏差 Δf_{pt} 和齿距累积偏差 ΔF_p。

3）齿厚偏差检测

齿厚偏差是指在分度圆柱面上，法向齿厚的实际值与公称值之差。为了得到一定的最小侧隙，齿轮厚度要有一定的减薄量，因此齿厚偏差总是负值，它是评定侧隙的一项指标。

4）公法线长度偏差检测

公法线长度偏差 ΔE_w 是指在齿轮一周内，公法线长度的平均值与公称值之差，ΔE_w 与齿厚偏差有关，因此可用来评定齿侧间隙。

公法线长度变动 ΔF_w 指同一齿轮上测得的实际公法线长度的最大值 W_{max} 与最小值 W_{min} 之差，如图 3–37 所示，即 $\Delta F_w = W_{max} - W_{min}$，因为 ΔF_w 能部分表明齿轮转动时啮合线长度的变动，故可用 ΔF_w 评定运动精度。

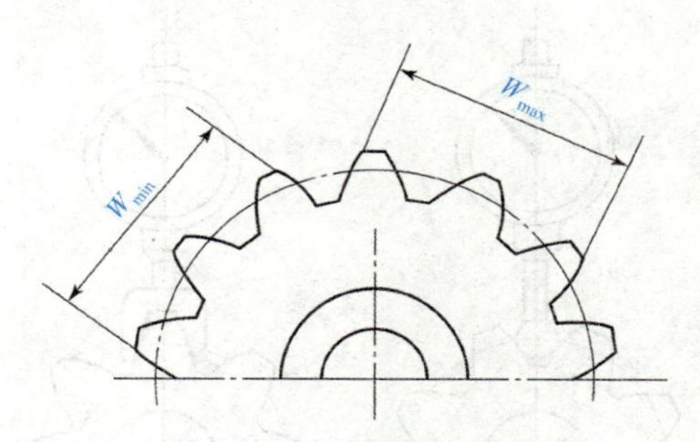

图 3–37　公法线长度变动 ΔF_w

公法线长度 W 是指跨 n 个齿的异侧齿形的平行切线间的距离，可用公法线千分尺（见图 3–38）、公法线指示卡规（见图 3–39）和万能测齿仪等测量。

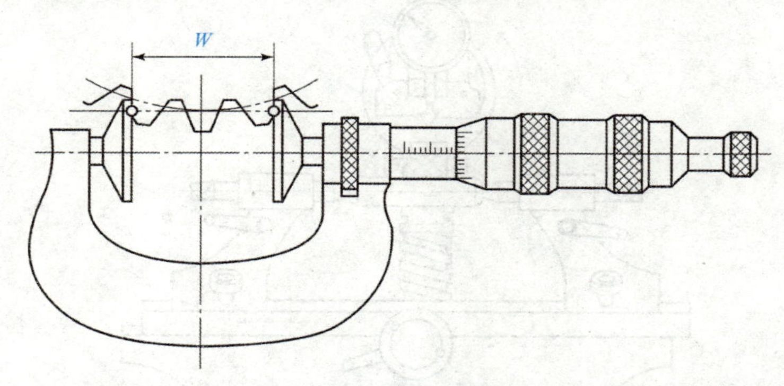

图 3–38　公法线千分尺

5）齿圈径向跳动检测

齿圈径向跳动 ΔF_r 是指在齿一转范围内，测头在齿槽内的轮齿上，与齿高中部双面接触，测头相对于齿轮轴心线的最大变动量。其测量原理如图 3–40 所示，齿轮跳动检查仪如图 3–41 所示。

学习笔记

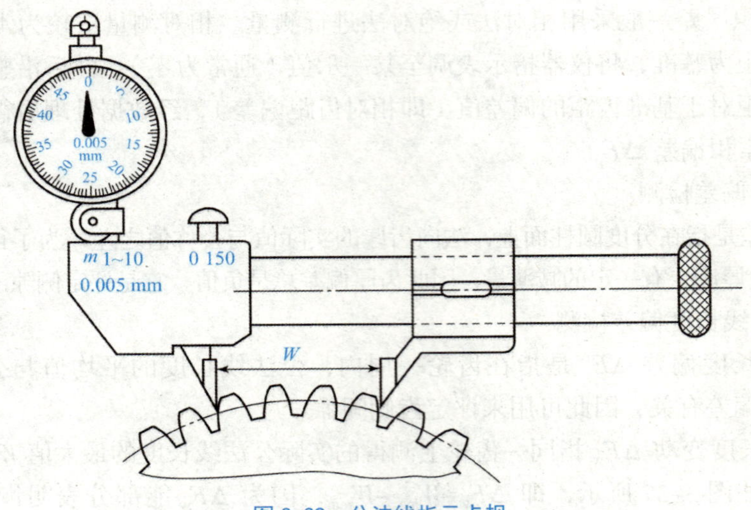

图 3-39 公法线指示卡规

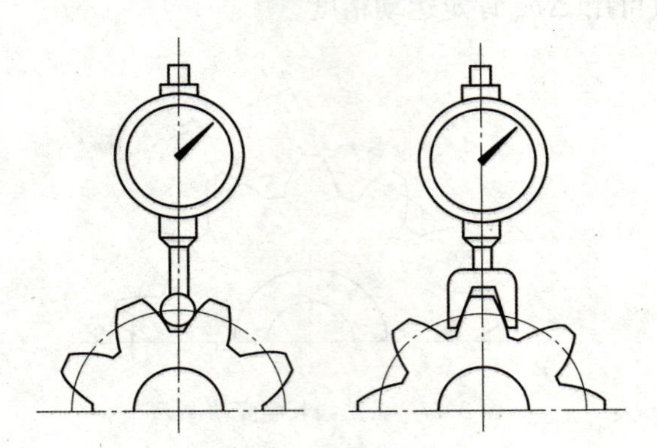
图 3-40 测量原理

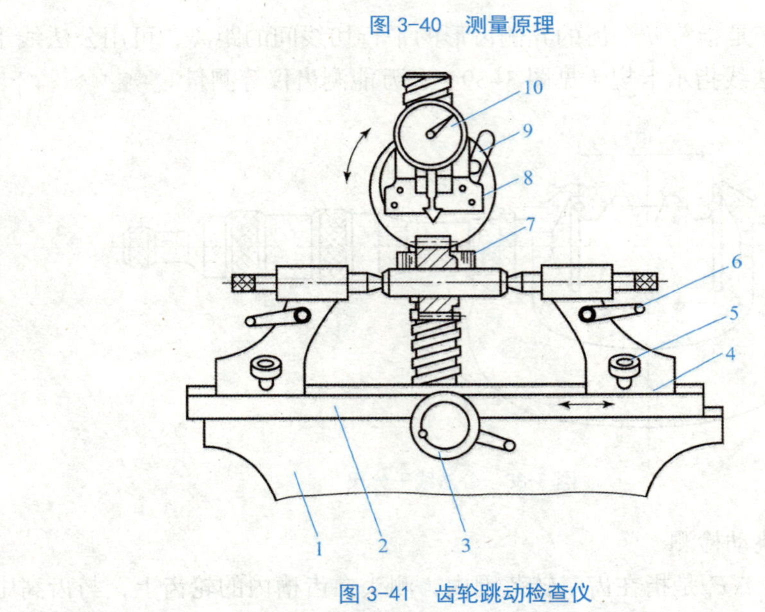

图 3-41 齿轮跳动检查仪

1—底座；2—滑板；3—纵向移动手轮；4—顶尖座；5—顶尖座锁紧手轮；6—顶尖锁紧手柄；7—升降螺母；8—指示表架；9—指示表提升手柄；10—指示表

学习笔记

为了使测头球面在被测齿轮的分度圆附近与齿面接近，球形的测头直径应按下式选取：

$$d_p \approx 1.68\, m$$

式中 d_p——球形的测头直径；

m——齿轮模数。

测量时，将测量头放入齿间，逐齿测出径向的相对差值，在齿轮一圈中指示表读数最大的变动量，即为齿圈径向跳动量。

6）基节偏差检测

基节偏差 Δf_{pb} 是指实际基节与公称基节之差。如图 3-42 所示，此基节不在基圆柱上测量，而是在基圆柱的切平面上测量。实际基节是指基圆柱切平面与两相邻同侧齿面交线之间的法向距离，只能在两相邻齿面的重叠区内取得（图 3-42 的 φ 角区内）。

公称基节在数值上等于基圆柱上的弧齿距 p_b，压力角 α=20°。当齿轮模数为 m 时，有

$$p_b = \pi m\cos\alpha = 2.952\,1\, m$$

测量基节偏差的原理如图 3-43 所示，测头 1 和 2 的工作面均面向齿轮，与相邻两齿面接触时两测头之间的距离表示实际基节。另外用等于公称基节的量块来校准，实测与校准两次在指示表上读数之差即为基节偏差。

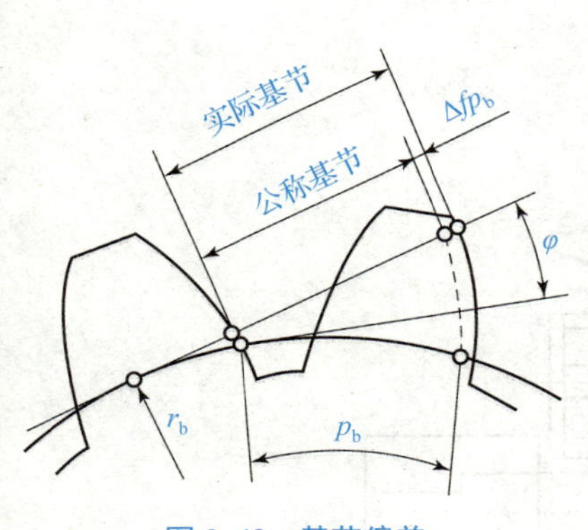

图 3-42 基节偏差

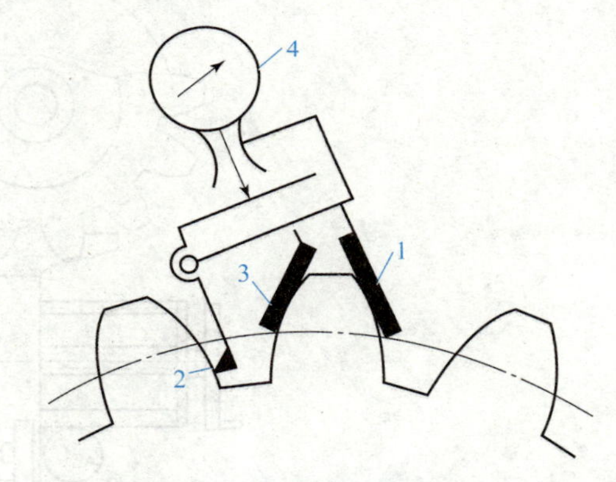

图 3-43 基节测量

1，2—测头；3—定位头；4—指示表

基节偏差的相对测量可用基节仪或万能测齿仪进行。基节仪有手持式和台式两种，图 3-44 所示为手持切线接触式基节仪的一种，它是利用基节仪与量块相比较进行测量的，其分度值为 0.001 mm，可测模数为 2 ~ 16 mm 的齿轮。

7）齿形误差检测

齿形误差 Δf_f 是指在齿形的工作部分内，包容实际齿形的两条设计齿形间的法向距离。

图 3-45 所示为单盘式渐开线检查仪的原理图。被测齿轮 2 和可换的摩擦基圆盘 1 装在同一心轴上。基圆盘直径要精确等于被测齿轮上的基圆直径，直尺 4 和基圆盘 1 以一定压力相接触。在滑板 7 上装有杠杆 5，它的测量头 3 与被测齿面接触，接触点刚好在基圆盘 1 与直尺 4 相接触的平面上。杠杆 5 的另一端与指示表 8 接触。

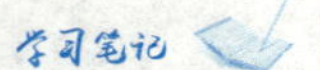

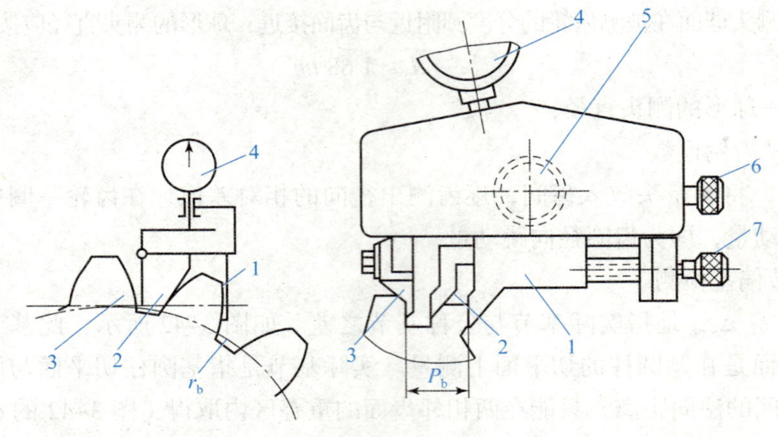

图 3-44　基节仪

1—固定量爪；2—辅助支承爪；3—活动量爪；4—指示表；5—固定量爪锁紧螺钉；
6—固定量爪调节螺钉；7—辅助支承爪调节螺钉

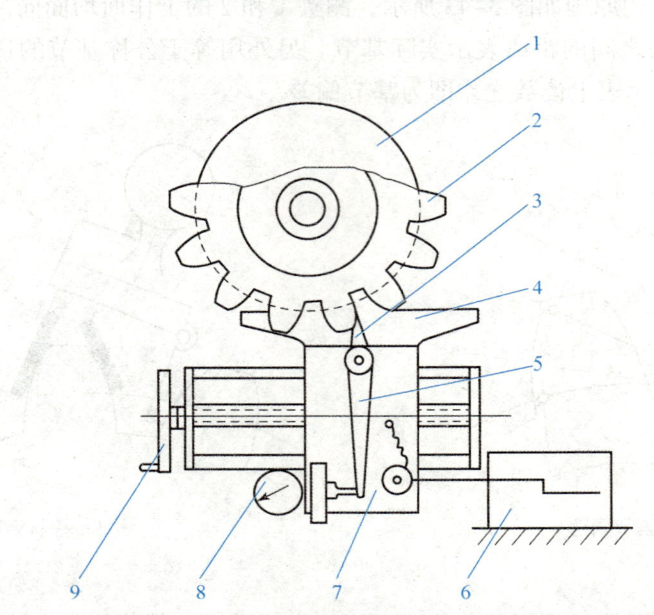

图 3-45　渐开线检查仪的原理

1—基圆盘；2—被测齿轮；3—测量头；4—直尺；5—杠杆；
6—记录器；7—滑板；8—指示表；9—手轮

当基圆盘 1 与直尺 4 做无滑动的纯滚动时，测量头 3 相对于基圆盘 1 展示了理论的渐开线。如果被测齿形与理论齿形不符合，测量头 3 相对于直尺 4 就会产生偏移，这一微小的位移通过杠杆 5 由指示表 8 读出数值或由记录器 6 绘出相应的曲线。

图 3-46 所示为单盘式渐开线检查的外形结构。在仪器底座 2 上装有横向拖板 5。转动手轮 1 和 10，拖板 5 和 9 就分别在仪器底座 2 的横向和纵向导轨上移动。在横向拖板 5 上装有直尺 7，在纵向拖板 9 的心轴上装有被测齿轮 12 和基圆盘 8（即被测齿轮的标准基圆盘）。在压缩弹簧的作用下，基圆盘 8 与直尺 7 紧密接触。在横向拖板 5

上还装有测量头 14，它的微小位移量可通过杠杆 4，由指示表 15 指示出来，测量齿形时的展开角由刻度盘 11 读出，直尺 7 还可借调节螺丝做相对于拖板 6 的微小移动。测量头 14 的位置由标志 3 粗略地指示出来。

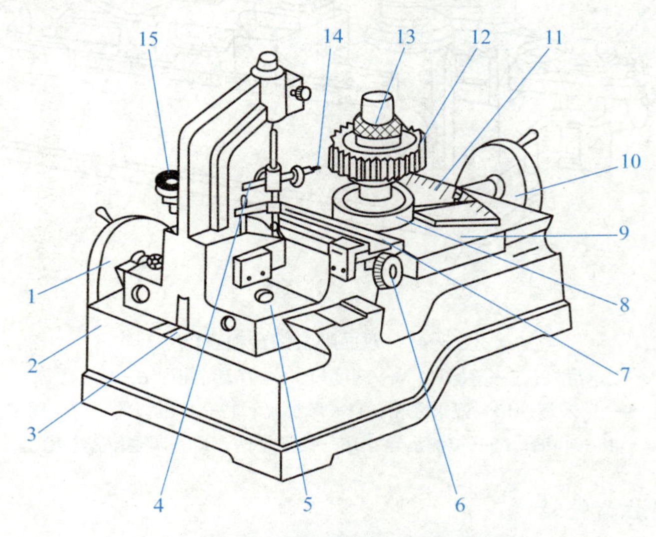

图 3-46 渐开线检查仪的外形结构

1，10—手轮；2—底座；3—横向位置标志；4—杠杆；5—横向拖板；6—调节螺丝；7—直尺；8—基圆盘；9—纵向拖板；11—刻度盘；12—被测齿轮；13—压紧螺母；14—测量头；15—指示表

8）齿轮双面啮合测量

齿轮双面啮合测量是用一个理想精确的测量齿轮与被测齿轮双面啮合传动，以双啮中心距的变动量来评定齿轮的质量。

径向综合偏差 $\Delta F_i''$ 是指被测齿轮与理想精确的测量齿轮双面啮合时，在被测齿轮一转范围内，双啮中心距的最大值与最小值之差。一齿径向综合偏差 $\Delta f_i''$ 是指被测齿轮与理想精确的测量齿轮双面啮合时，在被测齿轮一齿距角内双啮中心距变动的最大值。

双面啮合综合检查仪的外形结构如图 3–47 所示，它能测量圆柱齿轮、圆锥齿轮和蜗轮副。测量范围：模数 1 ~ 10 mm；中心距 50 ~ 300 mm。仪器结构比较简单，在底座 1 上有固定滑板 2 和浮动滑板 5，浮动滑板 5 与游标尺 3 连接在底座 1 的导轨上浮动，在弹簧力的作用下使被测齿轮与测量齿轮始终保持紧密啮合。测量齿轮精度比被测齿轮高 2 级以上。固定滑板 2 与游标尺 3 连接，用手轮 17 移动，以调整两滑座间的距离。

测量时，测量齿轮装在固定滑板 2 的心轴 14 上，被测齿轮装在浮动滑板 5 的心轴上，调整两滑板的距离，放松浮动滑板，使两齿轮保持紧密啮合，旋转被测齿轮，此时由于齿圈偏心、齿形误差、基节偏差等因素引起双啮合中心距的变化，使浮动滑板产生位移。此位移量通过指示表 7 读出，或者由仪器附带的机械式记录器绘出误差曲线。

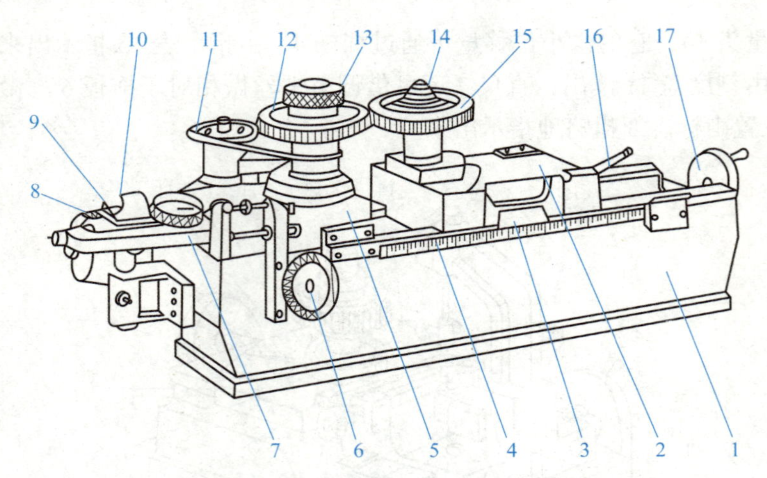

图 3-47　双面啮合综合检查仪

1—底座；2—固定滑板；3—游标尺；4—刻度尺；5—浮动滑板；6—偏心手轮；7—指示表；8—记录器；9—记录笔；10—记录滚轮；11—摩擦盘；12—标准齿轮；13—固定齿轮螺母；14—心轴；15—被测齿轮；16—锁紧手柄；17—调整位置手轮

2. 渐开线圆柱齿轮精度

国标对渐开线圆柱齿轮除 F_i'' 和 f_i''（F_i'' 和 f_i'' 规定了 4 ~ 12 共 9 个精度等级）以外的评定项目规定了 0、1、2、…、12 共 13 个精度等级，其中 0 级精度最高，12 级精度最低。

0 ~ 2 级为待发展级；3 ~ 5 级为高精度级；6 ~ 9 级为中等精度级，使用最广；10 ~ 12 级为低精度级。各项偏差的公差值见表 3-18 ~ 表 3-24。

表 3-18　单个齿距极限偏差 $\pm f_{pt}$ 值（摘自 GB/T 10095.1—2008）　μm

分度圆直径 d/mm	法向模数 m_n/mm	精度等级				
		5	6	7	8	9
$20<d\leqslant 50$	$2<m_n\leqslant 3.5$	5.5	7.5	11.0	15.0	22.0
	$3.5<m_n\leqslant 6$	6.0	8.5	12.0	17.0	24.0
$50<d\leqslant 125$	$2<m_n\leqslant 3.5$	6.0	8.5	12.0	17.0	23.0
	$3.5<m_n\leqslant 6$	6.5	9.0	13.0	18.0	26.0
	$6<m_n\leqslant 10$	7.5	10.0	15.0	21.0	30.0
$125<d\leqslant 280$	$2<m_n\leqslant 3.5$	6.5	9.0	13.0	18.0	26.0
	$3.5<m_n\leqslant 6$	7.0	10.0	14.0	20.0	28.0
	$6<m_n\leqslant 10$	8.0	11.0	16.0	23.0	32.0
$280<d\leqslant 560$	$2<m_n\leqslant 3.5$	7.0	10.0	14.0	20.0	29.0
	$3.5<m_n\leqslant 6$	8.0	11.0	16.0	22.0	31.0
	$6<m_n\leqslant 10$	8.5	12.0	17.0	25.0	35.0

表 3-19　齿距累积偏差 F_p 值（摘自 GB/T 10095.1—2008）

μm

分度圆直径 d/mm	法向模数 m_n/mm	精度等级				
		5	6	7	8	9
$20<d\leqslant50$	$2<m_n\leqslant3.5$	15.0	21.0	30.0	42.0	59.0
	$3.5<m_n\leqslant6$	15.0	22.0	31.0	44.0	62.0
$50<d\leqslant125$	$2<m_n\leqslant3.5$	19.0	27.0	38.0	53.0	76.0
	$3.5<m_n\leqslant6$	19.0	28.0	39.0	55.0	78.0
	$6<m_n\leqslant10$	20.0	29.0	41.0	58.0	82.0
$125<d\leqslant280$	$2<m_n\leqslant3.5$	25.0	35.0	50.0	40.0	100.0
	$3.5<m_n\leqslant6$	25.0	36.0	51.0	72.0	102.0
	$6<m_n\leqslant10$	26.0	37.0	53.0	75.0	106.0
$280<d\leqslant560$	$2<m_n\leqslant3.5$	33.0	46.0	65.0	92.0	131.0
	$3.5<m_n\leqslant6$	33.0	47.0	66.0	94.0	133.0
	$6<m_n\leqslant10$	34.0	48.0	68.0	97.0	137.0

表 3-20　齿廓总偏差 F_α 值（摘自 GB/T 10095.1—2008）

μm

分度圆直径 d/mm	法向模数 m_n/mm	精度等级				
		5	6	7	8	9
$20<d\leqslant50$	$2<m_n\leqslant3.5$	7.0	10.0	14.0	20.0	29.0
	$3.5<m_n\leqslant6$	9.0	12.0	18.0	25.0	35.0
$50<d\leqslant125$	$2<m_n\leqslant3.5$	8.0	11.0	16.0	22.0	31.0
	$3.5<m_n\leqslant6$	9.5	13.0	19.0	27.0	38.0
	$6<m_n\leqslant10$	12.0	16.0	23.0	33.0	46.0
$125<d\leqslant280$	$2<m_n\leqslant3.5$	9.0	13.0	18.0	25.0	36.0
	$3.5<m_n\leqslant6$	11.0	15.0	21.0	30.0	42.0
	$6<m_n\leqslant10$	13.0	18.0	25.0	36.0	50.0
$280<d\leqslant560$	$2<m_n\leqslant3.5$	10.0	15.0	21.0	29.0	41.0
	$3.5<m_n\leqslant6$	12.0	17.0	24.0	34.0	48.0
	$6<m_n\leqslant10$	14.0	20.0	28.0	40.0	56.0

学习笔记

表 3-21　螺旋线总偏差 F_β 值（摘自 GB/T 10095.1—2008）　μm

分度圆直径 d/mm	齿宽 b/mm	精度等级				
		5	6	7	8	9
$20<d\leqslant 50$	$10<b\leqslant 20$	7.0	10.0	14.0	20.0	29.0
	$20<b\leqslant 40$	8.0	11.0	16.0	23.0	32.0
$50<d\leqslant 125$	$10<b\leqslant 20$	7.5	11.0	15.0	21.0	30.0
	$20<b\leqslant 40$	8.5	12.0	17.0	24.0	34.0
	$40<b\leqslant 80$	10.0	14.0	20.0	28.0	39.0
$125<d\leqslant 280$	$10<b\leqslant 20$	8.0	11.0	16.0	22.0	32.0
	$20<b\leqslant 40$	9.0	13.0	18.0	25.0	36.0
	$40<b\leqslant 80$	10.0	15.0	21.0	29.0	41.0
$280<d\leqslant 560$	$20<b\leqslant 40$	9.5	13.0	19.0	27.0	38.0
	$40<b\leqslant 80$	11.0	15.0	22.0	31.0	44.0
	$80<b\leqslant 160$	13.0	18.0	26.0	36.0	52.0

表 3-22　径向综合总偏差 F_i'' 值（摘自 GB/T 10095.1—2008）　μm

分度圆直径 d/mm	法向模数 m_n/mm	精度等级				
		5	6	7	8	9
$20<d\leqslant 50$	$1.0<m_n\leqslant 1.5$	16	23	32	45	64
	$1.5<m_n\leqslant 2.5$	18	26	37	52	73
$50<d\leqslant 125$	$1.0<m_n\leqslant 1.5$	19	27	39	55	77
	$1.5<m_n\leqslant 2.5$	22	31	43	61	86
	$2.5<m_n\leqslant 4.0$	25	36	51	72	102
$125<d\leqslant 280$	$1.0<m_n\leqslant 1.5$	24	34	48	68	97
	$1.5<m_n\leqslant 2.5$	26	37	53	75	106
	$2.5<m_n\leqslant 4.0$	30	43	61	86	121
	$4.0<m_n\leqslant 6.0$	36	51	72	102	144
$280<d\leqslant 560$	$1.0<m_n\leqslant 1.5$	30	43	61	86	122
	$1.5<m_n\leqslant 2.5$	33	46	65	92	131
	$2.5<m_n\leqslant 4.0$	37	52	73	104	146
	$4.0<m_n\leqslant 6.0$	42	60	84	119	169

表 3-23　一齿径向综合偏差 f_i'' 值（摘自 GB/T 10095.1—2008）　μm

分度圆直径 d/mm	法向模数 m_n/mm	精度等级				
		5	6	7	8	9
$20<d\leqslant 50$	$1.0<m_n\leqslant 1.5$	4.5	6.5	9.0	13	18
	$1.5<m_n\leqslant 2.5$	6.5	9.5	13	19	26
$50<d\leqslant 125$	$1.0<m_n\leqslant 1.5$	4.5	6.5	9.0	13	18
	$1.5<m_n\leqslant 2.5$	6.5	9.5	13	19	26
	$2.5<m_n\leqslant 4.0$	10	14	20	29	41
$125<d\leqslant 280$	$1.0<m_n\leqslant 1.5$	4.5	6.5	9.0	13	18
	$1.5<m_n\leqslant 2.5$	6.5	9.5	13	19	27
	$2.5<m_n\leqslant 4.0$	10	15	21	29	41
	$4.0<m_n\leqslant 6.0$	15	22	31	44	62
$280<d\leqslant 560$	$1.0<m_n\leqslant 1.5$	4.5	6.5	9.0	13	18
	$1.5<m_n\leqslant 2.5$	6.5	9.5	13	19	27
	$2.5<m_n\leqslant 4.0$	10	15	21	29	41
	$4.0<m_n\leqslant 6.0$	15	22	31	44	62

表 3-24　径向跳动偏差 F_r 值（摘自 GB/T 10095.1—2008）　μm

分度圆直径 d/mm	法向模数 m_n/mm	精度等级				
		5	6	7	8	9
$20<d\leqslant 50$	$2<m_n\leqslant 3.5$	12	17	24	34	47
	$3.5<m_n\leqslant 6$	12	17	25	35	49
$50<d\leqslant 125$	$2<m_n\leqslant 3.5$	15	21	30	43	61
	$3.5<m_n\leqslant 6$	16	22	31	44	62
	$6<m_n\leqslant 10$	16	23	33	46	65
$125<d\leqslant 280$	$2<m_n\leqslant 3.5$	20	28	40	56	80
	$3.5<m_n\leqslant 6$	20	29	41	58	82
	$6<m_n\leqslant 10$	21	30	42	60	85
$280<d\leqslant 560$	$2<m_n\leqslant 3.5$	26	37	52	74	105
	$3.5<m_n\leqslant 6$	27	38	53	75	106
	$6<m_n\leqslant 10$	27	39	55	77	

学习笔记

三、典型案例

1. 机床主轴箱齿轮加工工艺编制案例

1）机床主轴箱齿轮结构及技术要求

机床主轴箱齿轮结构及技术要求如图 3-48 所示。

（1）齿轮材料与所镶铜套材料不同，分别为 45 钢和 ZQSn6-6-3。

（2）齿轮左端面 *A*，与 ϕ25H7 内孔轴心线圆跳动公差为 0.05 mm。

（3）齿轮右端面 *B*，与 ϕ25H7 内孔轴心线圆跳动公差为 0.03 mm。

（4）齿部高频感应加热淬火 44 ~ 48 HRC。

（5）齿轮精度等级为 6 FH。

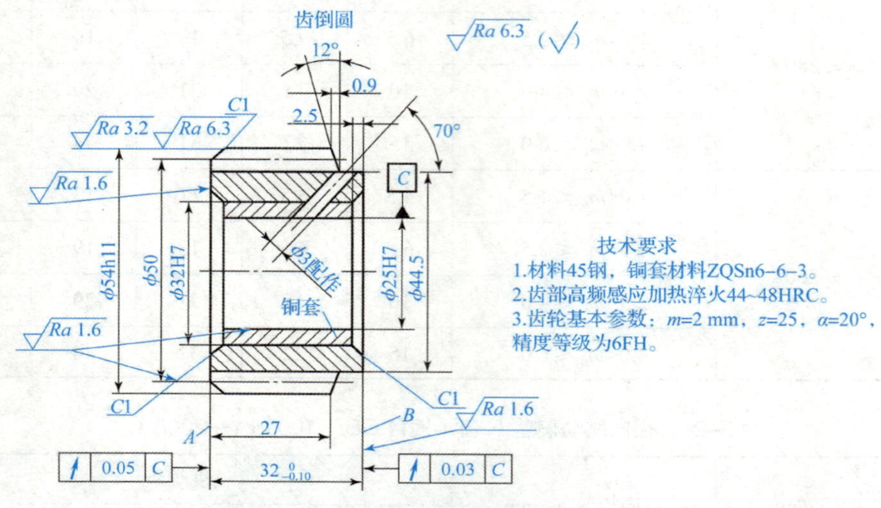

图 3-48　机床主轴箱齿轮结构及技术要求

2）工艺分析

（1）齿轮根据其结构、精度等级及生产批量的不同，机械加工工艺过程也不相同，但基本工艺路线大致相同，即毛坯制造及热处理—齿坯加工—齿形加工—齿部淬火—精基准修正—齿形精加工。

（2）该例齿轮的特点是内孔镶铜套，应先分别加工齿圈内孔和相配的铜套，过盈配合将铜套压入齿圈内，再进行各工序的精加工。

（3）该例齿轮精度要求较高（6 FH），工序安排滚齿后应留有一定剃齿或磨齿的加工余量，再进行最后的精加工。

3）机床主轴箱齿轮机械加工工艺过程卡（见表 3-25）

2. 倒挡齿轮加工工艺编制案例

1）倒挡齿轮结构及技术要求

倒挡齿轮结构及技术要求如图 3-49 所示。

表 3-25　机床主轴箱齿轮机械加工工艺过程卡

工序号	工序名称	工序内容	工艺装备
1	下料	棒料	锯床
2	锻	毛坯锻造尺寸 ϕ62 mm×40 mm	
3	热处理	正火	
4	车	夹一端外圆，找正工件，照顾各部加工量，车另一端端面，钻孔 ϕ28 mm	
5	车	掉头，夹外圆，按内孔表面找正，车另一端面保证总长 32.6 mm，车内孔尺寸至 ϕ32H7，倒角	C620
6	车	以 ϕ32H7 内孔及一端面定位装夹工件，车外形各部尺寸，车 ϕ44.5 mm×5.3 mm，ϕ54 h11 车至 $\phi 54^{+0.1}_{0}$ mm，倒角	C620 专用心轴
7	钳	压入相配的铜套	
8	磨	磨两端端面，保证尺寸 $\phi 32^{0}_{-0.10}$ mm	M7132
9	精车	以 $\phi 54^{+0.1}_{0}$ mm 外圆及一端面定位装夹工件，精车（铜套）内孔至图样尺寸 ϕ25H7	C620 专用工装
10	精车	以 ϕ25H7 内孔及一端面定位装夹工件，精车外圆至图样尺寸 ϕ54 h11，倒角	C620 专用工装
11	滚齿	以 ϕ25H7 内孔及一端面定位装夹工件，滚齿 m=2 mm，z=25，留剃齿余量	Y3213 专用工装
12	钳	钻 ϕ3 mm 油孔，去毛刺	Z4006A 组合夹具
13	热处理	高频感应加热淬火 44 ~ 48 HRC	
14	剃齿	剃齿	Y4236
15	检验	按图样检查各部分尺寸及精度	
16	入库	入库	

（1）齿圈径向跳动均为 0.08 mm。

（2）齿轮应采用高频加热淬火 45 ~ 52 HRC。

（3）齿轮材料为 45 钢，精度为 8 GK。

3）工艺分析

（1）齿轮齿坯的加工分粗加工、半精加工、精加工，其目的是保证齿坯的加工精度，为保证加工齿轮的精度奠定基础。

（2）6 mm±0.015 mm 键槽，其宽度小，键槽又较长，加工时要防止出现歪斜，因此应减小吃刀深度及进给量。

学习笔记

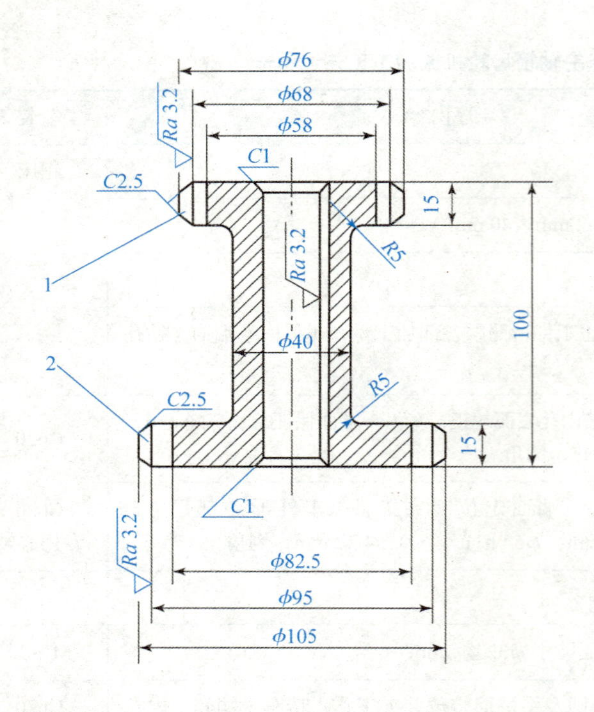

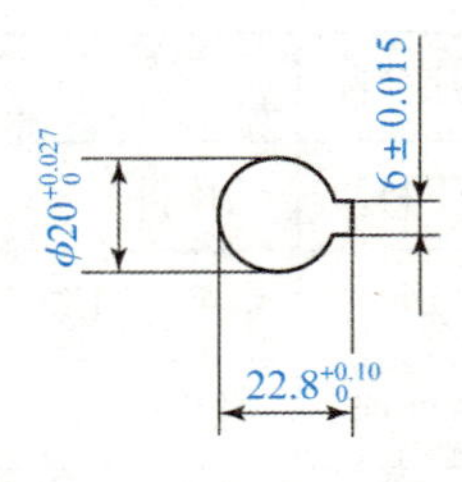

技术要求

1. 齿部热处理45~52HRC。
2.未注明倒角C1。
3.齿圈径向跳动公差为0.08 mm。
4.材料45钢。
5.齿轮基本参数。

齿轮编号	1	2
模数/mm	4	5
齿数	17	19
压力角/(°)	20	20
精度等级	8GK	8GK

图 3-49　倒挡齿轮结构

（3）齿圈径向跳动公差 0.08 mm 的检验，可将齿轮装在 1∶3 000 小锥度心轴上，心轴两端各有高精度的中心孔，将心轴装夹在偏摆仪两顶尖之间。将百分表触头顶在齿轮外圆上，转动心轴，这时百分表最大读数与最小读数之差即为径向跳动公差。

4）倒挡齿轮机械加工工艺过程卡（见表 3-26）

表 3-26　倒挡齿轮机械加工工艺过程卡

工序号	工序名称	工序内容	工艺装备
1	下料	棒料，尺寸 ϕ110 mm×105 mm	锯床
2	锻	锻造尺寸，各边留加工余量 7 mm	
3	热处理	正火处理	
4	粗车	夹工件一端，粗车右端各部尺寸及端面，端面见平即可，外圆各部留加工余量 3 ~ 4 mm，钻孔 ϕ16 mm	CA6140

续表

工序号	工序名称	工序内容	工艺装备
5	粗车	掉头，夹工件已加工外圆，并按外圆找正，加工左端各部，车端面，保证总长 103 mm，其余各部留加工余量 3 ~ 4 m	CA6140
6	热处理	调质处理 28 ~ 32 HRC	
7	半精车	夹左端，外圆找正，半精车右端各部，车端面，保证尺寸 15 mm 车至 17 mm，其余各部留加工余量 1.5 mm	CA6140
8	半精车	掉头，夹工件已加工外圆找正，车端面保证总长 102 mm，齿轮部分尺寸 15 mm 车至 17 mm，其余各部留加工余量 1.5 mm	CA6140
9	精车	夹工件左端，车右端各部尺寸，至图样尺寸，保证总长 101 mm，精车内径至 $\phi20_{0}^{+0.027}$ mm（可采用铰孔）	CA6140
10	精车	掉头，夹工件右端，按精加工外圆找正，车左端各部尺寸至图样要求，$\phi40$ mm 处平滑接刀	CA6140
11	划线	划 6 mm±0.015 mm 键槽线	
12	插	以 $\phi105$ mm 外圆及大端面定位装夹工件，插 6 mm±0.015 mm 键槽	B5020 组合夹具
13	插齿	以 $\phi20_{0}^{+0.027}$ mm 内孔及端面定位，装夹工件，插齿轮 1（m=4 mm，z=17）	Y5120A 专用心轴
14	插齿	掉头，以 $\phi20_{0}^{+0.027}$ mm 内孔及端面定位，装夹工件插齿轮 2（m=5 mm，z=19）	Y5120A 专用心轴
15	钳	修锉毛刺	
16	热处理	齿部高频感应加热淬火 45 ~ 52 HRC	
17	检验	按图样检查工件各部尺寸及精度	
18	入库	入库	

四、巩固自测

1. 填空题

（1）齿轮常用的材料有钢、___________、非金属材料等，其中_________最为常用，只有当齿轮的尺寸较大（d_a>400 ~ 600 mm）或结构复杂不容易锻造时，才采用铸钢。

（2）对于小尺寸、___________的齿轮，可以采用精密铸造、__________、精密锻造、粉末冶金、热轧和冷挤等新工艺制造出具有轮齿的齿坯，以提高劳动生产率，节约原材料。

（3）根据铸型的方法不同，铸造可方法分为___________和特种铸造两大类。砂

学习笔记

型铸造是目前最常用、最基本的铸造方法，其主要工序有制造模样和____________、备制型砂和芯砂、造型、造芯、合箱、浇注、落砂清理和检验等。

（4）定位基准的精度对齿形加工精度有____________的影响。轴类齿轮的齿形加工一般选择____________定位，某些大模数的轴类齿轮多选择齿轮轴颈和一个端面进行定位。

（5）齿形加工之前的齿轮加工称为__________加工，齿坯的内孔（或轴颈）、端面或外圆经常是齿轮加工、____________和装配的基准。

（6）由于成形法存在____________误差及刀具的安装误差，所以加工精度较低，一般只能加工出____________级精度的齿轮。

（7）滚齿是齿形加工中生产率较高、应用最广的一种加工方法。滚齿时，蜗杆形的齿轮滚刀在滚齿机上与被切齿轮做____________啮合，滚刀的旋转形成连续的切削运动，切削加工出外啮合的直齿、斜齿圆柱齿轮等。

（8）机械加工误差是指零件加工后的实际几何参数（几何尺寸、__________和相互位置）与__________几何参数之间偏差的程度。

（9）加工原理误差是指采用了近似的刀刃轮廓或近似的__________进行加工而产生的误差。

（10）工艺系统在切削力、__________、重力和惯性力等作用下会产生变形，从而破坏了已调整好的工艺系统各组成部分的____________关系，导致加工误差的产生，并影响加工过程的稳定性。

（11）工艺系统的几何误差主要是指机床、____________和____________本身在制造时所产生的误差，以及使用中产生的磨损和调整误差。

（12）一般刀具（如普通车刀、单刃镗刀、平面铣刀等）的______误差，对加工精度没有直接的影响。但当刀具与工件的相对位置调整好以后，在加工过程中，刀具的________将会影响加工误差。

（13）齿轮热处理工艺一般有调质正火、____________（或碳氮共渗）、氮化、感应淬火等四类。调质处理通常用于________和中碳合金钢齿轮。调质后材料的综合性能良好，容易切削和跑合。正火处理通常用于中碳钢齿轮，正火处理可以消除__________，细化晶粒，改善材料的力学性能和切削性能。

2. 问答题

（1）大批量生产中，无论是花键孔还是圆柱孔，为什么均采用高生产率的机床（如拉床、多轴自动或多刀半自动车床等）？

（2）工艺系统受力变形对加工精度有何影响？

（3）工艺系统热变形对加工误差的影响是什么？减少工艺系统热变形的主要途径是什么？

（4）齿轮加工有哪些常用的方法？

（5）盘套类齿轮的齿形加工常采用什么定位基准？

（6）常用的齿形加工方案有哪些？
（7）提高机床主轴回转精度有哪些途径？
（8）什么是工艺系统？工艺系统误差来源包括哪些？
（9）什么是复映误差？什么是误差复映系数？通常采用什么措施减少复映误差？
（10）简述大批量生产时常用的齿坯加工方案。
（11）齿轮加工常用的热处理有哪些？各有什么作用？
（12）如何选用齿轮加工机床？

学习笔记

学习笔记

任务四　箱体类零件加工工艺编制

课程思政案例 4-1

任务目标

通过本任务的学习，学生掌握以下职业能力：

☐ 正确分析箱体零件的结构特点及技术要求；

☐ 根据箱体类零件结构及技术要求，合理选择零件材料、毛坯及热处理方式；

☐ 合理选择箱体类零件加工方法及刀具，科学安排加工顺序；

☐ 分析设计箱体类零件装夹夹具；

☐ 合理确定箱体类零件加工余量及工序尺寸；

☐ 正确、清晰、规范地填写箱体加工工艺文件。

课程思政案例 4-2

任务描述

● 箱体零件简介

箱体是各类机器的基础零件，它将机器和部件中的轴、套、齿轮等有关零件连接成一个整体，并使之保持正确的位置，以传递转矩或改变转速来完成规定的运动。因此，箱体的加工质量将直接影响机器或部件的精度、性能和寿命。

箱体的种类很多，按功用可分为主轴箱、变速箱、操纵箱、进给箱等；按结构形式不同可分为整体式箱体和分离式箱体，如图 4-1 所示。整体式箱体是整体铸造、整体加工，加工较困难，但装配精度高；分离式箱体可分别制造，便于加工和装配，但增加了装配工作量。

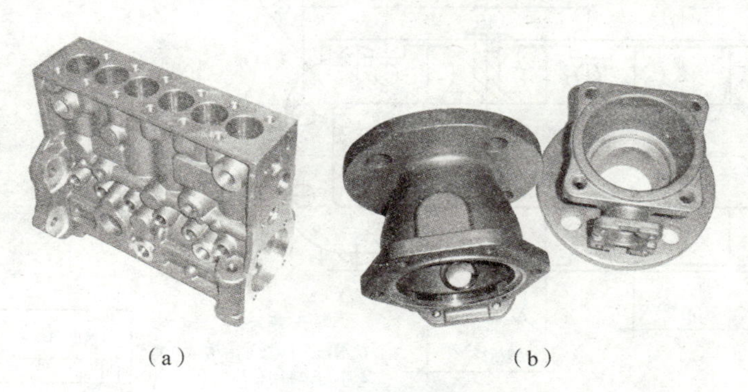

（a）　　　　（b）

图 4-1　箱体零件分类

（a）整体式箱体；（b）分离式箱体

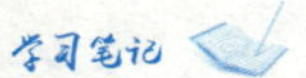

● **任务内容**

某厂设计制造各型号减速器，拥有多种加工设备，具体见表 2-1。图 2-1 所示为某型号减速器的装配图，年产量为 150 台。图 4-2 和图 4-3 所示为该减速器箱体，备品率为 4%，废品率约为 1%。请分析该箱体，确定生产类型，选择毛坯类型及合理的制造方法，选取定位基准和加工装备，拟定工艺路线，设计加工工序，并填写工艺文件。

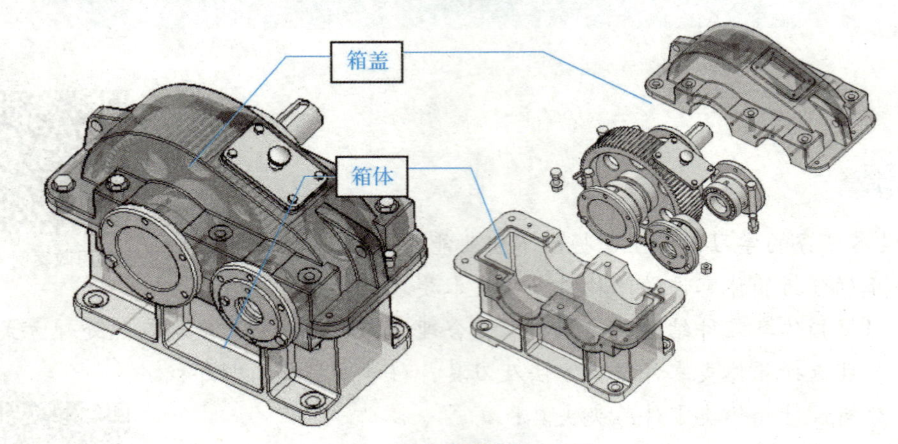

图 4-2　减速器箱体示意图

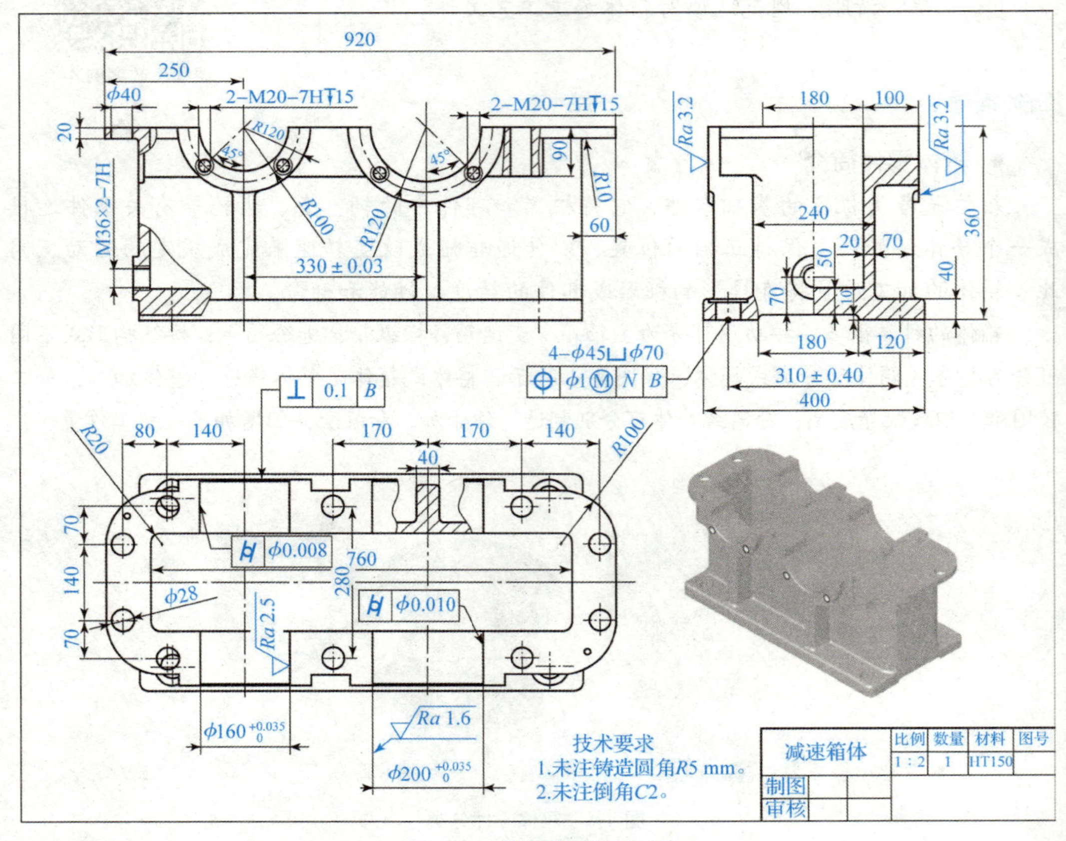

图 4-3　减速器箱体零件图

● 实施条件

（1）减速器装配图、箱体零件图、多媒体课件及必要的参考资料，以供学生自主学习时获取必要的信息，教师在引导、指导学生实施任务时提供必要的答疑。

（2）工作单及工序卡，供学生获取知识和任务实施时使用。

学习笔记

步骤一　生产类型确定与结构技术要求分析

一、箱体零件的典型结构

箱体的结构形式虽然多种多样，但仍有其共同的特点：形状复杂、壁薄且不均匀，内部呈腔形，加工部位多，加工难度大，既有精度要求较高的孔系和平面，也有许多精度要求较低的紧固孔，如图 4-4 所示。

箱体零件的加工工作量较大，一般中型机床制造厂用于箱体类零件的机械加工，劳动量占整个产品加工量的 15%～20%。

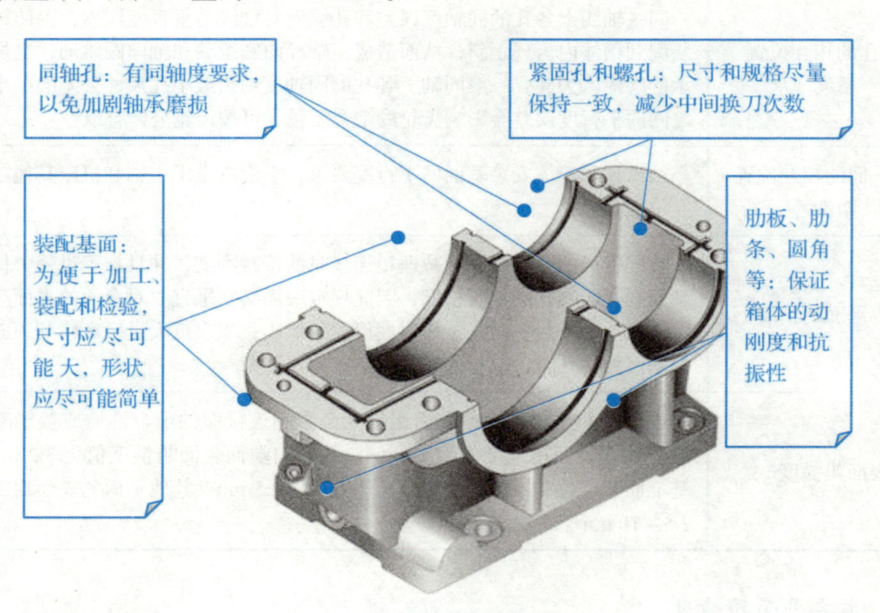

图 4-4　箱体零件结构

二、箱体零件技术要求

箱体零件技术要求一般包括孔径精度、孔与孔的位置精度、孔与平面的位置精度、

学习笔记

主要平面的精度、表面粗糙度等，如表 4–1 所示。

箱壁上的支承孔、装配基准面及其他与基准面有位置要求的平面是箱体类零件的主要表面，它们的精度决定了整个机器或部件的精度，因而箱体零件图上一般都对它们的尺寸精度、表面粗糙度以及形状位置精度提出了较高的要求。

1. 主要支承孔的精度

主要支承孔的尺寸公差一般为 IT6 ~ IT8 级，表面粗糙度为 Ra1.6 ~ 0.4μm，圆度和圆柱度等形状精度不超过孔径公差的一半，或控制在 0.005 ~ 0.001 mm 以内，目的是保证支承孔与轴承外圈的配合质量，使轴能正常旋转；同轴孔均规定同轴度公差，一般不超过孔径公差的 1/2 ~ 1/3，以保证轴的装配和灵活旋转；有齿轮啮合关系的平行孔之间，既要规定孔距公差（0.025 ~ 0.06 mm），又要规定孔轴线之间的平行度公差（0.012 ~ 0.05 mm），以保证齿轮副的啮合质量；若有锥齿轮啮合或蜗杆蜗轮啮合的垂直孔，则还要规定孔轴线之间的垂直度公差，以保证运动副的啮合质量。

表 4–1　箱体零件技术要求

分类	一般技术要求
孔径精度	孔径的尺寸误差和形状误差会造成轴承与孔的配合不良，因此，箱体零件对孔的精度要求较高。主轴孔的尺寸公差为 IT6，其余孔为 IT6 ~ IT7。孔的形状精度一般控制在尺寸公差范围内即可
孔与孔的相互位置精度	同一轴线上各孔的同轴度误差和孔端面对轴线的垂直度误差，会使轴和轴承装配到箱体内出现歪斜，从而造成主轴径向圆跳动和轴向圆跳动，也加剧了轴承的磨损。为此，一般同轴上各孔的同轴度约为最小孔尺寸公差的一半。孔系之间的平行度误差会影响齿轮的啮合质量，可按齿轮公差查取
孔和平面的相互位置精度	轴承孔和箱体安装基面的平行度要求，它们决定了主轴和机床其他零件的相互位置关系
主要平面的精度	装配基面的平面度影响减速箱连接时的接触刚度，并且加工过程中作为定位基面则会影响孔的加工精度，因此规定底面必须平直。对合面的平面度要求是保证箱盖的密封，防止工作时润滑油的泄出；当大批大量生产将其顶面用作定位基面加工孔时，对它的平面度要求还要提高
表面粗糙度	主轴孔和主要平面的表面粗糙度会影响连接面的配合性质或接触刚度。一般主轴孔表面粗糙度值为 1.6 μm，孔的内端面表面粗糙度值为 3.2 μm，装配基准面和定位基准表面粗糙度值为 0.63 ~ 2.5 μm，其他平面的表面粗糙度值为 2.5 ~ 10 μm

2. 主要平面的精度

箱体上的主要平面指装配基准面和加工中的定位基准面，它们的精度将直接影响箱体的加工精度和装配后部件之间的位置精度及接触刚度。箱体上主要平面的平面度公差一般为 0.03 ~ 0.1 mm，表面粗糙度为 Ra3.2 ~ 0.8 μm，平面间或平面与基准孔中心线间的平行度或垂直度公差一般为（300：0.06）~（300：0.15）mm。

三、箱体零件结构工艺性

箱体零件的结构工艺性对保证加工质量、提高生产效率、降低生产成本有着重要意义。

1. 基本孔的结构工艺性

箱体上起主要作用的孔称为基本孔，按孔的形状，基本孔可分为通孔、阶梯孔、盲孔、交叉孔等几种类型。通孔工艺性最好，通孔中又以孔长 L 与孔径 D 之比 $L/D \leqslant 1\sim1.5$ 的短圆柱孔工艺性最好；$L/D>5$ 的孔，称为深孔。当深孔精度要求较高、表面粗糙度较小时，其工艺性较差，加工困难。

阶梯孔的工艺性与“孔径比”有关。孔径相差越小，工艺性越好；孔径相差越大，且其中最小的孔径又很小，工艺性越差。相贯通的交叉孔的工艺性较差。精镗或精铰盲孔时，需要手动进给，或采用特殊工具进给，因此盲孔的工艺性最差。

2. 同轴孔的结构工艺性

同一轴线上孔径大小向一个方向递减，可使镗孔时镗杆从一端伸入，逐个加工或同时加工同轴线的几个孔，以保证较高的同轴度和生产率。单件小批量生产时一般采用这种分布形式。

同一轴线上孔径大小从两边向中间递减，可使镗杆从两端伸入，这样不仅缩短了镗杆长度，提高了镗杆刚性，而且为两面同时加工创造了条件。大批量生产的箱体常采用这种分布形式。

同轴线上的孔径分布应尽量避免中间隔壁上的孔径大于外壁的孔径。

3. 装配基准面

为便于加工、装配与检验，箱体的装配基面尺寸应尽量大，形状应尽量简单。

4. 凸台

箱体外壁上的凸台应尽可能在一个平面上，以便在一次走刀中加工出来，无须调整刀具的位置，方便加工。

5. 紧固孔和螺纹孔

箱体上的紧固孔和螺纹孔尺寸规格应尽量一致，以减少刀具数量和换刀次数。

提示：

为保证箱体有足够的动刚度与抗振性，应酌情合理使用肋板、肋条，加大圆角半径，收小箱口，加厚主轴前轴承口的厚度。

做一做

（1）学习教材“箱体零件技术要求”，讨论分析哪些平面是箱体零件的主要加工平

面，它们有哪些技术要求。

（2）为什么同轴线上的孔径分布应尽量避免中间隔壁上的孔径大于外壁的孔径？

（3）完成任务单 4.1 的相应任务。根据本步骤所学知识及减速器箱体零件的年产量等信息，计算该减速器箱体的生产纲领，确定生产类型；查表 1-7 分析该类箱体的加工工艺特征；结合图 4-3 分析其结构与技术要求。

步骤二　材料、毛坯及热处理

一、箱体零件的材料、毛坯及热处理

1. 箱体零件的材料

箱体零件内腔复杂，应选用易于成形的材料和制造方法。铸铁容易成形、切削性能好、价格低廉，并且具有良好的耐磨性和减振性。因此，箱体零件常选用 HT200 ~ HT400 牌号的灰铸铁，其中 HT200 最为常用。

对于较精密的箱体零件，如坐标镗床主轴箱应选用耐磨铸铁。某些简易机床的箱体零件或小批量、单件生产的箱体零件，为了缩短毛坯制造周期和降低成本，可采用钢板焊接结构。某些大负荷的箱体零件有时也根据设计需要，采用铸钢件毛坯。在特定条件下，为了减轻质量，可采用铝镁合金或其他铝合金制作箱体毛坯，如航空发动机箱体等。

2. 箱体零件的毛坯

铸件毛坯的精度和加工余量是根据生产批量而定的。对于单件小批量生产，一般采用木模手工造型。这种毛坯的精度低，加工余量大，其平面余量一般为 7 ~ 12 mm，孔在半径上的余量为 8 ~ 14 mm。在大批大量生产时，通常采用金属模机器造型，此时毛坯的精度较高，加工余量可适当减低，则平面余量为 5 ~ 10 mm，孔（半径上）的余量为 7 ~ 12 mm。为了减少加工余量，对于单件小批生产直径大于 50 mm 的孔和成批生产大于 30 mm 的孔，一般都要在毛坯上铸出预制孔。另外，在毛坯铸造时，应防止砂眼和气孔的产生，并应使箱体零件的壁厚尽量均匀，以减少毛坯制造时产生的残余应力。

学习笔记

3. 箱体零件的热处理

热处理是箱体零件加工过程中的一个十分重要的工序，需要合理安排。由于箱体零件的结构复杂，壁厚也不均匀，因此，在铸造时会产生较大的残余应力。为了消除残余应力，减少加工后的变形和保证精度的稳定，在铸造之后必须安排人工时效处理。人工时效的工艺规范为：加热到 500 ~ 550℃，保温 4 ~ 6 h，冷却速度小于或等于 30℃ /h，出炉温度小于或等于 200℃。

普通精度的箱体零件，一般在铸造之后安排一次人工时效处理。对一些高精度或形状特别复杂的箱体零件，在粗加工之后还要安排一次人工时效处理，以消除粗加工所造成的残余应力。

有些精度要求不高的箱体零件毛坯，有时不安排时效处理，而是利用粗、精加工工序间的停放和运输时间，进行自然时效处理。

箱体零件人工时效的方法，除了加热保温法外，也可采用振动时效来达到消除残余应力的目的。

箱体毛坯制造方法如图 4–5 所示。

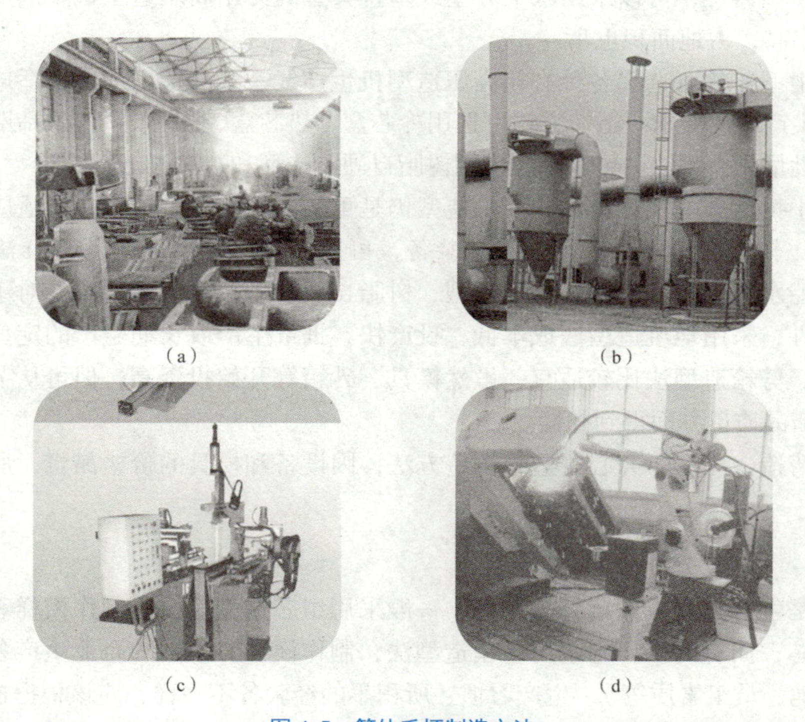

图 4–5 箱体毛坯制造方法

（a）箱体铸造车间；（b）箱体喷丸清沙；（c）箱体类焊接专机；（d）箱体机器人焊接工作站

二、铸造方法选择原则

1. 优先采用砂型铸造

据统计在全部铸件中，60% ~ 70% 的铸件是用砂型生产的，其中 70% 左右是用黏

学习笔记

土砂型生产的，主要原因是砂型铸造比其他铸造方法成本低、生产工艺简单、生产周期短。如汽车的发动机气缸体、气缸盖、曲轴等铸件都是采用黏土湿型砂工艺生产的。黏土湿型砂铸造的铸件质量可从几千克直到几十千克，黏土干型生产的铸件可重达几十吨。

对于中大型铸件，铸铁件可以用树脂自硬砂型、铸钢件可以用水玻璃砂型来生产，以获得尺寸精确、表面光洁的铸件，但成本较高。

砂型铸造生产的铸件精度、表面粗糙度、材质的密度和金相组织、机械性能等方面较差，所以当铸件的这些性能要求更高时，则应该采用其他铸造方法，例如熔模（失腊）铸造、压铸、低压铸造等。

2. 铸造方法应和生产批量相适应

对于砂型铸造，大量生产的工厂应创造条件采用技术先进的造型、造芯方法。老式的震击式或震压式造型机生产线生产率不高，工人劳动强度大，噪声大，不适应大量生产的要求，应逐步加以改造。

对于小型铸件，可以采用水平分型或垂直分型的无箱高压造型机生产线，实型造型生产效率高，占地面积也小。

对于中型铸件可选用各种有箱高压造型机生产线、气冲造型线，以适应快速、高精度造型生产线的要求。造芯方法可选用冷芯盒、热芯盒、壳芯等高效的制芯方法。

中等批量的大型铸件可以考虑应用树脂自硬砂造型和造芯。

单件小批生产的重型铸件，手工造型仍是重要的方法，手工造型能适应各种复杂的要求，比较灵活，不要求很多工艺装备，可以应用水玻璃砂型、VRH 法水玻璃砂型、有机酯水玻璃自硬砂型、黏土干型、树脂自硬砂型及水泥砂型等；对于单件生产的重型铸件，采用地坑造型法成本低、投产快。批量生产或长期生产的定型产品采用多箱造型、劈箱造型法比较适宜，虽然模具、砂箱等开始投资高，但可从节约造型工时、提高产品质量方面得到补偿。

低压铸造、压铸、离心铸造等铸造方法，因设备和模具的价格昂贵，所以只适合批量生产。

3. 造型方法应适应工厂条件

同样是生产大型机床床身等铸件，一般采用组芯造型法，不制作模样和砂箱，在地坑中组芯；而有的工厂则采用砂箱造型法，制作模样。不同的企业生产条件（包括设备、场地、员工素质等）、生产习惯、所积累的经验各不一样，应该根据这些条件考虑适合做什么产品和不适合（或不能）做什么产品。

4. 要兼顾铸件的精度要求和成本

各种铸造方法所获得的铸件精度不同，初投资和生产率也不一样，最终的经济效益也有差异。因此，要做到多快好省，应当兼顾到各个方面，对所选用的铸造方法进行初步的成本估算，以确定经济效益高又能保证铸件要求的铸造方法。

做一做

（1）阅读“箱体零件的材料、毛坯及热处理”，讨论分析箱体零件铸造后为什么必须进行时效处理。

（2）阅读“铸造方法选择原则”，请写出自己不理解的术语或名词，查阅相关资料后，并与同学交流探讨。

（3）完成任务单4.1的相应任务。根据本步骤所学知识及减速器箱体结构特点，分析确定该箱体的毛坯及其铸造方法，并查询相关资料，试说出HT150材料具有什么优缺点。

学习笔记

步骤三　工艺过程分析及基准选择

知识准备

一、箱体零件加工工艺特点

箱体零件的批量不同，其工艺有所不同，但不同批量箱体零件加工工艺过程既有其共性，也有其特性，具体见表4–2和表4–3。

表4–2　不同批量箱体加工工艺的共同性

共同性	具体工艺特点
加工顺序为先面后孔	箱体零件的加工顺序均为先加工面，以加工好的平面定位，再来加工孔。因为箱体孔的精度要求高、加工难度大，故先以孔为粗基准加工好平面，再以平面为精基准加工孔，这样既能为孔的加工提供稳定可靠的精基准，同时可以使孔的加工余量较为均匀。 由于箱体上的孔均布在箱体各平面上，故先加工好平面，钻孔时钻头不易引偏，扩孔或铰孔时刀具不易崩刃
加工阶段粗、精分开	箱体的结构复杂、壁厚不均匀、刚性不好，而加工精度要求又高，因此，箱体重要的加工表面都要划分粗、精加工两个阶段
工序间安排时效处理	箱体结构造成铸造残余应力较大。为消除残余应力、减少变形、保证精度，一般铸造后要安排人工时效处理：加热到500～550℃，保温4～6 h，冷却速度小于或等于30℃ /h，出炉温度低于200℃

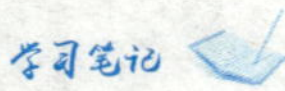

续表

共同性	具体工艺特点
工序间安排时效处理	一些高精度形状特别复杂的箱体，粗加工后还要安排一次人工时效处理，以消除粗加工造成的残余应力。对精度要求不高的箱体毛坯，有时不安排时效处理，而是利用粗、精加工工序间的停放和运输时间自然完成时效处理
一般都用箱体上重要孔作粗基准	箱体零件一般都要用它上面的重要孔作粗基准，以保证各加工表面有较高的位置要求及足够的加工余量

表 4–3　不同批量箱体加工工艺的比较

	精基准的选择	粗基准的选择	设备装备的选择
单件小批量	用装配基准即箱体底面作定位基准，这样底面既是装配基准又是设计基准，符合基准重合原则，装夹误差小	中小批量生产时，由于毛坯精度较低，故一般采用划线找正法	一般都在通用机床上进行；除个别必须用专用夹具才能保证质量的工序（如孔系加工）外，一般不用专用夹具
大批大量	采用底面及两个销孔（一面两孔）作定位基准。这种定位方式既符合基准重合原则，又符合基准统一原则，有利于保证各支承孔加工的位置精度，而且工件装卸方便，减少了辅助时间，提高了生产效率	毛坯精度较高，可直接以凸缘不加工面为粗基准在夹具上定位，采用专用夹具装夹，此类专用夹具可参阅机床夹具图册	广泛采用专用机床，如多轴龙门铣床、组合磨床等，各主要孔的加工采用多工位组合机床、专用镗床等，专用夹具用得也很多，可以大大提高生产率

想一想：不同批量的箱体，其设备装备选择有很大不同，请结合任务三所学的“批量法则”，谈谈您的理解。

二、粗基准的选择

粗基准选择时，应满足以下要求：

（1）在保证各加工面均有余量的前提下，应使重要孔的加工余量均匀，孔壁的厚薄尽量均匀，其余部位均有适当的壁厚；

（2）装入箱体内的回转零件（如齿轮、轴套等）应与箱壁有足够的间隙；

（3）注重保持箱体必要的外形尺寸。此外，还应保证定位稳定、夹紧可靠。

为了满足上述要求，通常选用箱体重要孔的毛坯孔作为粗基准。

若生产类型不同，则以主轴孔为粗基准的工件安装方式不同。在大批大量生产时，由于毛坯精度高，故可以直接用箱体上的重要孔在专用夹具上定位，工件安装迅速，生产率高。在单件、小批及中批生产时，一般毛坯精度较低，按上述办法选择粗基准，往往会造成箱体外形偏斜，甚至局部加工余量不够，因此通常采用划线找正的方法进行第一道工序的加工，即以主轴孔及其中心线为粗基准对毛坯进行划线和检查，必要时予以纠正，纠正后孔的余量应足够，但不一定均匀。

三、精基准的选择

为了保证箱体零件孔与孔、孔与平面、平面与平面之间的相互位置和距离尺寸精度，箱体类零件精基准常选择基准统一和基准重合两种原则。

（1）一面两孔（基准统一原则）：在多数工序中，箱体利用底面（或顶面）及其上的两孔作为定位基准，加工其他的平面和孔系，以避免由于基准转换而带来的累积误差。

如大批生产主轴箱工艺过程中，以顶面及其上两孔为定位基准，采用基准统一原则。

（2）三面定位（基准重合原则）：箱体上的装配基准一般为平面，而它们又往往是箱体上其他要素的设计基准，因此以这些装配基准平面作为定位基准，避免了基准不重合误差，有利于提高箱体各主要表面的相互位置精度。

如小批生产主轴箱过程中常采用基准重合原则。

由分析可知，这两种定位方式各有优缺点，应根据实际生产条件合理确定。在中、小批量生产时，应尽可能使定位基准与设计基准重合，以设计基准作为统一的定位基准。在大批量生产时，优先考虑的是如何稳定加工质量和提高生产率，由此而产生的基准不重合误差通过工艺措施解决，如提高工件定位面精度和夹具精度等。

另外，箱体中间孔壁上有精度要求较高的孔需要加工时，应在箱体内部相应的地方设置镗杆导向支承架，以提高镗杆刚度。因此可根据工艺上的需要，在箱体底面开一个矩形窗口，让中间导向支承架伸入箱体，产品装配时窗口上加密封垫片和盖板并用螺钉紧固，这种结构形式已被广泛认可和采纳。

想一想：某主轴箱如图 4-6 所示，其不同批量生产时的工艺如表 4-4 和表 4-5 所示，请研讨并分析它们之间的异同点及其原因。

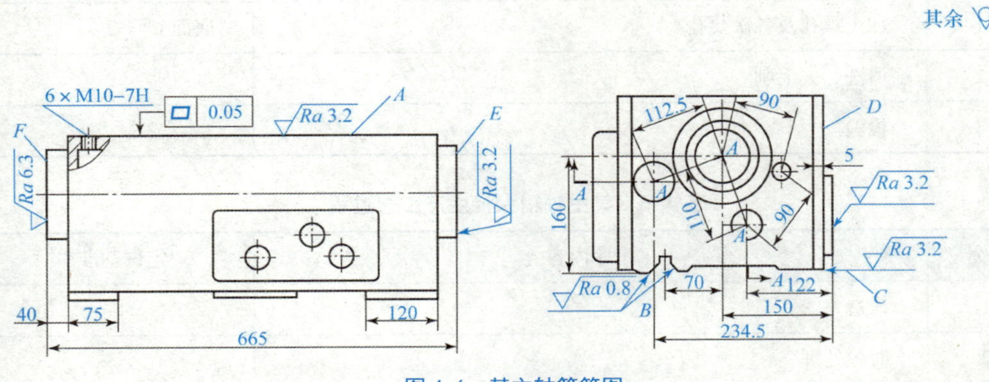

图 4-6　某主轴箱简图

学习笔记

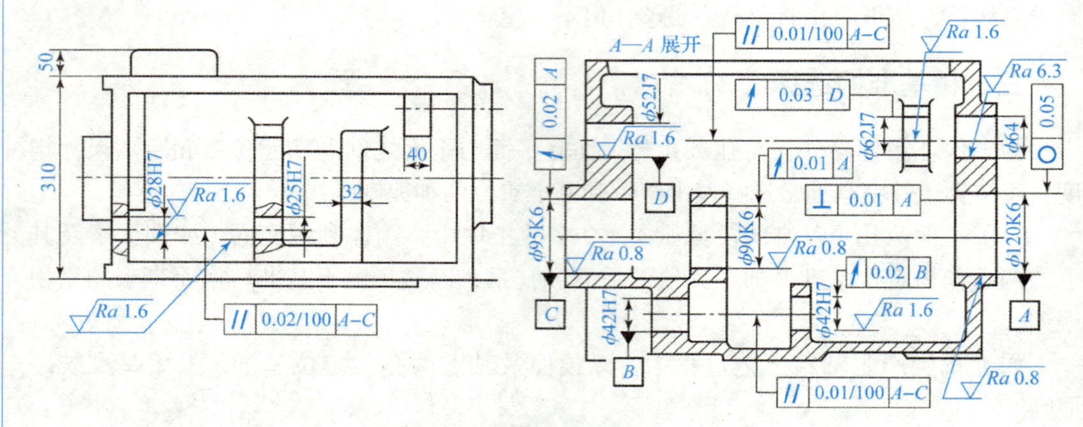

图 4-6　某主轴箱简图（续）

表 4-4　某主轴箱小批生产工艺过程

序号	工序内容	定位基准
1	铸造	
2	时效处理	
3	漆底漆	
4	划线：考虑主轴孔有加工余量，并尽量均匀，划面 *C*、*A* 及 *E*、*D* 的加工线	
5	粗、精加工顶面 *A*	按线找正
6	粗、精加工面 *B*、*C* 及侧面 *D*	顶面 *A* 并校正主轴线
7	粗、精加工两端面 *E*、*F*	面 *B*、*C*
8	粗、半精加工各纵向孔	面 *B*、*C*
9	精加工各纵向孔	面 *B*、*C*
10	粗、精加工横向孔	面 *B*、*C*
11	加工螺孔及各次要孔	底面 *C*
12	清洗、去毛刺	
13	检验	

表 4-5　某主轴箱大批生产工艺过程

序号	工序内容	定位基准
1	铸造	
2	时效处理	
3	漆底漆	

续表

序号	工序内容	定位基准
4	铣项面 A	两工艺孔
5	钻、扩、铰 2×ϕ8H7 工艺孔（将 6×M10 先钻至 ϕ7.8 mm，铰 2×8H7）	顶面 A 及外形
6	铣两端面 E、F 及前面 D	顶面 A 及两工艺孔
7	铣导轨面 B、C	顶面 A 及两工艺孔
8	磨顶面 A	导轨面 B、C
9	粗镗各纵向孔	顶面 A 及两工艺孔
10	精镗各纵向孔	顶面 A 及两工艺孔
11	精镗主轴孔 I	顶面 A 及两工艺孔
12	加工横向孔及各面上的次要孔	
13	磨导轨面 B、C 及前面 D	顶面 A 及两工艺孔
14	将 2×ϕ8H7 及 4×ϕ7.8 mm 均扩钻至 ϕ8.5 mm，攻 6×M10 螺纹	
15	清洗、去毛刺倒角	
16	检验	

学习笔记

做一做

（1）请与同学分享您对“箱体类零件的加工顺序均为先加工面，以加工好的平面定位”的理解。

______

______

（2）箱体零件粗基准选择应注意哪些问题？

______

______

（3）为了保证箱体零件孔与孔、孔与平面、平面与平面之间的相互位置和距离尺寸精度，箱体类零件精基准常采用哪两种原则？它们的含义是什么？

______

______

（4）完成任务单 4.1 的相应任务。根据减速器箱体结构与技术要求，分析确定该箱体的工艺过程；选择箱体加工的粗、精基准，并说出您选择基准的依据。

学习笔记

步骤四　加工方法及加工方案选择

知识准备

一、箱体零件平面常用的加工方法

箱体零件平面的加工方法有刨、铣、拉、磨等。采用何种加工方法，要根据零件的结构形状、尺寸大小、材料、技术要求、零件刚性、生产类型及企业现有设备等条件决定。

1. 刨削加工

在刨床上使用刨刀对工件进行切削加工，称为刨削加工，常用作平面的粗加工和半精加工。刨削加工生产率较低，一般用于单件或小批量生产中。

刨削加工主要用于加工水平面、垂直面和斜面等各种平面，以及T形槽、燕尾槽和V形槽等沟槽，如图 4-7 所示。

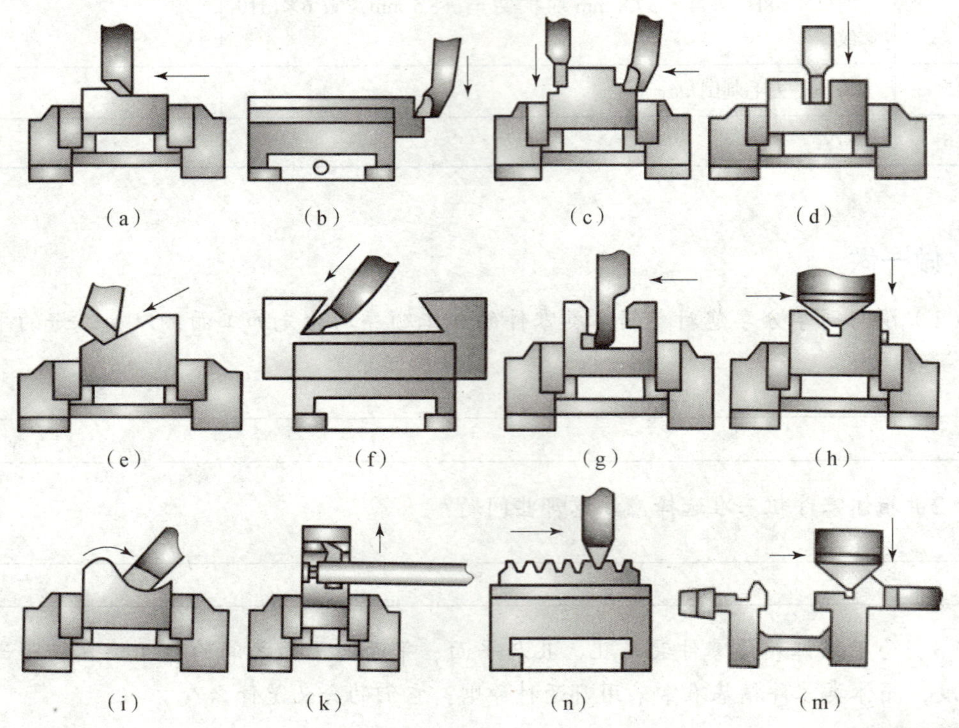

图 4-7　刨削的加工范围

(a) 刨平面；(b) 刨垂直面；(c) 刨台阶面；(d) 刨直角沟槽；(e) 刨斜面；(f) 刨燕尾槽；(g) 刨T形槽；(h) 刨V形槽；(i) 刨曲面；(k) 刨键槽；(n) 刨齿条；(m) 刨复合面

刨削加工范围
刨垂直沟槽

学习笔记

想一想：回顾任务一所学车床、铣床的加工范围，对比刨削加工适用范围，分析它们有什么不同。

1）刨削机床

刨削加工常见的机床有牛头刨床和龙门刨床。牛头刨床主要用于单件小批生产中刨削中小型工件上的平面、成形面和沟槽，如图 4–8 所示。龙门刨床主要用于刨削大型工件，也可在工作台上装夹多个零件同时进行加工，是工业的母机，如图 4–9 所示。

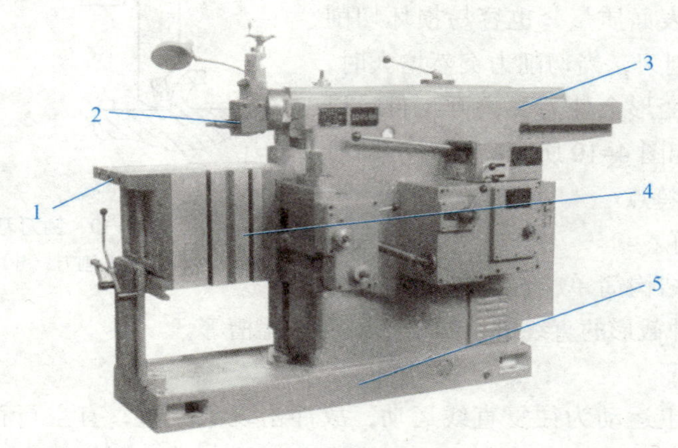

图 4–8　牛头刨床

1—工作台；2—刀架；3—滑枕；4—横梁；5—床身

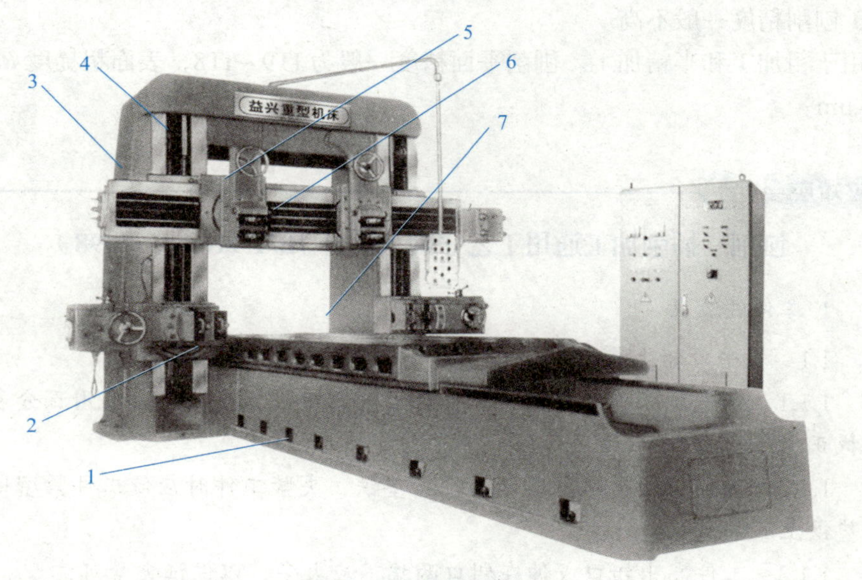

图 4–9　龙门刨床

1—床身；2—工作台；3—立柱；4—顶梁；5—垂直刀架；6—横梁；7—侧刀架

2）刨刀

刨刀的结构与车刀相似，其几何角度的选取原则也与车刀基本相同。但因刨削过

学习笔记

程中有冲击，所以刨刀的前角比车刀小 5°~6°；而且刨刀的刃倾角也应取较大的负值，以使刨刀切入工件时产生的冲击力作用在离刀尖稍远的切削刃上。刨刀的刀杆截面比较粗大，以增加刀杆刚性和防止折断。

刨刀刀杆有直杆和弯杆之分，直杆刨刀刨削时，如遇到加工余量不均或工件上的硬点，切削力的突然增大将增加刨刀的弯曲变形，造成切削刃扎入已加工表面，降低已加工表面的精度和表面质量，也容易损坏切削刃；若采用弯杆刨刀，当切削力突然增大时，刀杆产生的弯曲变形会使刀尖离开工件，以避免扎入工件。如图 4-10 所示。

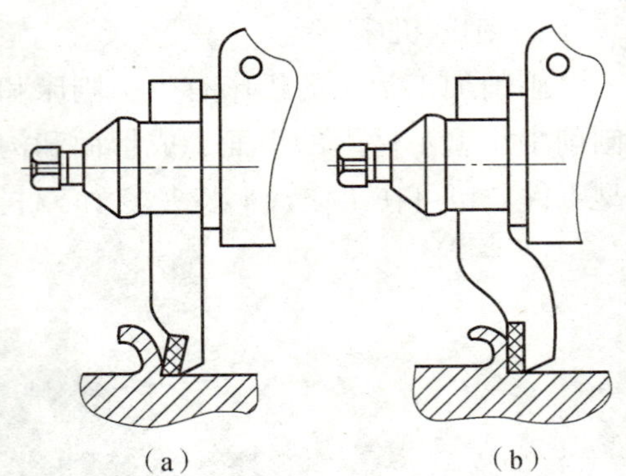

图 4-10　刨刀刀杆形状
(a) 直头刨刀;(b) 弯头刨刀

3）刨削工艺特点

（1）通用性好。

机床和刀具结构简单，可以加工多种零件上的平面和各种截形的直线槽，如 T 形槽和燕尾槽等。

（2）生产率低。

由于刨削的主运动为往复直线运动，故冲击现象严重，有空行程损失，导致刨削生产率难以提高。但刨削狭长平面，或在龙门刨上进行刨削、多刀刨削时生产率较高。

（3）刨削精度一般不高。

多用于粗加工和半精加工。刨削平面精度一般为 IT9~IT8，表面粗糙度 *Ra* 值可达 6.3~1.6 μm。

应知应会

刨削、插削加工通用工艺守则（摘自 JB/T 9168.4—1998）

1. 工件的装夹

1.1　在平口钳上装夹。

1.1.1　首先要保证平口钳在工作台上的正确位置，必要时应用百分表进行找正。

1.1.2　工件下面垫适当厚度的平行垫铁，夹紧工件时应使工件紧密地靠在垫铁上。

1.1.3　工件高出钳口或伸在钳口两端不应太多，以保证夹紧可靠。

1.2　多件划线毛坯同时加工时，必须按各件的加工线找正到同一平面上。

1.3　在龙门刨床上加工重而窄的工件需偏于一侧加工时，应尽量两件同时加工或加配重。

1.4　在刨床工作台上装夹较高的工件时应加辅助支承，以使装夹牢靠。

1.5　工件装夹以后，应先用点动开车，检查各部位是否碰撞，然后校准行程长度。

2. 刀具的装夹

2.1　装夹刨刀时，刀具伸出的长度应尽量短，并注意刀具与工件的凸出部分不要相碰。

2.2　插刀杆应与工作台面垂直。

2.3　装夹插槽刀和成形插刀时，其主切削刃中线应与圆工作台中心平面线重合。

2.4　装夹平头插刀时，其主切削刃应与横向进给方向平行，以保证槽底与侧面的垂直度。

3. 刨、插削加工

3.1　刨削薄板类工件时，根据余量情况多次翻面装夹加工，以减少工件的变形。

3.2　刨、插削有空刀槽的面时，应降低切削速度，并严格控制刀具行程。

3.3　在精刨时发现工件表面有波纹和不正常声音时，应停机检查。

3.4　在龙门刨床上应尽量采用多刀刨削。

学习笔记

2. 铣削加工

铣削生产率高于刨削，在中批以上生产中多用铣削加工平面，常用作平面的粗加工和半精加工。铣削与刨削工艺特点的比较见表 4–6。

铣床加工范围

表 4–6　铣削与刨削工艺特点的比较

铣削	刨削
生产率一般较高	生产率较低，但加工狭长平面时，生产率比铣削高
切削方式很多，刀具形式多种多样，加工范围较大	加工范围较小，适于加工平面和各种型槽
机床结构复杂，刀具的制造和刃磨复杂，费用较高	机床与刀具结构简单，制造成本较低
适用于一定批量生产	适用于单件小批量生产

想一想： 回顾任务一所学的铣床相关知识，说说铣床有什么特点。

学习笔记

3. 磨削加工

磨削加工是用磨料磨具（砂轮、砂带、油石和研磨料）作为刀具对工件进行切削加工的方法，如图 4–11 所示。磨削可加工外圆、内孔、平面、螺纹、齿轮、花键、导轨和成形面等，其加工精度可达 IT5 ~ IT6 级，表面粗糙度一般可达 *Ra*0.08 μm。磨削尤其适合于加工难以切削的超硬材料（如淬火钢）。磨削在机械制造业中的用途非常广泛。

1）模具

凡在加工中起磨削、研磨、抛光作用的工具，统称磨具。根据所用磨料的不同，磨具可分为普通磨具和超硬磨具两大类。

普通磨具是用普通磨料制成的磨具，如用刚玉类磨料、碳化硅类磨料和碳化硼磨料制成的磨具。普通磨具按照磨料的结合形式分为固结磨具、涂覆磨具和研磨膏。根据使用方式，固结磨具可制成砂轮、油石、砂瓦、磨头、抛磨块等；涂覆磨具可制成纱布、砂纸、砂带等；研磨膏可分成硬膏和软膏。

超硬磨具是用人造金刚石或立方氮化硼超硬磨料所制成的磨具，如金刚石砂轮、立方氮化硼砂轮等，适用于磨削如硬质合金、光学玻璃、陶瓷和宝石以及半导体等极硬的非金属材料。

2）砂轮

砂轮是由结合剂将磨料颗粒黏结而成的多孔体，是磨削加工中最常用的工具，如图 4–12 所示。掌握砂轮的特性，合理选择砂轮，是提高磨削质量和磨削效率、控制磨削加工成本的重要措施。

图 4–11　磨削加工

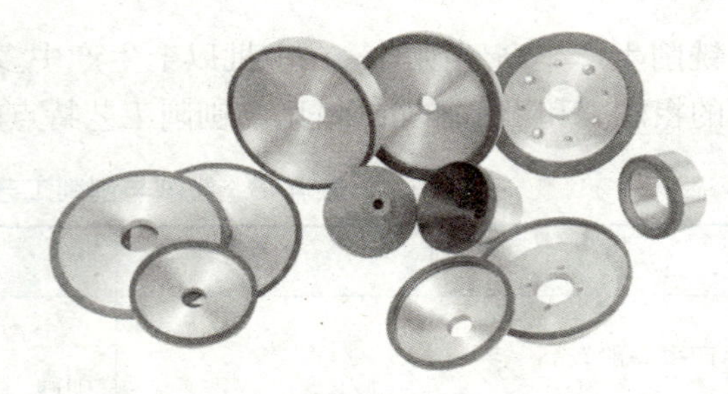

图 4–12　砂轮

砂轮的磨料、粒度、结合剂、硬度和组织等五要素决定了砂轮的特性。

（1）磨料。

磨料是砂轮中的硬质颗粒。常用的磨料主要是人造磨料，其性能及适用范围如表 4–7 所示。

（2）粒度。

粒度表示磨料颗粒的尺寸大小。磨料的粒度可分为磨粒和微粉两大类，基本颗粒尺寸大于 40 μm 的磨料，用机械筛选法来决定粒度号，其粒度号数就是该种颗粒正好

表 4-7　磨料性能及适用范围

<table>
<tr><th colspan="2">磨料名称</th><th>原代号</th><th>新代号</th><th>成份</th><th>颜色</th><th>力学性能</th><th>反应性</th><th>热稳定性</th><th>适用范围</th></tr>
<tr><td rowspan="2">刚玉类</td><td>棕刚玉</td><td>GZ</td><td>A</td><td>Al_2O_3 95%
TiO_2 2%～3%</td><td>棕褐色</td><td rowspan="4">硬度高↓ 强度高↑</td><td rowspan="2">稳定</td><td rowspan="2">2 100℃，熔融</td><td>碳钢、合金钢、铸铁</td></tr>
<tr><td>白刚玉</td><td>GB</td><td>WA</td><td>Al_2O_3>99%</td><td>白色</td><td>淬火钢、高速钢</td></tr>
<tr><td rowspan="2">碳化硅类</td><td>黑碳化硅</td><td>TH</td><td>C</td><td>SiC>95%</td><td>黑色</td><td rowspan="2">与铁有反应</td><td rowspan="2">>1 500℃，汽化</td><td>铸铁、黄铜、非金属材料</td></tr>
<tr><td>绿碳化硅</td><td>TL</td><td>GC</td><td>SiC>99%</td><td>绿色</td><td>硬质合金等</td></tr>
<tr><td rowspan="2">高硬度磨料类</td><td>立方碳化硼</td><td>JLD</td><td>CBN</td><td>BN</td><td>黑色</td><td rowspan="2">高硬度</td><td rowspan="2">高温时，与水、碱有反应</td><td><1 300℃，稳定</td><td>高强度钢、耐热合金等</td></tr>
<tr><td>人造金刚石</td><td>JR</td><td>D</td><td>碳结晶体</td><td>乳白色</td><td>>700℃石墨化</td><td>硬质合金、光学玻璃等</td></tr>
</table>

能通过筛子的网号。网号就是每英寸（25.4 mm）长度上筛孔的数目。因此粒度号数越大，颗粒尺寸越小；反之，颗粒尺寸越大。颗粒尺寸小于 40 μm 的磨料用显微镜分析法来测量，其粒度号数是基本颗粒最大尺寸的微米数，以其最大尺寸前加 W 来表示。

（3）结合剂。

结合剂的作用是将磨粒黏合在一起，使砂轮具有必要的形状和强度。结合剂的性能对砂轮的强度、耐冲击性、耐腐蚀性及耐热性有突出的影响，并对磨削表面质量有一定影响。

①陶瓷结合剂（V）：化学稳定性好、耐热、耐腐蚀、价廉，占 90%，但性脆，不宜制成薄片，不宜高速，线速度一般为 35 m/s。

②树脂结合剂（B）：强度高弹性好，耐冲击，适于高速磨或切槽切断等工作，但耐腐蚀耐热性差（300℃），自锐性好。

③橡胶结合剂（R）：强度高弹性好，耐冲击，适于抛光轮、导轮及薄片砂轮，但耐腐蚀耐热性差（200℃），自锐性好。

④金属结合剂（M）：青铜、镍等，强度、韧性高，成形性好，但自锐性差，适于金刚石和立方氮化硼砂轮。

（4）硬度。

砂轮的硬度是指磨粒在磨削力的作用下，从砂轮表面脱落的难易程度。砂轮硬即表示磨粒难以脱落，砂轮软即表示磨粒容易脱落。所以，砂轮的硬度主要由结合剂的黏结强度决定，而与磨粒本身的硬度无关。

黏结强度指砂轮工作时在磨削力作用下磨粒脱落的难易程度，取决于结合剂的结合能力及所占比例，与磨料硬度无关。

硬度高，磨料不易脱落；硬度低，自锐性好。

学习笔记

学习笔记

硬度通常可分为7大级（超软、软、中软、中、中硬、硬、超硬）、16小级。

选用砂轮时，应注意硬度选择适当。若砂轮选得太硬，会使磨钝的磨粒不能及时脱落，因而产生大量磨削热，造成工件烧伤；若选得太软，会使磨料脱落得太快而不能充分发挥其切削作用。

砂轮硬度选择原则：

①磨削硬材，选软砂轮；磨削软材，选硬砂轮。

②磨导热性差的材料，因不易散热，故选软砂轮，以免工件烧伤。

③砂轮与工件接触面积大时选较软的砂轮。

④成形磨精磨时选硬的砂轮，粗磨时选较软的砂轮。

（5）组织。

砂轮的组织是指磨粒在砂轮中占有体积的百分数（即磨粒率），它反映了磨粒、结合剂、气孔三者之间的比例关系。磨粒在砂轮总体积中所占的比例大、气孔小，即组织号小，则砂轮的组织紧密；反之，磨粒的比例小、气孔大，即组织号大，则组织疏松。

砂轮组织分紧密、中等、疏松三类13级。紧密组织成形性好，加工质量高，适于成形磨、精密磨和强力磨削；中等组织适于一般磨削工作，如淬火钢、刀具刃磨等；疏松组织不易堵塞砂轮，适于粗磨、磨软材及磨平面、内圆等；接触面积较大时，磨热敏性强的材料或薄件。

砂轮上未标出组织号时，即为中等组织。

磨削加工通用工艺守则（摘自 JB/T 9168.8—1998）

1. 工件的装夹

1.1　轴类工件装夹前应检查中心孔，不得有椭圆、棱圆、碰伤、毛刺等缺陷，并把中心孔擦净。经过热处理的工件，须修好中心孔，精磨的工件应研磨好中心孔，并加好润滑油。

1.2　在两顶尖间装夹轴类工件时，装夹前要调整尾座，使两顶尖轴线重合。

1.3　在内、外圆磨床上磨削易变形的薄壁工件时，夹紧力要适当，在精磨时应适当放松夹紧力。

1.4　在内、外圆磨床上磨削偏重工件，装夹时应加好配重，保证磨削时的平衡。

1.5　在外圆磨床上用尾座顶尖顶紧工件磨削时，其顶紧力应适当，磨削时还应根据工件的涨缩情况调整顶紧力。

1.6　在外圆磨床上磨削细长轴时，应使用中心架并调整好中心架与床头架、尾座的同轴度。

1.7 在平面磨床上用磁盘吸住磨削支承面较小或较高的工件时，应在适当位置增加挡铁，以防磨削时工件飞出或倾倒。

学习笔记

2. 砂轮的选用和安装

2.1 根据工件的材料、硬度、精度和表面粗糙度的要求，合理选用砂轮牌号。

2.2 安装砂轮时，不得使用两个尺寸不同或不平的法兰盘，并应在法兰盘与砂轮之间放入橡皮、牛皮等弹性垫。

2.3 装夹砂轮时，必须在修砂轮前后进行静平衡，并在砂轮装好后进行空运转试验。

2.4 修砂轮时应不间断地充分使用冷却液，以免金刚钻因骤冷、骤热而碎裂。

3. 磨削加工

3.1 磨削工件时，应先开动机床，根据室温的不同，空转的时间一般不少于 5 min，然后进行磨削加工。

3.2 在磨削过程中不得中途停车，要停车时必须先停止进给并退出砂轮。

3.3 砂轮使用一段时间后，如发现工件产生多棱形振痕，应拆下砂轮重新校平衡后再使用。

3.4 在磨削细长轴时，不应使用切入法磨削。

3.5 在平面磨床上磨削薄片工件时，应多次翻面磨削。

3.6 由干磨转湿磨或由湿磨转干磨时，砂轮应空转 2 min 左右，以便散热和除去水分。

3.7 在无心磨床上磨削工件时，应调整好砂轮与导轮夹角及支板的高度，试磨合格后方可磨削工件。

3.8 在立轴平面磨床上及导轨磨床上采用端面磨削精磨平面时，砂轮轴必须调整到与工作台垂直或与导轨移动方向垂直。

3.9 磨深孔时，磨杆刚性要好，砂轮转速要适当降低。

3.10 磨锥面时，要先调好工作台的转角；在磨削过程中要经常用锥度量规检查。

3.11 在精磨结束前，应无进给量地多次走刀至无火花为止。

4. 拉削加工

拉削加工是利用多齿的拉刀，逐齿依次从工件上切下很薄的金属层，使表面达到较高的精度和较小的粗糙度值，可在一次行程完成粗、精加工，具有生产率高、加工精度高、表面粗糙度较小的特点。加工时，若刀具所受的力不是拉力而是推力，则称

学习笔记

为推削，所用刀具称为推刀。拉削所用的机床称为拉床，推削一般在压力机上进行。图 4–13 所示为平面拉刀，拉削原理示意图如图 4–14 所示。

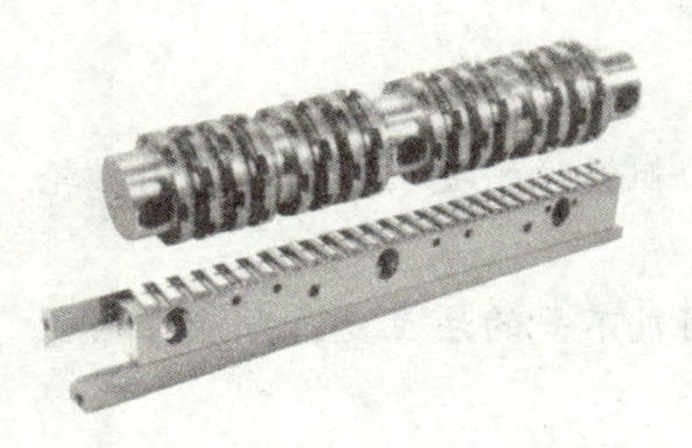

图 4–13　平面拉刀

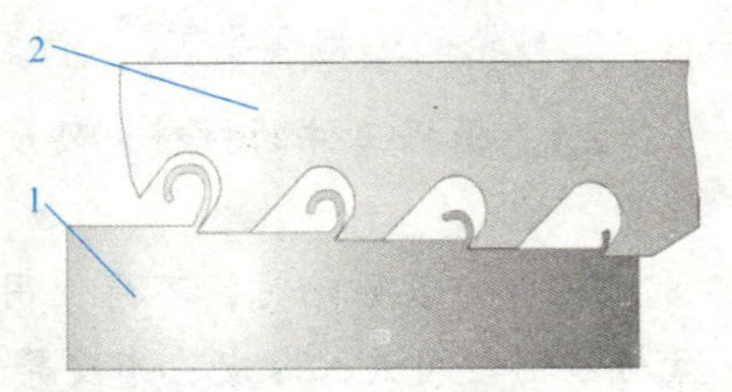

图 4–14　拉削原理示意图

1—工件；2—拉刀

二、平面常用的加工方案

平面的加工路线如图 4–15 所示。

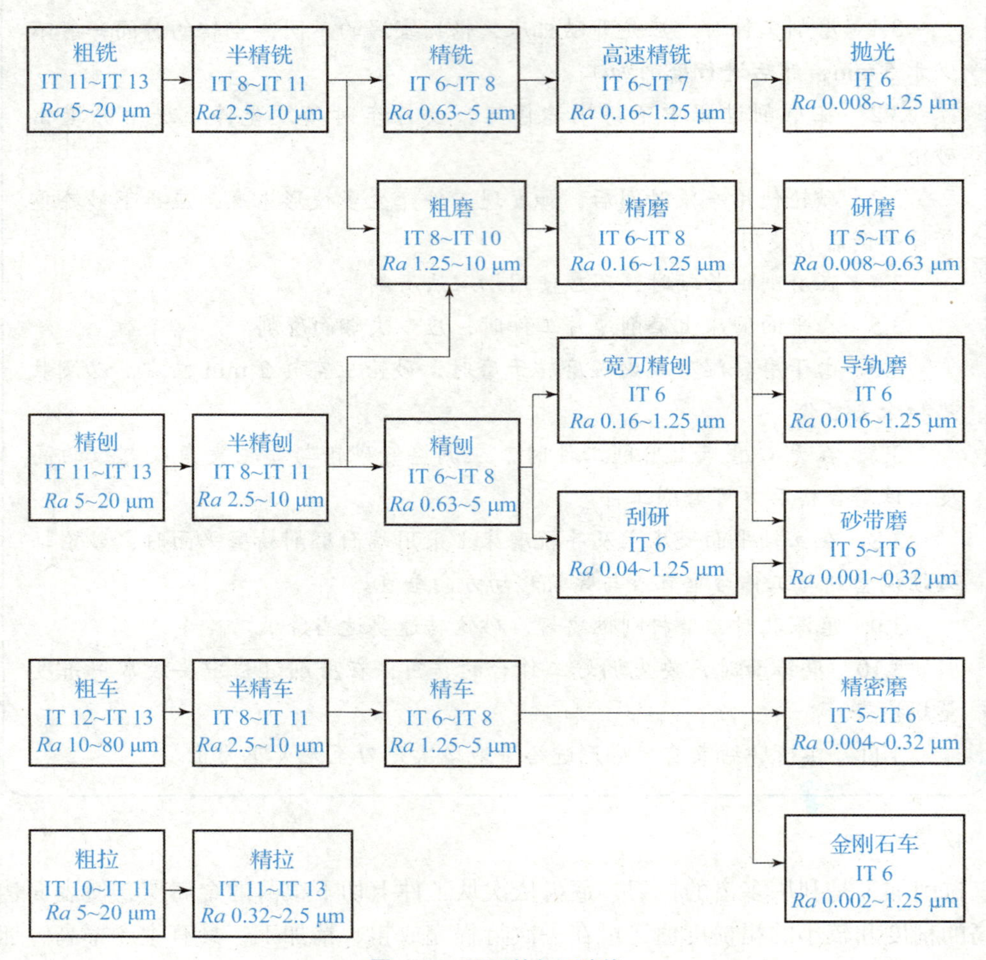

图 4–15　平面的加工路线

常见的平面加工方案见表 4–8。

学习笔记

表 4–8　常见的平面加工方案

序号	加工方案	经济精度等级	表面粗糙度 Ra/μm	适用范围
1	粗车	IT13 ~ IT11	50 ~ 12.5	端面
2	粗车—半精车	IT10 ~ IT8	6.3 ~ 3.2	
3	粗车—半精车—精车	IT8 ~ IT7	1.6 ~ 0.8	
4	粗车—半精车—磨削	IT8 ~ IT6	0.8 ~ 0.2	
5	粗刨（粗铣）	IT13 ~ IT11	25 ~ 6.3	一般不淬硬平面（端铣表面粗糙度值较小）
6	粗刨（粗铣）—精刨（精铣）	IT10 ~ IT8	6.3 ~ 1.6	
7	粗刨（粗铣）—精刨（精铣）—刮研	IT7 ~ IT6	0.8 ~ 0.1	精度要求较高的不淬硬平面，批量较大时宜采用宽刃精刨方案
8	粗刨（粗铣）—精刨（精铣）—宽刃精刨	IT7	0.2 ~ 0.8	
9	粗刨（粗铣）—精刨（精铣）—磨削	IT7	0.2 ~ 0.8	精度要求高的淬硬平面或不淬硬平面
10	粗刨（粗铣）—精刨（精铣）—粗磨—精磨	IT7 ~ IT6	0.025 ~ 0.4	
11	粗铣—拉	IT9 ~ IT7	0.2 ~ 0.8	大量生产、较小的平面（精度视拉刀精度而定）
12	粗铣—精铣—磨削—研磨	IT5 以上	0.006 ~ 0.1（或 Rz0.005）	高精度平面

三、内圆表面（孔）常用的加工方法

内圆表面加工方法一般需根据被加工工件的外形、孔的直径、公差等级、孔深（通孔或圆孔）等情况，综合选择合适的加工方法。内圆表面（孔）常见的加工方法有钻削、镗削、拉削和磨削等。

1. 钻削加工

用钻头在实体材料上加工孔的方法称为钻孔，用扩孔钻对已有孔进行扩大再加工的方法称为扩孔。它们统称为钻削加工，即在钻床上加工时，工件固定不动，刀具做旋转运动（主运动）的同时沿轴向移动（进给运动）。如图 4–16 ~ 图 4–18 所示。

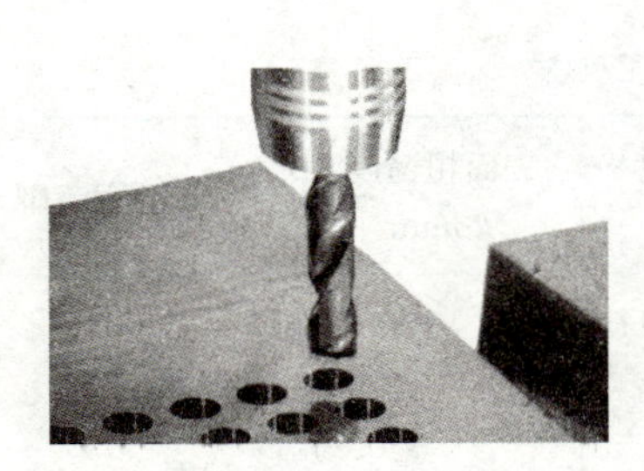

图 4-16　钻削加工

图 4-17　钻头

钻削加工精度低，尺寸精度为 IT3 ~ IT12，表面粗糙度为 *Ra*12.5 ~ 6.3 μm。

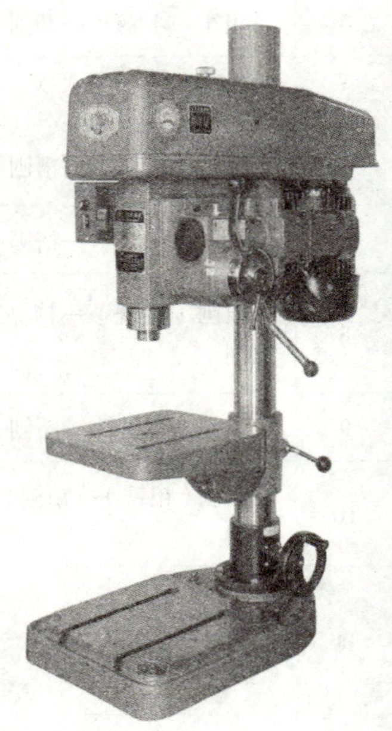

图 4-18　钻床

2. 镗削加工

镗削加工是用镗刀在已加工孔的工件上使孔径扩大并达到精度和表面粗糙度要求的加工方法，其加工范围广泛，实践中较为常用。根据工件的尺寸形状、技术要求及生产批量的不同，镗孔可以在镗床、车床、铣床、数控机床和组合机床上进行。一般回旋体零件上的孔，多用车床加工；而箱体类零件上的孔或孔系（即要求相互平行或垂直的若干孔），则可以在镗床上加工。

一般镗孔的精度可达 IT8 ~ IT7，表面粗糙度 *Ra* 值可达 1.6 ~ 0.8 μm；精细镗时，精度可达 IT7 ~ IT6，表面粗糙度 *Ra* 值为 0.8 ~ 0.1 μm。

1）镗刀

镗刀有多种类型，按其切削刃数量可分为单刃镗刀、双刃镗刀和多刃镗刀；按其加工表面可分为通孔镗刀、盲孔镗刀、阶梯孔镗刀和端面镗刀；按其结构可分为整体式、装配式和可调式。图 4–19 所示为单刃镗刀和多刃镗刀的结构。

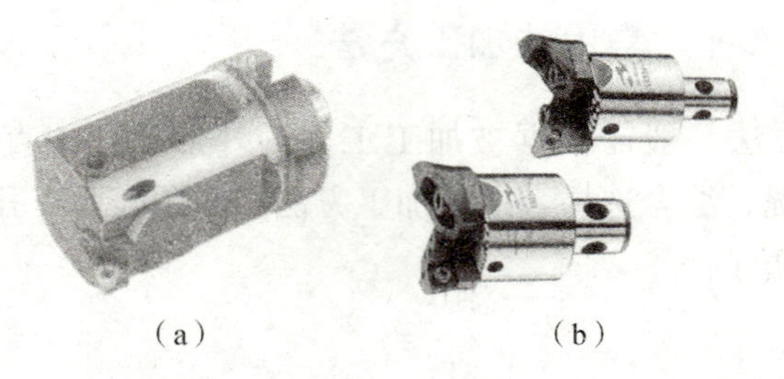

（a）　（b）

图 4-19　镗刀

（a）单刃镗刀；（b）多刃镗刀

2）镗床

镗床主要用于加工尺寸较大且精度要求较高的孔，特别是分布在不同表面且孔距和位置精度要求很严格的孔系。镗床工作时，由刀具做旋转主运动，进给运动则根据机床类型和加工条件的不同，或者由刀具完成或者由工件完成。

学习笔记

镗床主要类型有卧式镗床（见图 4–20）、立式镗床（见图 4–21）、坐标镗床以及金刚镗床等。

图 4–20　卧式镗床

1—后立柱；2—前立柱；3—工作台

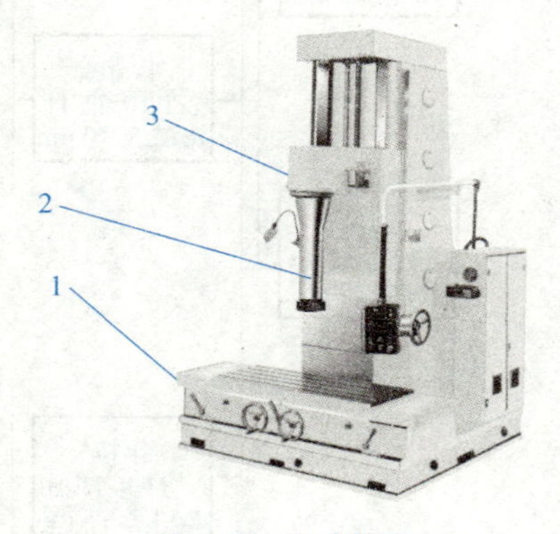

图 4–21　立式镗床

1—工作台；2—主轴；3—立柱

学点历史

由于制造武器的需要，15 世纪出现了水力驱动的炮筒镗床。1774 年英国人威尔金森发明了炮筒镗床，1776 年他又制造了一台较为精确的气缸镗床。1880 年前后，在德国开始生产带前后立柱和工作台的卧式镗床。为适应特大、特重工件的加工，20 世纪 30 年代发展了落地镗床。随着铣削工作量的增加，20 世纪 50 年代出现了落地镗铣床。20 世纪初，由于钟表仪器制造业的发展，需要加工孔距误差较小的设备，在瑞士出现了坐标镗床。为了提高镗床的定位精度，已广泛采用光学读数头、数字显示装置，应用数字控制系统实现坐标定位和加工过程自动化。

四、孔加工方案

孔加工路线如图 4–22 所示，表 4–9 所示为孔加工常用方案。

五、孔系加工方法

箱体上一系列有相互位置精度要求的孔的组合，称为孔系。按照孔的位置关系，孔系可分为平行孔系、同轴孔系和交叉孔系。

孔系加工是箱体加工的关键。根据箱体和孔系精度要求的不同，孔系加工所用的加工方法也不同。

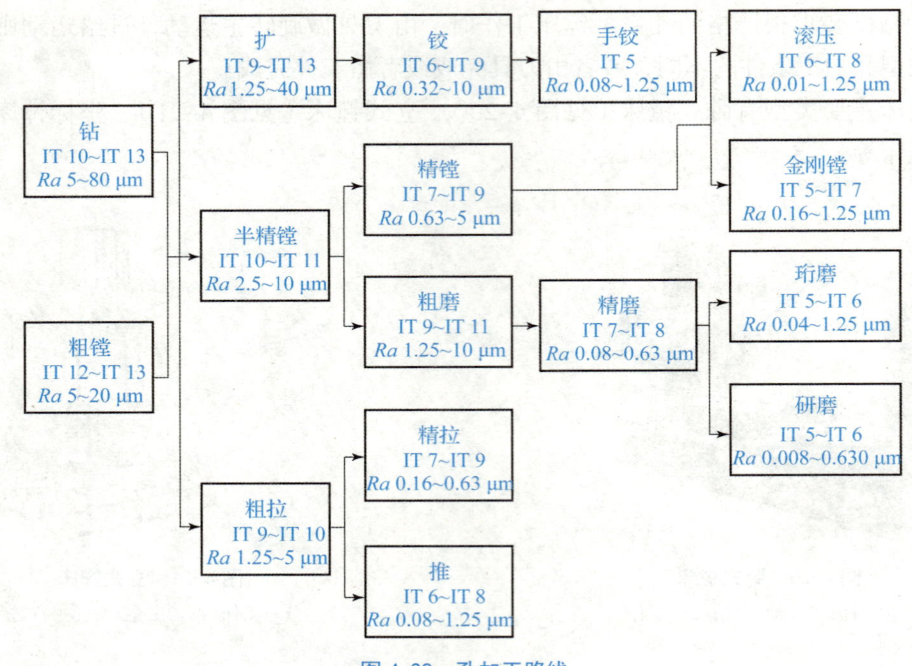

图 4-22　孔加工路线

表 4-9　孔加工常用方案

序号	加工方案	经济精度级	表面粗糙度 *Ra* 值 /μm	适用范围
1	钻	IT12 ~ IT11	12.5	可加工未淬火钢及铸铁实心毛坯，也可加工有色金属（但表面粗糙度稍粗糙，孔径小于 ϕ15 ~ ϕ20 mm）
2	钻—铰	IT9	3.2 ~ 1.6	
3	钻—铰—精铰	IT8 ~ IT7	1.6 ~ 0.8	
4	钻—扩	IT11 ~ IT10	12.5 ~ 6.3	可加工未淬火钢及铸铁实心毛坯，也可加工有色金属（但表面粗糙度稍粗糙，孔径大于 ϕ15 ~ ϕ20 mm）
5	钻—扩—铰	IT9 ~ IT8	3.2 ~ 1.6	
6	钻—扩—粗铰—精铰	IT7	1.6 ~ 0.8	
7	钻—扩—机铰—手铰	IT7 ~ IT6	0.4 ~ 0.1	
8	钻—扩—拉	IT9 ~ IT7	1.6 ~ 0.1	大批大量生产（精度由拉刀精度决定）
9	粗镗（或扩孔）	IT12 ~ IT11	12.5 ~ 6.3	除淬火钢外的各种材料，毛坯有铸出孔或锻出孔
10	粗镗（粗扩）—半精镗（精扩）	IT9 ~ IT8	3.2 ~ 1.6	
11	粗镗（扩）—半精镗（精扩）—精镗（铰）	IT8 ~ IT7	1.6 ~ 0.8	
12	粗镗（扩）—半精镗（精扩）—精镗—浮动镗刀精镗	IT7 ~ IT6	0.8 ~ 0.4	

续表

序号	加工方案	经济精度级	表面粗糙度 *Ra* 值 /μm	适用范围
13	粗镗（扩）—半精镗—磨孔	IT8 ~ IT7	0.8 ~ 0.2	主要用于淬火钢，也可用于未淬火钢，但不宜用于有色金属
14	粗镗（扩）—半精镗—粗磨—精磨	IT7 ~ IT6	0.2 ~ 0.1	
15	粗镗—半精镗—精镗—金刚镗	IT7 ~ IT6	0.4 ~ 0.05	主要用于精度要求高的有色金属加工
16	钻—（扩）—粗铰—精铰—珩磨； 钻—（扩）—拉—珩磨； 粗镗—半精镗—精镗—珩磨	IT7 ~ IT6	0.2 ~ 0.025	精度要求很高的孔
17	以研磨代替上述方案中珩磨	IT6 级以上		

1. 平行孔系加工

各孔的轴心线之间以及轴心线与基面之间的尺寸精度和位置精度是平行孔系的主要技术要求。

1）找正法

根据图样要求在毛坯或半成品上划出界线作为加工依据，并按线加工的方法称为划线找正法。划线找正法的误差较大，加工精度低，一般在 ±0.3 ~ ±0.5 mm。在工程实践中，常用的找正方法有心轴和块规找正法、样板找正法及划线找正法与试切法相结合的方法等。

心轴和块规找正法是将精密心轴插入镗床主轴孔内（或直接利用镗床主轴），然后根据孔和定位基面的距离用块规、塞尺校正主轴位置，加工第一排孔；加工第二排孔时，分别在第一排孔和主轴中插入心轴，然后采用同样的方法确定加工第二排孔时主轴的位置，如图 4–23 所示。这种方法孔距精度可以达到 ±0.03 ~ ±0.05 mm。

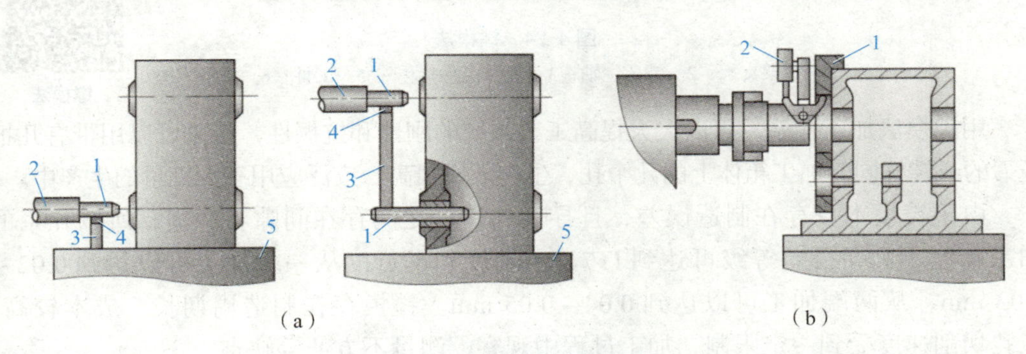

图 4–23　心轴和块规找正法

（a）用心轴和块规找正；

1—心轴；2—镗床主轴；3—块规；4—塞尺；5—工作台

（b）用样板找正

1—样板；2—千分表

学习笔记

样板找正法是按孔系的孔距尺寸平均值，在 10 ~ 20 mm 厚的钢板样板上加工出位置精度很高（±0.01 ~ ±0.03 mm）的相应孔系，其孔径比被加工孔径大，以便于镗杆通过。找正时将样板装在垂直于各孔的端面上（或固定在机床工作台上），在机床主轴上安装一个千分表，按样板找正主轴后，即可换上镗刀进行加工，其孔距精度可以达到 ±0.05 mm，单件小批量生产加工较大箱体时，常采用这种方法。

为提高加工精度，划线找正法可以与试切法结合，即先镗出一个孔（达到图样要求），然后将机床主轴调整到第二个孔的中心，镗出一段比图样要求直径尺寸小的孔，测量两孔的实际中心距，根据与图样要求中心距的差值调整主轴位置，再试切、调整。经过几次试切达到图样要求的孔距后，可镗到规定尺寸。这种方法孔距精度可以达到 ±0.08 ~ ±0.25 mm，孔距尺寸精度仍然很低，且操作麻烦，生产效率低，故只适合于单件小批量生产。

2）镗模法

镗模法是用镗模板上的孔系来保证工件上孔系位置精度的一种方法，如图 4-24 所示。工件装在带有镗模板的夹具内，并通过定位与夹紧装置使工件上待加工孔与镗模板上的孔同轴。镗杆支承在镗模板的支架导向套里，镗刀便通过模板上的孔将工件上相应的孔加工出来。当用两个或两个以上的支架来引导镗杆时，镗杆与机床主轴浮动连接。此时，机床的精度对加工精度影响很小，因而可以在精度较低的机床上加工出精度较高的孔系。其孔距精度主要取决于镗模，一般可以达到 ±0.05 mm。

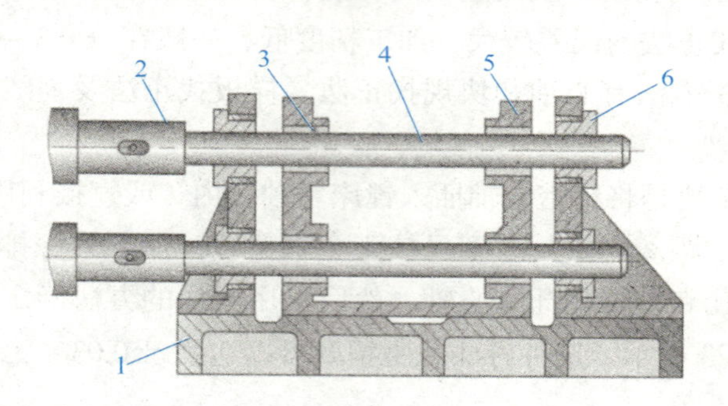

图 4-24　镗模法

1—镗架支承；2—镗床主轴；3—镗刀；4—镗杆；5—工件；6—导套

镗模法

用镗模法加工孔系，可以大大提高工艺系统的刚性和抗振性，所以可以用带有几把镗刀的长镗杆同时加工箱体上的几个孔，生产效率很高，广泛应用于大批量的生产中。

由于镗模本身存在制造误差，且导套与镗杆之间存在间隙与磨损，所以孔系的加工精度不高，公差等级可达到 IT7，同轴度和平行度从一端加工可以达到 0.02 ~ 0.03 mm，从两端加工可以达到 0.04 ~ 0.05 mm。镗模存在制造周期长，成本较高，镗孔切削速度受到一定限制，加工过程中观察、测量不方便等缺点。

3）坐标法

坐标法镗孔是在普通卧式镗床、坐标镗床或数控铣床等设备上，借助于测量装置，调整机床主轴与工件之间的相对位置，来保证孔距精度的一种镗孔方法。坐标法镗孔的孔距精度主要取决于坐标的移动精度。

学习笔记

2. 同轴孔系加工

在成批生产过程中，箱体同轴孔系的同轴度由镗模来保证。而在单件小批量生产过程中，其同轴度主要采用以下几种方法来保证。

1）利用已加工孔作为支承导向

如图 4–25 所示，当箱体前壁上的孔径加工好后，在孔内装一导向套，通过导向套支承镗杆加工后壁上的孔。这种方法对于加工箱壁距离较近的同轴孔比较合适，但需要配置一些专用的导向套。

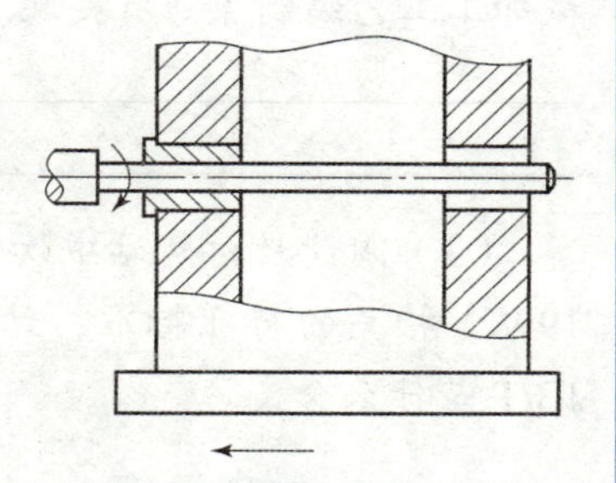

图 4–25　利用已加工孔导向

利用已加工孔导向

2）利用镗床后立柱上的导向支承镗孔

这种方法其镗杆是两端支承，刚性好；但是调整比较麻烦，镗杆较长且笨重，只适用于大型箱体的加工。

3）采用掉头镗

当箱体箱壁相距较远时，可采用掉头镗，即工件在一次装夹下，镗好一端的孔后，将镗床工作台回转 180°，镗另一端的孔。由于普通镗床工作台回转精度较低，所以此法加工精度不高。

3. 交叉孔系加工

箱体上交叉孔系的加工主要是控制有关孔的垂直度误差。在多面加工的组合机床上加工交叉孔系，其垂直度主要由机床和模板保证；在普通镗床上，其垂直度主要靠机床的挡板保证，但其定位精度较低。为了提高其定位精度，可以用心轴和百分表找正，如图 4–23（a）所示，即在加工好的孔中插入心轴，然后将工作台旋转 90°，移动工作台，用百分表找正。

提示：

箱体零件的加工表面多、孔系的精度高、加工量大，故在生产中常使用高效、自动化的加工方法。在大批、大量生产中，过去主要采用组合机床和自动加工线，现在数控加工技术，如加工中心、柔性制造系统等已逐步应用于各种不同的批量生产中；加工中心的自动换刀系统使得一次装夹可完成钻、扩、铰、镗、铣、攻螺纹等加工，减少了装夹次数，实行了工序集中的原则，提高了生产率。

做一做

（1）砂轮的磨料、粒度、结合剂、硬度和组织等五要素是如何决定砂轮特性的？

学习笔记

（2）试讨论分析刨削、插削、磨削、切削加工工艺守则规定的相关规则与哪些机械加工工艺编制原则有关联。

（3）阅读教材网站中切削加工工艺通用规则（JB/T 9168.1—1998 ~ JB/T 9168.13—1998）相关的行业标准，结合实际理解其中的各种规定，并说明 JB 和 GB 的区别及 JB/T 是什么含义。

（4）在单件小批量生产过程中，同轴孔系的同轴度主要采用哪些方法来保证？

（5）完成任务单 4.1 的相应任务。根据本步骤所学知识及减速器箱体结构与技术要求，分析确定该箱体的加工方法，制定加工方案。

步骤五　加工顺序的安排与刀具的选择

知识准备

箱体机械加工顺序的安排一般遵循以下原则。

一、先面后孔的原则

箱体加工顺序的一般规律是先加工平面，后加工孔。先加工平面可以为孔加工提供可靠的定位基准，再以平面为精基准定位加工孔。平面的面积大，以平面定位加工孔的夹具结构简单、可靠；反之，则夹具结构复杂，定位也不可靠。由于箱体上的孔分布在平面上，故先加工平面可以去除铸件毛坯表面的凹凸不平、夹砂等缺陷，同时对孔加工有利，譬如可减小钻头的歪斜、防止刀具崩刃，同时方便对刀的调整。

二、先主后次的原则

箱体上用于紧固的螺孔、小孔等可视为次要表面，这些次要孔往往需要依据主要表面（轴孔）定位，所以它们的加工应在轴孔加工后进行。对于次要孔与主要孔相交的孔系，必须先完成主要孔的精加工，再加工次要孔，否则会使主要孔的精加工产生断续切削和振动，影响主要孔的加工质量。

做一做

完成任务单4.1的相关任务。根据本步骤所学知识，合理安排减速器箱体的加工顺序，选取加工使用的刀具，确定刀具参数，并对比图4–26给出的参考加工方案，分析制定的加工方案有何不同。

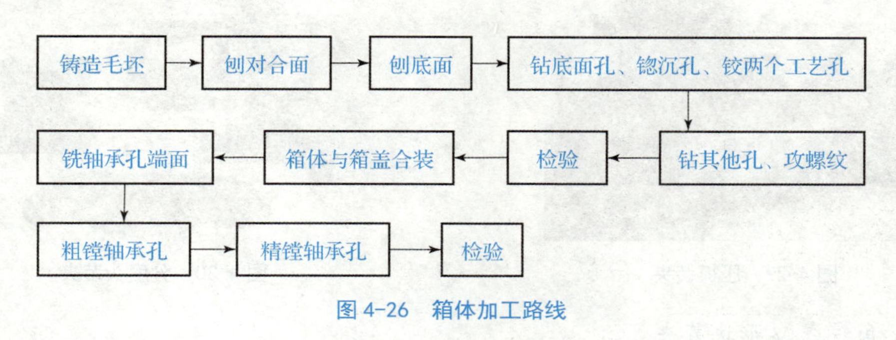

图4–26　箱体加工路线

步骤六　加工装备的选择及工件的装夹

知识准备

铣削加工常用装夹方式如下。

1. 平口虎钳装夹

形状简单的中、小型工件一般可用机床用平口虎钳装夹，如图4–27所示，使用时需保证平口虎钳在机床中的正确位置。

2. 压板装夹

形状复杂或尺寸较大的工件可用压板、螺栓直接装夹在工作台上，如图4–28和图4–29所示。这种方法需用百分表、划针等工具找正加工面和铣刀的相对位置。

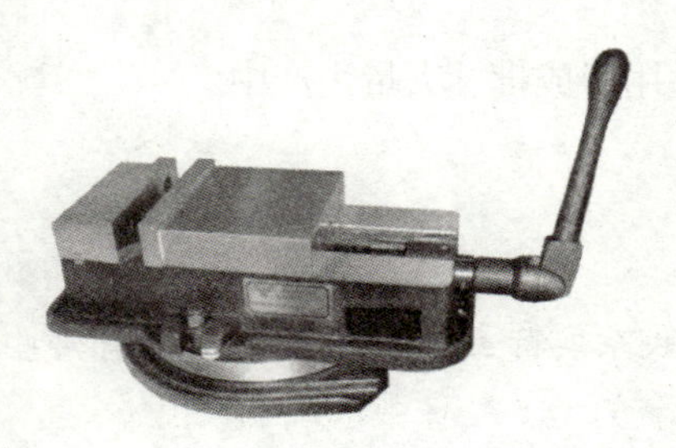

图4–27　平口虎钳

图4–28　压板附件

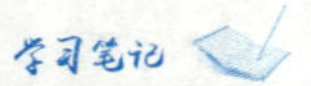

3. 分度头装夹

对于需要分度的工件，一般可直接装夹在分度头上，如图 4–30 所示。另外，无须分度的工件用分度头装夹加工也很方便。

图 4–29 压板装夹

图 4–30 分度头装夹

4. 角铁或 V 形块装夹

基准面宽而加工面窄的工件，铣削其平面时，可利用角铁来装夹，如图 4–31 所示；轴类零件一般采用 V 形块装夹，对中性好，可承受较大的切削力，如图 4–32 所示。

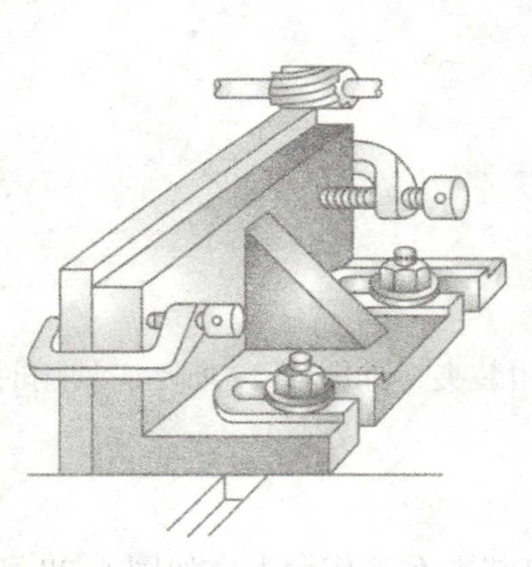

图 4–31 角铁装夹

V 形架装夹

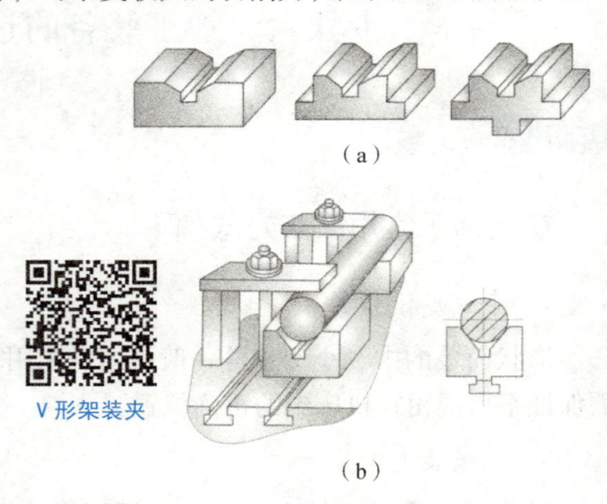

图 4–32 V 形块装夹
（a）V 形块；（b）V 形块装夹

5. 专用夹具装夹

专用夹具定位准确、夹紧方便、效率高，一般适用于成批、大量生产中。

做一做

（1）阅读“加工装备的选择及工件的装夹”，联系实际，试说出铣削加工有哪些常用的装夹方式。

（2）完成任务单 4.1 的相应任务。根据本步骤所学知识及减速器箱体加工方法，选择该箱体的加工设备及夹具，确定装夹方式。

步骤七　加工余量和工序尺寸的确定

箱体毛坯加工余量的确定。

毛坯的加工余量与生产批量、毛坯尺寸、结构、精度和铸造方法等因素有关。单件小批量生产时，一般采用木模手工造型，其毛坯精度低，加工余量大，平面加工余量一般取 7 ~ 12 mm，孔在半径上的余量取 8 ~ 14 mm；批量生产时，箱体毛坯一般采用金属模机器造型，毛坯精度较高，加工余量小，其平面余量取 5 ~ 10 mm，孔在半径上的余量取 7 ~ 12 mm。

基孔制的部分孔加工余量如表 4–10 所示，部分平面的加工余量如表 4–11 所示。

表 4–10　基孔制 7、8、9 级孔的加工余量　mm

加工孔直径	直径						加工孔直径	直径					
	钻		用车刀镗后	扩孔钻	粗铰	精铰		钻		用车刀镗后	扩孔钻	粗铰	精铰
	第一次	第二次						第一次	第二次				
3	2.9	—	—	—	—	3	30	15.0	28.0	29.8	29.8	29.93	30
4	3.9	—	—	—	—	4	32	15.0	30.0	31.7	31.75	31.93	32
5	4.8	—	—	—	—	5	35	20.0	33.0	34.7	34.75	34.93	35
6	5.8	—	—	—	—	6	38	20.0	36.0	37.7	37.75	37.93	38
8	7.8	—	—	—	7.96	8	40	25.0	38.0	39.7	39.75	39.93	40
10	9.8	—	—	—	9.96	10	42	25.0	40.0	41.7	41.75	41.93	42
12	11.0	—	—	11.85	11.95	12	45	25.0	43.0	44.7	44.75	44.93	45
13	12.0	—	—	12.85	12.95	13	48	25.0	46.0	47.7	47.75	47.93	48
14	13.0	—	—	13.85	13.95	14	50	25.0	48.0	49.7	49.75	49.93	50

续表

加工孔直径	直径						加工孔直径	直径					
	钻		用车刀镗后	扩孔钻	粗铰	精铰		钻		用车刀镗后	扩孔钻	粗铰	精铰
	第一次	第二次						第一次	第二次				
15	14.0	—	—	14.85	14.95	15	60	30.0	55.0	59.5	—	59.9	60
16	15.0	—	—	15.85	15.95	16	70	30.0	65.0	69.5	—	69.9	70
18	17.0	—	—	17.85	17.94	18	80	30.0	75.0	79.5	—	79.9	80
20	18.0	—	19.8	19.8	19.94	20	90	30.0	80.0	89.3	—	89.8	90
22	20.0	—	21.8	21.8	21.94	22	100	30.0	80.0	99.3	—	99.8	100
24	22.0	—	23.8	23.8	23.94	24	120	30.0	80.0	119.3	—	119.8	120
25	23.0	—	24.8	24.8	24.94	25	140	30.0	80.0	139.3	—	139.8	140
26	24.0	—	25.8	25.8	25.94	26	160	30.0	80.0	159.3	—	159.3	160
28	26.4	—	27.8	27.8	27.94	28	180	30.0	80.0	179.3	—	179.8	180

提示：

（1）在铸件上加工直径为 ϕ15 mm 的孔时，不用扩孔钻扩孔。

（2）在铸铁上加工直径为 ϕ30 mm 与 ϕ32 mm 的孔时，仅用直径为 ϕ28 mm 与 ϕ30 mm 的钻头钻一次。

（3）如仅用一次铰孔，则铰孔的加工余量为表 4-10 中粗铰与精铰的加工余量总和。

表 4-11　平面加工余量　　mm

加工性质	加工面长度	加工面宽度					
		≤100		>100～300		>300～1 000	
		余量 a	公差	余量 a	公差	余量 a	公差
粗加工后精刨或精铣	≤300	1	0.3	1.5	0.5	2	0.7
	>300～1 000	1.5	0.5	2	0.7	2.5	1.0
	>1 000～2 000	2	0.7	2.5	1.2	3	1.2

续表

加工性质	加工面长度	加工面宽度					
		≤100		>100～300		>300～1 000	
		余量 *a*	公差	余量 *a*	公差	余量 *a*	公差
精加工后磨削，零件在装置时未经校准	≤300	0.3	0.1	0.4	0.12	—	—
	>300～1 000	0.4	0.12	0.5	0.15	0.6	0.15
	>1 000～2 000	0.5	0.15	0.6	0.15	0.7	0.15
精加工后磨削，零件装置在夹具中，或用百分表校准	≤300	0.2	0.1	0.25	0.12	—	—
	>300～1 000	0.25	0.12	0.3	0.15	0.4	0.15
	>1 000～2 000	0.3	0.15	0.4	0.15	0.4	0.15
刮削	≤300	0.15	0.06	0.15	0.06	0.2	0.1
	>300～1 000	0.2	0.1	0.2	0.1	0.25	0.12
	>1 000～2 000	0.25	0.12	0.25	0.12	0.3	0.15

提示：

（1）如几个零件同时加工，长度及宽度是指装置在一起的各零件长度或宽度及各零件之间间隙的总和。

（2）精刨或精铣时，最后一次行程前留的余量应大于等于0.5 mm。

（3）热处理的零件，磨削加工余量应按表 4-11 中数值乘以 1.2。

（4）磨削与刮削的加工余量及公差用于有公差的表面加工。

做一做

完成任务单 4.1 的相关任务。查阅机械设计手册，确定减速器箱体各加工表面的加工余量、工序尺寸及公差。

步骤八　箱体的检验

箱体的主要检验项目包括各加工表面的表面粗糙度以及外观、孔与平面的尺寸精度及形状精度、孔距尺寸精度与孔系的位置精度，包括孔轴线的同轴度、平行度、垂直度，孔轴线与平面的平行度、垂直度等。

学习笔记

学习笔记

一、表面粗糙度检验

表面粗糙度值要求较小时，可用专用测量仪检测；较大时一般采用与标准样块比较或目测评定。外观检查只需根据工艺规程检查完成情况及加工表面是否有缺陷即可。

表面粗糙度仪

二、孔与平面的尺寸精度及形状精度检验

孔的尺寸精度一般采用塞规检验。当需要确定误差的数值或单件小批量生产时，用内径千分尺或内径千分表等进行检验；若精度要求很高，则也可以用气动量仪检查。平面的直线度可以采用平尺和塞尺进行检验，也可以用水平仪与板桥检验；平面的平面度可用水平仪与板桥检验，也可以采用标准平板涂色检验。

三、孔距精度及其相互位置精度检验

1. 孔距测量

孔距精度要求不高时，可以直接用卡尺测量；孔距精度要求较高时，可用检验心轴与千分尺或检验心轴与量块测量，如图 4–33 所示。

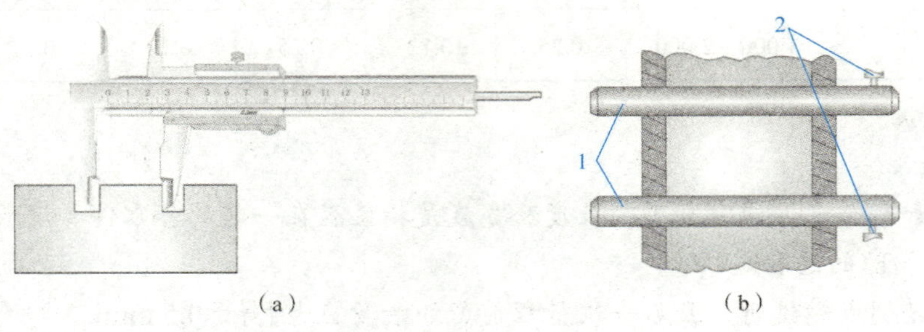

图 4–33　孔距测量

（a）卡尺直接测量；（b）千分尺与心轴配合测量

1—心轴；2—千分尺

2. 孔与孔轴心线平行度检验

将被测箱体放在平台上，用三个千斤顶支起，将测箱体的基准轴线与被测轴线均用心轴模拟，用百分表（或千分表）在垂直于心轴的轴线方向进行测量。首先调整基准轴线与平台平行，然后测被测心轴两端的高度，则所测得的差值即为测量长度内孔与孔轴心线之间的平行度误差，如图 4–34 所示。

在平行面内的轴心线平行度的测量方法与垂直面内一样，只需将箱体转 90°即可。

3. 孔轴心线对平面平行度测量

孔轴心线与基面平行度的测量：将被测零件直接放在平台上，被测轴心线由心轴模拟，用百分表（或千分表）测量心轴两端，其差值即为测量长度内孔轴心线对平面的平行度误差，如图 4–35 所示。

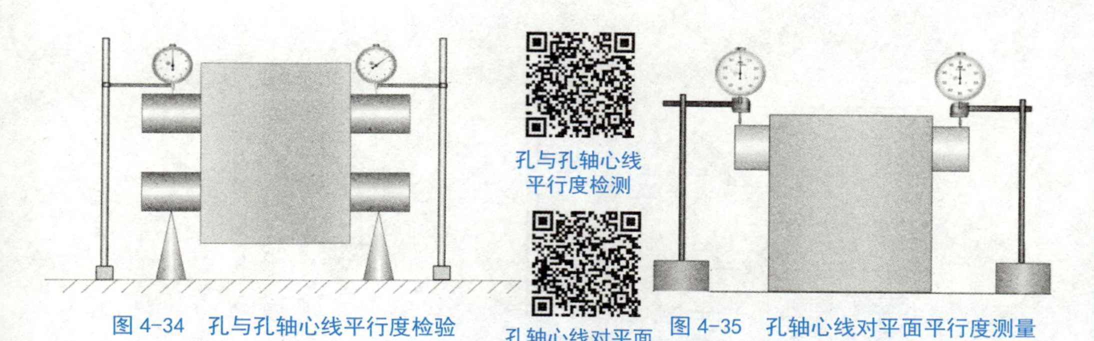

孔与孔轴心线平行度检测

孔轴心线对平面平行度测量

图 4-34　孔与孔轴心线平行度检验

图 4-35　孔轴心线对平面平行度测量

学习笔记

4. 孔系同轴度的检验

用检验棒检验同轴度是一般工厂最常用的方法。当孔系同轴度精度要求不高时，可用通用的检验棒进行检验。如果检验棒能自由地推入同轴线上的孔内，即表明孔的同轴度符合要求；当孔系同轴度精度要求高时，可采用专用检验棒。若要确定孔之间同轴度的偏差数值，则可利用检验棒和百分表检验，如图 4-36 所示。

孔系同轴度的检验

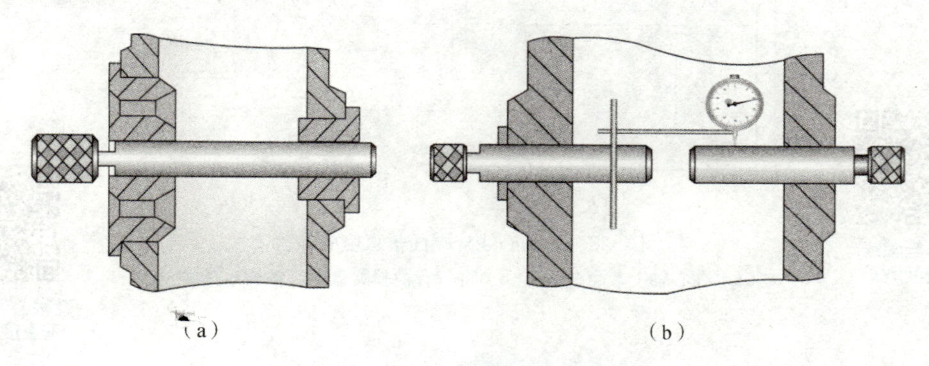

（a）　　　　（b）

图 4-36　孔系同轴度的检测

（a）检验棒检验；（b）检验棒和百分表检验配合检测

5. 两孔轴心线垂直度检验

两孔轴心线垂直度的检验可用图 4-37（a）或图 4-37（b）所示的方法。基准轴线和被测轴线均由心轴模拟，图 4-37（a）所示的方法是：先用直角尺校准基准心轴与台面垂直，然后用百分表测量被测心轴两处，其差值即为测量长度内两孔轴心线的垂直度误差；图 4-37（b）所示的方法是：在基准心轴上装百分表，然后将基准心轴旋转 180°，即可测定两孔轴心线在测量长度上的垂直度误差。

6. 孔轴心线与端面垂直度的检验

孔轴心线与端面垂直度的检验可用图 4-38（a）或图 4-38（b）所示的方法。图 4-38（a）所示方法是：在心轴上装百分表，将心轴旋转一周，即可测出检验范围内孔与端面的垂直度误差；图 4-38（b）所示方法是：将带有检验圆盘的心轴插入孔内，用着色法检验与端面的接触情况，或者用塞尺检查圆盘与端面的间隙 h，即可确定孔轴心线与端面的垂直度误差。

学习笔记

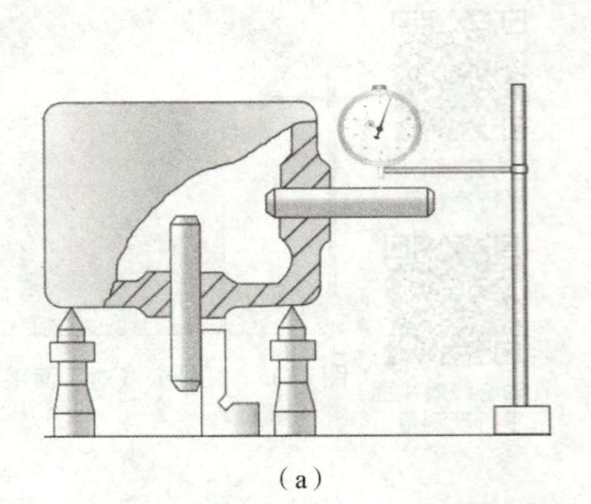

（a）

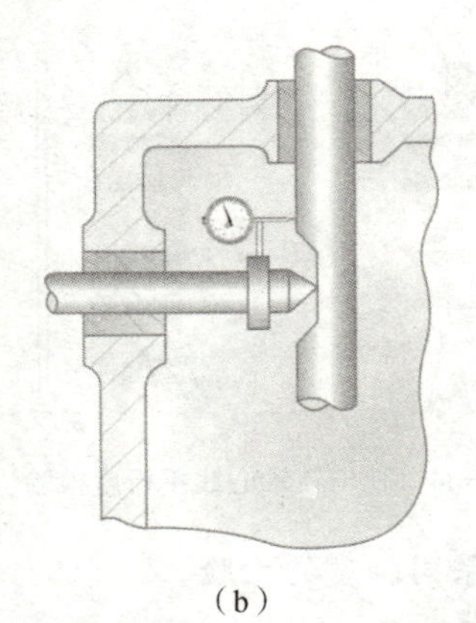

（b）

图 4-37　两孔轴心线垂直度检验

（a）先用直角尺，后用百分表；（b）在基准心轴上装百分表

两孔轴心线垂直度检验

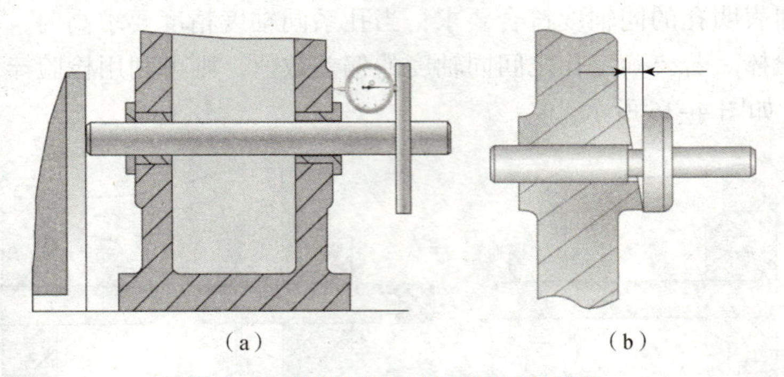

（a）　　（b）

平面与轴线垂直度测量

图 4-38　孔轴心线与端面垂直度的检验

（a）在心轴上装百分表；（b）将带有检验圆盘的心轴插入孔内

孔轴心线与端面垂直度的检验

做一做

（1）箱体的主要检验项目包括各加工表面的表面粗糙度以及外观、孔与平面的尺寸精度及形状精度、孔距尺寸精度与孔系的位置精度，包括孔轴心线的________、平行度、垂直度，孔轴心线与平面的________、________等。

（2）简述各检验项目的常用方法。

____

____

（3）完成任务单 4.1 的相关任务。根据本步骤所学知识及减速器箱体的加工方案，制定箱体检验方案。

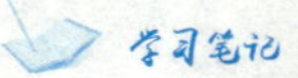

步骤九　工艺文件的填写

做一做

（1）完成任务单4.1的相关任务。根据步骤一至步骤八所制定的减速器箱体的加工方案，填写表4–12所示机械加工工序卡。

（2）对比表4–12，分析查找自己制定的加工工艺与表4–12是否相同，若不相同，则分析其有何不同。

重点难点

通过箱体零件的机械加工工艺编制，使学习者了解箱体零件的结构特点及技术要求、常用材料、毛坯及热处理方式、常用加工方法及刀具、加工余量及工序尺寸链等相关知识，掌握箱体零件机械加工工艺编制的一般思路，能够编写常见箱体零件的机械加工工艺。

箱体是各类机器的基础零件，它将机器和部件中的轴、套、齿轮等有关零件连接成一个整体，并使之保持正确的位置，以传递转矩或改变转速来完成规定的运动。箱体零件结构复杂、壁薄且不均匀，内部呈腔形，加工部位多，加工难度大；箱壁上的支承孔、装配基准面及其他与基准面有位置要求的平面是箱体类零件的主要表面，它们的精度决定了整个机器或部件的精度。

箱体零件内腔复杂，常选用易于成形的HT200 ~ HT400灰铸铁，其中HT200最为常用。

铸件毛坯的精度和加工余量是根据生产批量而定的。单件小批量生产，一般采用木模手工造型；大批大量生产时，通常采用金属模机器造型。毛坯铸造时，应防止砂眼和气孔的产生，减少毛坯制造时产生的残余应力。为了消除残余应力，减小加工后的变形和保证精度的稳定，在铸造之后必须安排人工时效处理。

箱体零件的粗基准通常选用重要孔的毛坯孔；精基准常选择“一面两孔”（箱体利用底面或顶面及其上的两孔），加工其他的平面和孔系；“三面定位”有利于提高箱体各主要表面的相互位置精度。

箱体零件平面的加工方法要根据零件的结构形状、尺寸大小、材料、技术要求、零件刚性、生产类型及企业现有设备等条件决定。内圆表面一般需根据被加工工件的外形、孔的直径、公差等级、孔深（通孔或圆孔）等情况，综合选择合适的加工方法。

箱体上一系列有相互位置精度要求的孔的组合称为孔系。孔系的加工是箱体加工的关键。箱体和孔系的精度要求不同，孔系加工所用的加工方法也不同。

表 4-12　机械加工工艺过程卡片

<table>
<tr><td rowspan="2"></td><td colspan="2" rowspan="2">机械加工工艺过程卡片</td><td>产品型号</td><td colspan="2"></td><td colspan="2">零（部）件图号</td><td colspan="2"></td><td colspan="2"></td></tr>
<tr><td>产品名称</td><td colspan="2">减速器</td><td colspan="2">零（部）件名称</td><td colspan="2">箱体</td><td>共（　）页</td><td>第（　）页</td></tr>
<tr><td>材料牌号</td><td>HT150</td><td>毛坯种类</td><td>铸造</td><td>毛坯外形尺寸</td><td>920 mm×400 mm×360 mm</td><td>每个毛坯可制件数</td><td>1</td><td>每台件数</td><td>1</td><td>备注</td><td></td></tr>
<tr><td rowspan="2">工序号</td><td rowspan="2">工序名称</td><td colspan="3" rowspan="2">工序内容</td><td rowspan="2">车间</td><td rowspan="2">工段</td><td rowspan="2">设备</td><td colspan="2" rowspan="2">工艺装备</td><td colspan="2">工时</td></tr>
<tr><td>准终</td><td>单件</td></tr>
<tr><td>1</td><td>毛坯</td><td colspan="3">铸造毛坯</td><td>铸造</td><td></td><td></td><td colspan="2"></td><td></td><td></td></tr>
<tr><td>2</td><td>清砂</td><td colspan="3">清除浇口、冒口、型砂、飞边、飞刺等</td><td></td><td></td><td></td><td colspan="2"></td><td></td><td></td></tr>
<tr><td>3</td><td>热处理</td><td colspan="3">人工时效处理</td><td>热处理</td><td></td><td></td><td colspan="2"></td><td></td><td></td></tr>
<tr><td>4</td><td>涂漆</td><td colspan="3">非加工面涂防锈漆</td><td></td><td></td><td></td><td colspan="2"></td><td></td><td></td></tr>
<tr><td>5</td><td>划线</td><td colspan="3">划对合面加工线，划轴承孔端面加工线</td><td></td><td></td><td></td><td colspan="2"></td><td></td><td></td></tr>
<tr><td>6</td><td>刨</td><td colspan="3">以底面为粗基准定位，按线找正，粗刨对合面，留磨削余量 0.6 mm</td><td>金工</td><td></td><td>B6050</td><td colspan="2">刨夹具，游标卡尺</td><td></td><td></td></tr>
<tr><td>7</td><td>刨</td><td colspan="3">以对合面为精基准定位装夹工件，刨底面</td><td>金工</td><td></td><td>B6050</td><td colspan="2">刨夹具，游标卡尺</td><td></td><td></td></tr>
<tr><td>8</td><td>钻</td><td colspan="3">钻底面连接孔、锪沉孔</td><td>金工</td><td></td><td>Z4012</td><td colspan="2">专用钻模，麻花钻</td><td></td><td></td></tr>
</table>

续表

	工序号	工序名称	工序内容	车间	工段	设备	工艺装备	工时	
								准终	单件
	9	钻	钻箱体连接孔，锪沉孔	金工		Z4012	专用钻模，麻花钻		
	10	钻	钻铰侧面油标孔、油塞孔	金工		Z4012			
	11	钻	钻螺纹底孔、锪沉孔、攻螺纹	金工		Z4012	专用工装		
	12	磨	以底面定位，装夹工件，磨对合面，保证最终尺寸	金工		MW1320	白刚玉砂轮，磨夹具，游标卡尺		
	13	钳	箱体底部用煤油做渗漏试验						
	14	检	检查各部加工质量						
	15	钳	将箱盖、箱体合装，用连接螺栓、螺母夹紧						
	16	钻	钻、铰定位孔，打入定位销	金工		Z4012	钻夹具，麻花钻		
	17	铣	以底面定位，按划线找正装夹，铣轴承孔两端面	金工		XA6132	铣夹具，端面铣刀，游标卡尺		
	18	划线	以合箱后的对合面为基准，划轴承孔的加工线						
描图	19	镗	以底面定位，以加工过的轴承端面找正装夹，粗镗轴承孔，留 0.35 mm 的加工余量，同时保证中心距尺寸精度及对合面与轴承孔的位置精度；切孔内槽	金工		T612	镗夹具，镗刀，游标卡尺		

学习笔记

续表

	工序号	工序名称	工序内容	车间	工段	设备	工艺装备	工时	
								准终	单件
	20	镗	以底面定位，以加工过的轴承端面找正装夹，精镗轴承孔至图样尺寸，保证中心距尺寸精度；切孔内槽	金工		T612	镗夹具，镗刀，游标卡尺		
描校	21	钳	拆箱，清理飞边、毛刺						
	22	钳	合箱，装锥销，紧固						
底图号	23	检验	检查各部尺寸及精度						

											设计（日期）	审核（日期）	标准化（日期）	会签（日期）	
装订号															
	标记	处数	更改文件号	签字	日期	标记	处数	更改文件号	签字	日期					

箱体机械加工顺序的安排一般遵循“先面后孔”“先主后次”的原则。毛坯的加工余量与生产批量、毛坯尺寸、结构、精度和铸造方法等因素有关。单件小批量生产时，一般采用木模手工造型，其毛坯精度低，加工余量大，平面加工余量一般取 7 ~ 12 mm，孔在半径上的余量取 8 ~ 14 mm。批量生产时，箱体毛坯一般采用金属模机器造型，毛坯精度较高，加工余量小，其平面余量取 5 ~ 10 mm，孔在半径上的余量取 7 ~ 12 mm。

箱体的主要检验项目包括各加工表面的表面粗糙度以及外观、孔与平面的尺寸精度及形状精度、孔距尺寸精度与孔系的位置精度，包括孔轴心线的同轴度、平行度、垂直度，孔轴心线与平面的平行度、垂直度等。

难点点拨：

（1）孔系加工方法及其选用。

（2）箱体零件主要检验项目及其检验方法。

（3）箱体零件基准选择及其装夹方法。

任务实施

● **任务实施提示**

（1）箱体零件工艺编制涉及知识点较多，教材仅仅给出了部分关键知识点和知识脉络，任务实施时需要查阅大量相关文献，在保证形成知识框架的前提下丰富自己的知识。

（2）配套在线资源提供了任务实施所有步骤的参考方案，建议学习者完成任务后对照参考方案，深入分析自己制定的工艺或方案与其有何不同，以加深知识的理解，提高解决实际问题的能力。

（3）本任务是机械加工工艺知识的最后一个任务，在学习中应注意应用或理解前面任务所学的知识及方法，完善自己对机械加工工艺编制原则及方法的理解，提高实际应用能力。

● **任务部署**

阅读教材相关知识，按照任务单 4.1 的要求完成学习工作任务。

任务单 4.1 箱体零件加工工艺编制

任务名称	箱体零件机械加工工艺编制	任务编号	4.1
任务说明	一、任务要求 通过减速器箱体机械加工工艺的编制，系统学习箱体常用材料、平面加工方法与加工方案、箱体热处理、箱体检验等知识，掌握箱体零件的机械加工工艺编制步骤及基本思路。 二、任务实施所需知识 箱体常用材料、平面加工方法与加工方案、箱体热处理和铸造方法等		
任务内容	分析减速器箱体的结构及技术要求，确定生产类型，选择毛坯类型及合理的制造方法，选取定位基准和加工装备，拟定工艺路线，设计加工工序，填写工艺文件		

学习笔记

学习笔记

续表

任务名称	箱体零件机械加工工艺编制	任务编号	4.1
任务实施	一、生产类型确定与结构技术要求分析		
	计算该减速器箱体的生产纲领，确定生产类型；查教材表 1–7，分析该类箱体的加工工艺特征；结合教材图 4–3，分析其结构与技术要求		
	二、材料、毛坯及热处理		
	分析确定该箱体的毛坯及其铸造方法		
	三、工艺过程分析及基准选择		
	分析确定该箱体的工艺过程；选择箱体加工的粗、精基准，并说出选择基准的依据		
	四、加工方法及加工方案选择		
	分析确定该箱体的加工方法，制定加工方案		

续表

<table>
<tr><td>任务名称</td><td>箱体零件机械加工工艺编制</td><td>任务编号</td><td>4.1</td></tr>
<tr><td rowspan="10">任务
实施</td><td colspan="3">五、加工顺序的安排与刀具的选择</td></tr>
<tr><td colspan="3">合理安排该箱体的加工顺序，选取加工使用的刀具，并确定刀具参数</td></tr>
<tr><td colspan="3">六、加工设备的选择及工件装夹</td></tr>
<tr><td colspan="3">选择该箱体的加工设备及夹具，确定装夹方式</td></tr>
<tr><td colspan="3">七、加工余量和工序尺寸的确定</td></tr>
<tr><td colspan="3">查阅《机械设计手册》，确定各加工表面的加工余量、工序尺寸及公差</td></tr>
<tr><td colspan="3">八、箱体的检验</td></tr>
<tr><td colspan="3">制定箱体检验方案</td></tr>
<tr><td colspan="3">九、工艺文件的填写</td></tr>
<tr><td colspan="3">填写表 4–13 所示机械加工工序卡，分析查找自己制定的输出轴加工工艺与其他同学是否相同，若不相同，则分析其有何不同</td></tr>
</table>

学习笔记

学习笔记

表 4-13 机械加工工艺过程卡

机械加工工艺过程卡	产品型号		零（部）件图号			
	产品名称		零（部）件名称		共（ ）页	第（ ）页

材料牌号		毛坯种类		毛坯外形尺寸		每个毛坯可制件数		每台件数		备注	

	工序号	工序名称	工序内容	车间	工段	设备	工艺装备	工时 准终	工时 单件
描图									
描校									
底图号									

											设计（日期）	审核（日期）	标准化（日期）	会签（日期）	
装订号															
	标记	处数	更改文件号	签字	日期	标记	处数	更改文件号	签字	日期					

续表

	机械加工工艺过程卡	产品型号		零（部）件图号			
		产品名称		零（部）件名称		共（ ）页	第（ ）页

材料牌号		毛坯种类		毛坯外形尺寸		每个毛坯可制件数		每台件数		备注	

	工序号	工序名称	工序内容	车间	工段	设备	工艺装备	工时	
								准终	单件
描图									
描校									
底图号									

装订号											设计（日期）	审核（日期）	标准化（日期）	会签（日期）	
	标记	处数	更改文件号	签字	日期	标记	处数	更改文件号	签字	日期					

- **任务考核**

任务四　考核表

任务名称：箱体类零件加工工艺编制　　专业______________　　______级_____班

第__________小组　　　　姓名__________　　　学号__________

<table>
<tr><th colspan="2">考核项目</th><th>分值 / 分</th><th>自评</th><th>备注</th></tr>
<tr><td rowspan="3">信息收集</td><td>信息收集方法</td><td>5</td><td></td><td>能够从教材、网站等多种途径获取知识，并能基本掌握关键词学习法</td></tr>
<tr><td>信息收集情况</td><td>10</td><td></td><td>基本掌握教材任务四的相关知识</td></tr>
<tr><td>团队合作</td><td>10</td><td></td><td>团队合作能力强</td></tr>
<tr><td rowspan="9">任务实施</td><td>生产类型的确定与结构技术要求的分析</td><td>5</td><td></td><td rowspan="8">每个步骤的任务完成思路正确给分 70%，即解决某问题时，能兼顾该问题所有需要考虑的方面，缺少一方面扣 20%，扣完为止；任务方案或答案正确给分 30%，答案模糊或不正确酌情扣分</td></tr>
<tr><td>材料、毛坯及热处理</td><td>10</td><td></td></tr>
<tr><td>工艺过程分析及基准的选择</td><td>10</td><td></td></tr>
<tr><td>加工方法及加工方案的选择</td><td>10</td><td></td></tr>
<tr><td>加工顺序的安排与刀具的选择</td><td>10</td><td></td></tr>
<tr><td>加工设备的选择及工件的装夹</td><td>10</td><td></td></tr>
<tr><td>加工余量和工序尺寸的确定</td><td>5</td><td></td></tr>
<tr><td>箱体的检验</td><td>10</td><td></td></tr>
<tr><td>工艺文件的填写</td><td>5</td><td></td><td>字迹端正，表达清楚，数据准确</td></tr>
<tr><td colspan="2">小计</td><td>100</td><td></td><td></td></tr>
</table>

<table>
<tr><th colspan="4">其他考核</th></tr>
<tr><th>考核人员</th><th>分值 / 分</th><th>评分</th><th></th></tr>
<tr><td>（指导）教师评价</td><td>100</td><td></td><td>根据学生情况教师给予评价，建议教师主要通过肯定成绩引导学生，少提缺点，对于存在的主要问题可通过单独面谈反馈给学生</td></tr>
<tr><td>小组互评</td><td>100</td><td></td><td>主要从知识掌握、小组活动参与度及见习记录遵守等方面给予中肯考核</td></tr>
<tr><td>总评</td><td>100</td><td></td><td>总评成绩 = 自评成绩 ×40%+（指导）教师评价 ×35%+ 小组评价 ×25%</td></tr>
</table>

巩固与拓展

一、拓展任务

根据任务四的工作步骤及方法，利用所学知识，自主完成图 4–39 所示曲轴箱箱体零件的工艺编制，并填写机械加工工艺过程卡（见表 4–14）。在任务完成的过程中，自主学习和掌握铣床、镗床操作规范，并进一步掌握箱体定位基准、加工方法的选择及

技术要求

1.铸造后时效处理。
2.铸造不得有砂眼，缩松，夹渣等缺陷。
3.未注明铸造圆角$R3\sim R5$ mm。
4.未注明倒角C2。
5.非加工表面涂底漆。
6.箱体做煤油渗漏试验。
7.材料HT200。

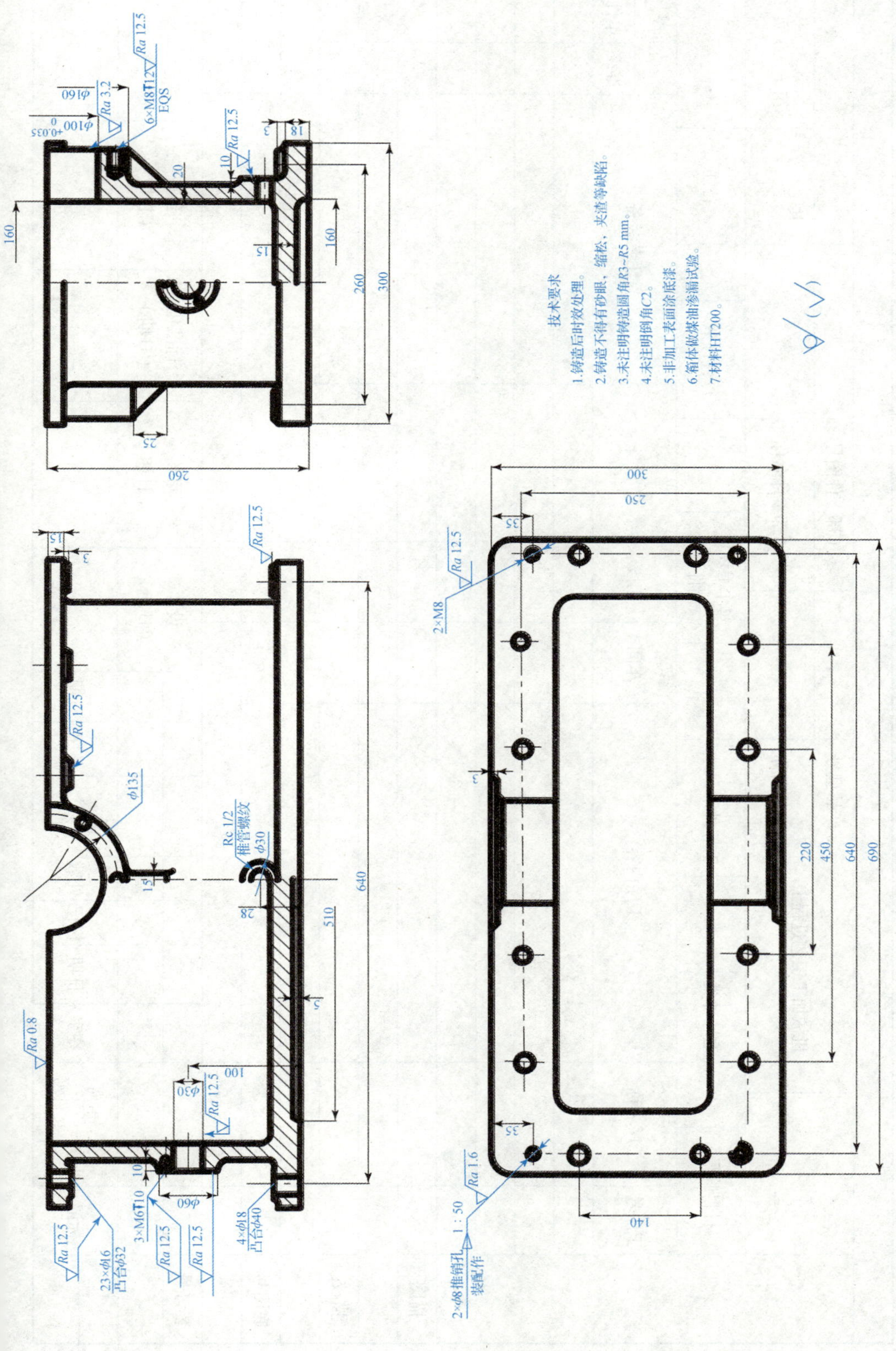

图 4-39　曲轴箱箱体零件图

学习笔记

表 4-14 机械加工工艺过程卡

	机械加工工艺过程卡		产品型号		零（部）件图号			
			产品名称		零（部）件名称		共（ ）页	第（ ）页
	材料牌号		毛坯种类		毛坯外形尺寸		每个毛坯可制件数	

	工序号	工序名称	工序内容	车间	工段	设备	工艺装备	工时	
								准终	单件
描图									
描校									
底图号									

装订号										设计（日期）	审核（日期）	标准化（日期）	会签（日期）	
	标记	处数	更改文件号	签字	日期	标记	处数	更改文件号	签字	日期				

续表

	机械加工工艺过程卡	产品型号		零（部）件图号			
		产品名称		零（部）件名称		共（ ）页	第（ ）页

材料牌号		毛坯种类		毛坯外形尺寸		每个毛坯可制件数		每台件数		备注	

	工序号	工序名称	工序内容	车间	工段	设备	工艺装备	工时	
								准终	单件
描图									
描校									
底图号									

装订号											设计（日期）	审核（日期）	标准化（日期）	会签（日期）	
	标记	处数	更改文件号	签字	日期	标记	处数	更改文件号	签字	日期					

学习笔记

工序尺寸的确定方法等。

二、拓展知识

1. 铸件的结构工艺性

铸件结构工艺性是指铸件结构应符合铸造生产要求，即满足铸造性能和铸造工艺对铸件结构的要求，总的原则是优质、高产、低耗。

1）铸件应有合理的壁厚

每一种铸造合金都有其适宜的铸件壁厚范围，铸件壁厚过大或过小都会对铸件产生不良影响。若选定合金的适宜壁厚不能满足零件力学性能的要求，则应改选高强度的材料或选择合理的截面形状以及增设加强肋等措施，以避免产生铸造缺陷。与合金铸造性能有关的铸造缺陷如浇不到、缩孔、缩松、铸造应力、变形和裂纹等与铸件结构的关系很密切。如图 4–40 所示，如果采用更合理的铸件结构，便可消除这些缺陷。

2）铸件壁厚应力求均匀

所谓壁厚均匀，是指铸件的各部分具有冷却速度相近的壁厚。铸件的内壁厚度应略小于外壁厚度，如图 4–41 所示。

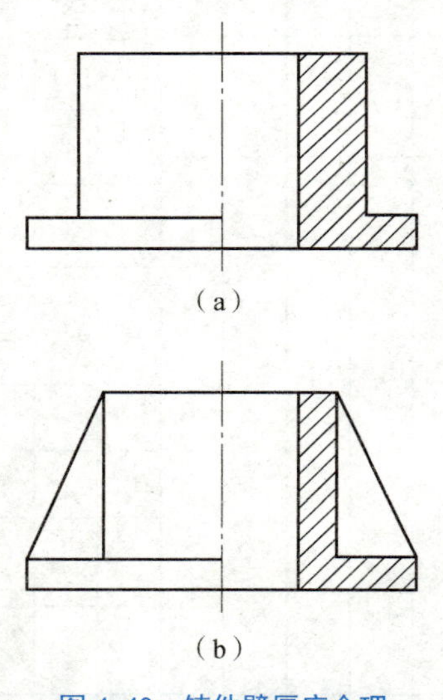

图 4–40　铸件壁厚应合理

（a）不合理结构；（b）合理结构

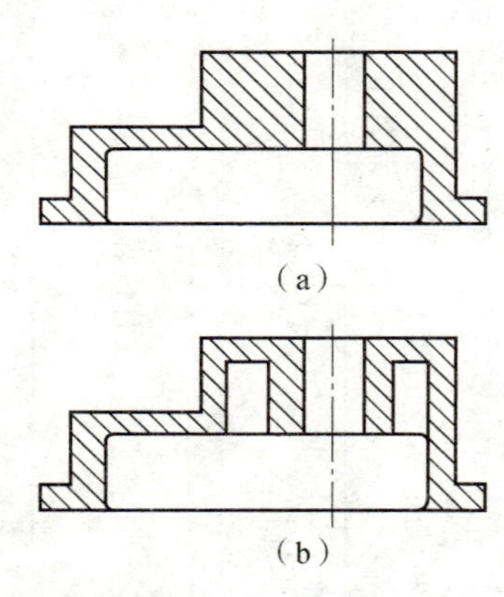

图 4–41　铸件壁厚应均匀

（a）壁厚不均匀；（b）壁厚均匀

3）铸件壁的连接形式要合理

（1）铸件如果因为结构需要不能做冷压室式压铸到壁厚均匀，则不同壁厚的连接应采用逐渐过渡的形式，如图 4–42 所示。

（2）对于铸件结构中有两个或三个甚至更多个壁相连的情况，可采用交错接头或环形接头的形式，如图 4–43 所示。

4）尽量避免过大的水平面

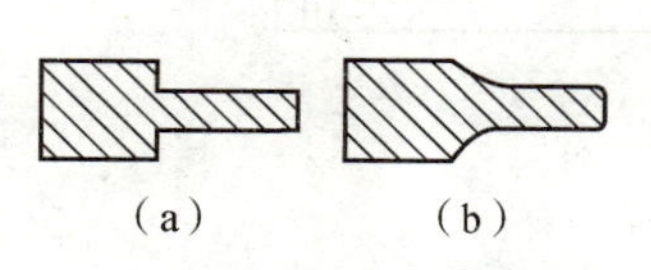

图 4-42　铸件壁厚的过渡形式

（a）不合理；（b）合理

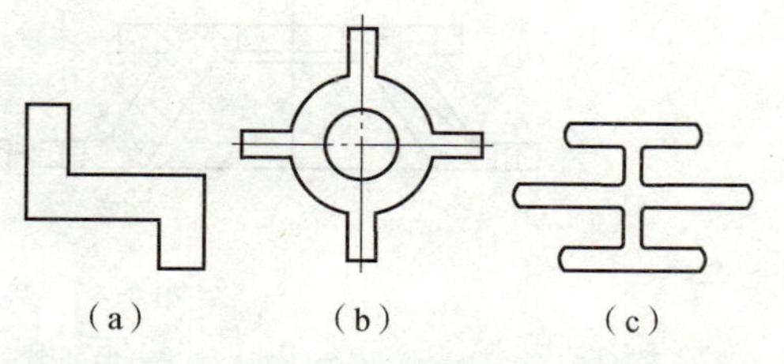

图 4-43　铸件壁的连接应尽量避免金属积聚

（a），（b）合理；（c）不合理

过大的平面不利于金属液的填充，容易产生浇不到等缺陷，在进行铸件的结构设计时，应尽量将水平面设计成倾斜形状，如图 4-44 所示。

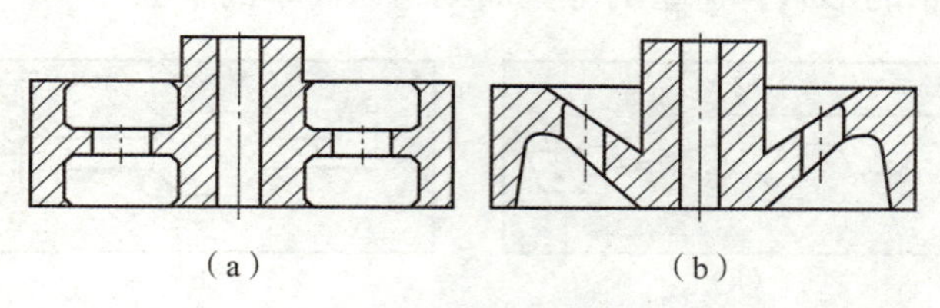

图 4-44　避免大水平壁的结构

（a）不合理；（b）合理

5）铸件结构应避免冷却收缩受阻和有利于减小变形

铸件在结构设计时，应尽量使其能自由收缩，以减小应力，避免裂纹。如图 4-45 所示的弯曲轮辐和奇数轮辐的设计，可使铸件能较好地自由收缩。

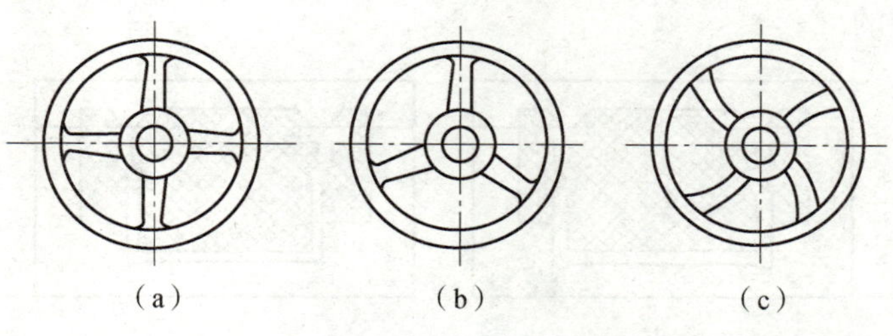

图 4-45　轮辐的设计

（a）不合理；（b），（c）合理

2. 铸件结构的工艺性

1）铸件的外形设计

（1）应使铸件具有最少的分型面。

减少铸件分型面的数量，不仅可以减少砂箱的用量，降低造型工时，而且可以减少错箱、偏芯等缺陷，从而提高铸件的精度。如图 4-46 所示端盖结构，由于图 4-46（a）所示结构存在法兰凸缘，故不能采用简单的两箱造型。若改成如图 4-46（b）所示的结构，取消上部的凸缘，使铸件仅有一个分型面，则将大大简化造型操作。

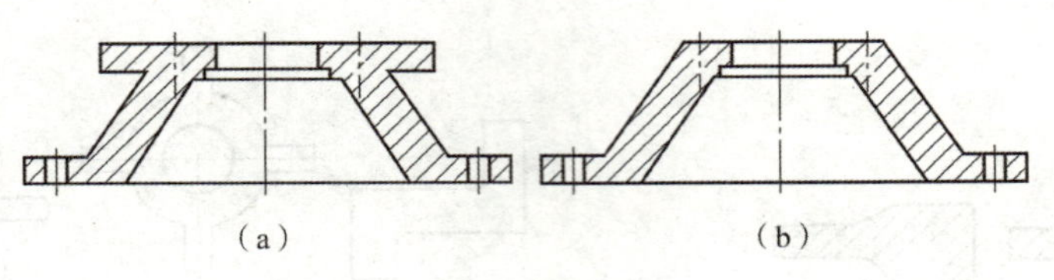

图 4-46　端盖的设计

（a）不合理；（b）合理

（2）应尽量使分型面平直。

平直的分型面可避免操作费时的挖砂造型或假箱造型；同时，铸件的毛边少，便于清理。如图 4-47（a）所示的杠杆铸件，在造型时只能采用不平分型面，若改成如图 4-47（b）所示的形状，铸型的分型面则为一简单的平面。

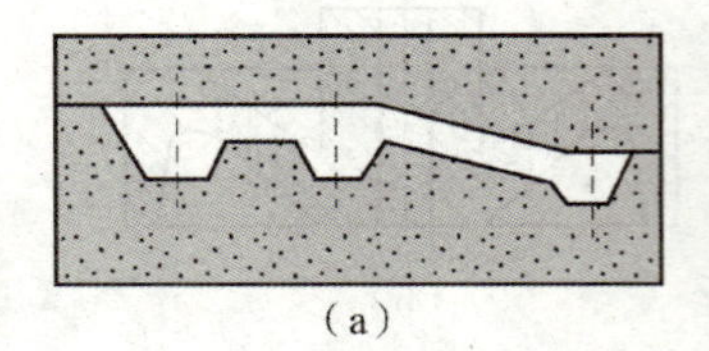

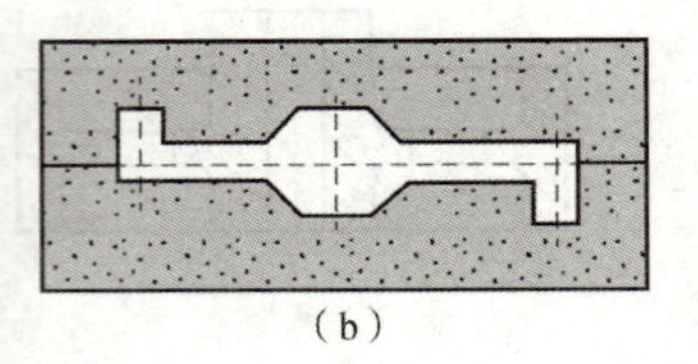

图 4-47　杠杆铸件结构

（a）不合理；（b）合理

（3）避免外部侧凹。

铸件在起模方向上若有侧凹，如图 4-48（a）所示，就必须在造型时增加较大的外壁型芯才能起模，若将其改成如图 4-48（b）所示的结构，则可省去外壁型芯，显然后一种结构是合理的。

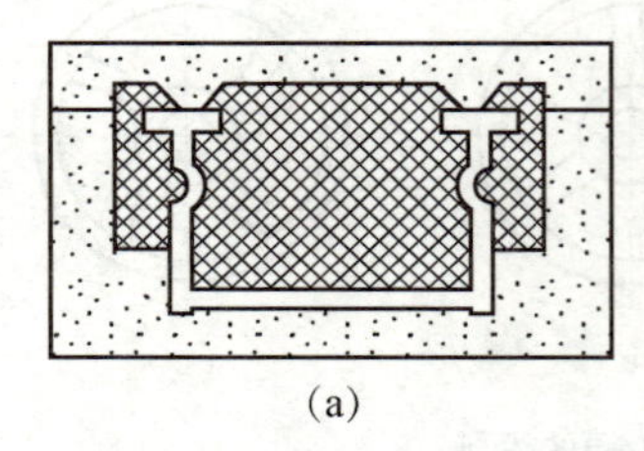

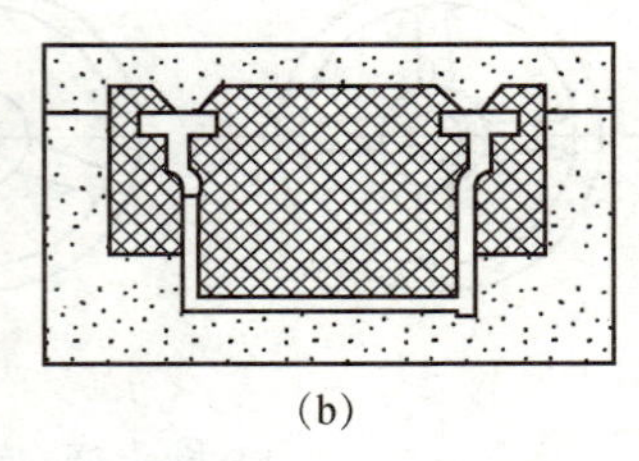

图 4-48　铸件两种结构比较

（a）不合理；（b）合理

（4）改进妨碍起模的凸台、凸缘和肋条的结构。

设计铸件上的凸台、凸缘和肋条结构时，应考虑便于造型起模，尽量避免使用活块或外壁型芯，如图 4-49 所示。

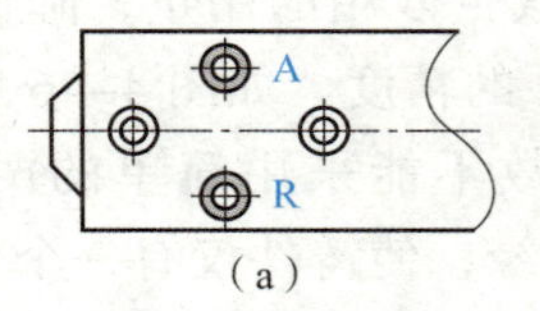

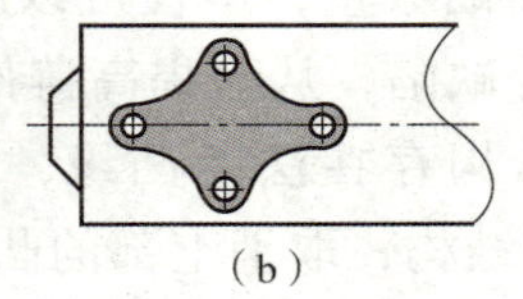

图 4-49　铸件整体凸台结构设计

（a）不合理；（b）合理

（5）铸件要有结构斜度。

铸件上垂直于分型面的不加工表面应设计出一定的斜度，称为结构斜度。结构斜度便于起模，并可延长模具的使用寿命，如图 4–50 所示。铸件结构斜度的大小和许多因素有关，如铸件的高度、造型的方法等，高度越低，斜度应越大。凸台的结构斜度可达 30° ~ 50°。

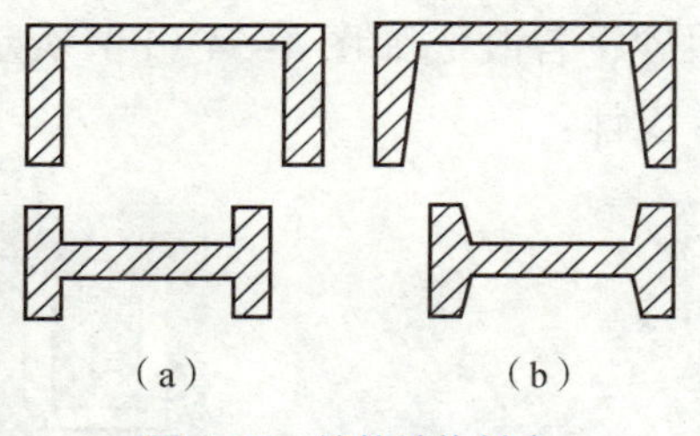

图 4–50　铸件结构斜度

（a）不合理；（b）合理

学习笔记

2）铸件内腔的设计

（1）应使铸件尽可能不用或少用型芯。

图 4–51 所示为悬臂支架的两种设计方案，图 4–51（a）采用方形中空截面，为形成其内腔，必须采用型芯；若改为如图 4–51（b）所示工字形开式截面，则可避免型芯的使用，这样在简化造型的同时也可保证铸件的质量，故后者的设计是合理的。

图 4–51　悬臂支架

（a）不合理；（b）合理

（2）铸件的内腔设计应使型芯安放稳固、排气容易、清砂方便。

型芯的固定主要依靠芯头来保证，如图 4–52 所示轴承支架铸件，若采用如图 4–52（a）所示的结构，则需要两个型芯，而且其中大的型芯呈悬臂状态，装配时必须采用芯撑作辅助支撑；若改成如图 4–52（b）所示的形状，采用一个整体型芯来形成铸件的空腔，则既可增加型芯的稳固性，又改善了型芯排气和清理的条件，显然后者的设计是合理的。

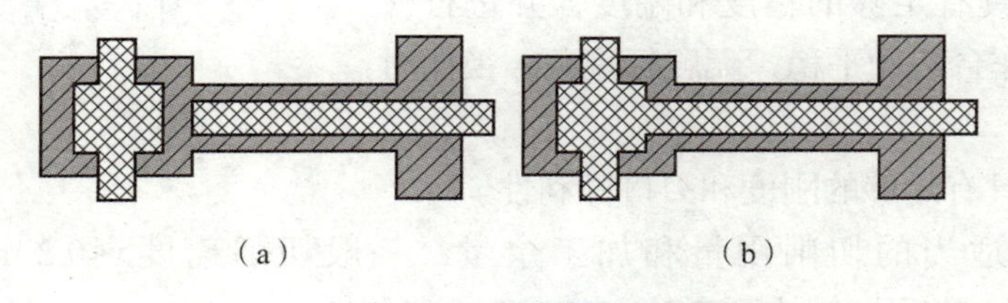

图 4–52　轴承架铸件

（a）不合理；（b）合理

对于因芯头不足而难以固定型芯的铸件，在不影响使用功能的前提下，可设计出适当大小和数量的工艺孔，用以增加芯头的数量，稳固型芯，如图 4–53 所示。

（3）铸件结构设计中应避免封闭空腔。

图 4–54（a）所示铸件为封闭空腔结构，其型芯安放困难，排气不畅，难以清

学习笔记

砂，若改成如图 4–54（b）所示的结构，则上述问题将迎刃而解，故后者是合理的设计。

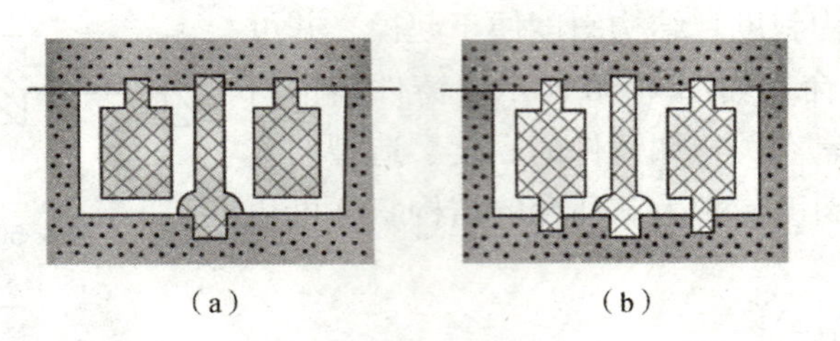

图 4–53　增设工艺孔结构

（a）不合理；（b）合理

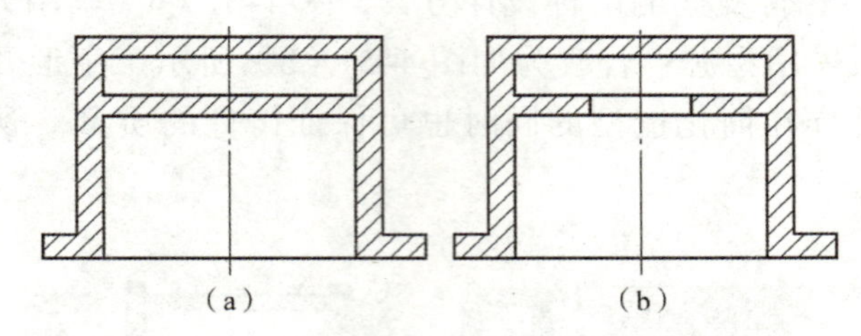

图 4–54　铸件结构避免封闭内腔

（a）不合理；（b）合理

3. 宽刃精刨

宽刃精刨是在普通精刨的基础上，使用高精度的龙门刨和宽刃精刨刀，以低切削速度和大进给量在工件表面切去一层极薄的金属，表面粗糙度 Ra 值可达 0.8 ~ 0.16 μm，直线度可达 0.02 mm/m，主要用来代替手工刮研各种导轨平面，可使生产率提高几倍甚至几十倍，应用较为广泛，如图 4–55 所示。

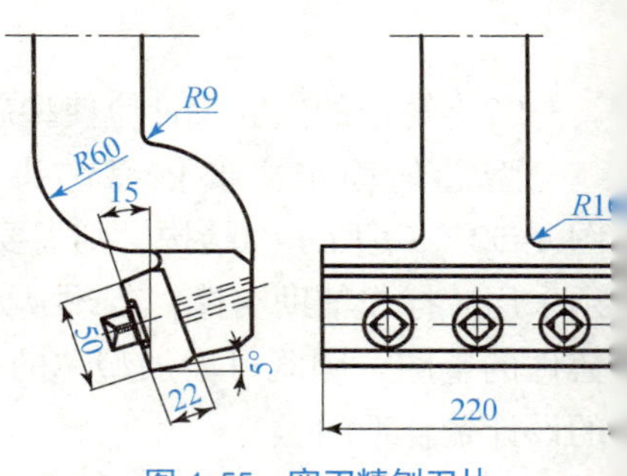

图 4–55　宽刃精刨刀片

要实现以刨代刮，宽刃精刨必须具有以下条件：

（1）刨床具有足够的精度和刚度，并进行仔细调整，使工作台运动平稳，无爬行现象，换向时无冲击。

（2）刨刀具有足够的刚度和刃口锋利性。

（3）选取适当的切削用量和加工余量，一般切削速度 $v<0.2$ m/s，切深 a_p = 0.08 ~ 0.12 mm，最后 a_p 减小到 0.04 ~ 0.08 mm。

（4）工件在精刨前需进行时效处理，以消除内应力。

（5）刨削应采用润滑效果好的切削液，以改善加工表面质量。

4. 钻床夹具的典型结构

钻床夹具用于在各种钻床上对工件进行钻、扩、铰孔和攻螺纹等，简称钻模，它的主要作用是保证被加工孔的位置精度，而孔的尺寸精度由刀具本身精度保证。

钻床夹具的种类较多，按结构类型可分为固定式、回转式、移动式、翻转式和盖板式等。

1）固定式钻模（见图 4-56）

对于这类钻床夹具，在工件加工过程中，夹具和工件在机床上的位置固定不变。固定式钻模常用于立式钻床上加工较大单孔或在摇臂钻床上加工平行孔系。

安装这类夹具时，一般应先将装在主轴上的定尺寸刀具（或心轴）伸入钻套中以确定夹具安装位置，然后再用螺栓将夹具固定。此种加工方式的钻孔精度较高，但效率较低。

2）回转式钻模（见图 4-57）

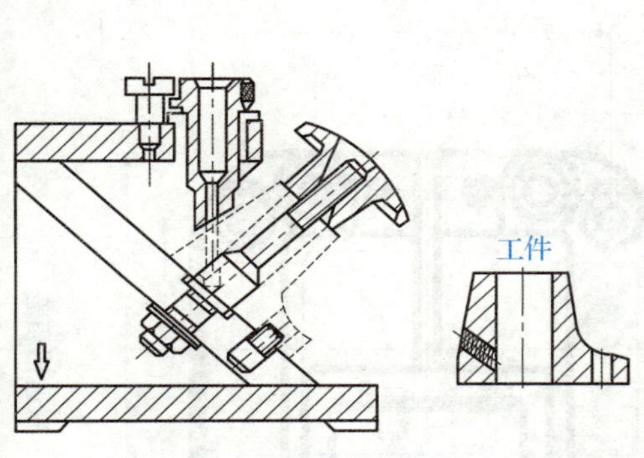

图 4-56 固定式钻模

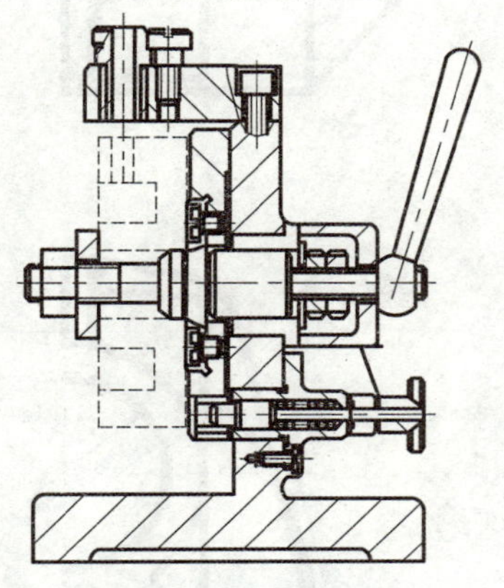

图 4-57 回转式钻模

回转式钻模主要用于加工围绕某一轴线分布的轴向或径向孔系，或分布在工件几个不同表面上的孔。工件在一次装夹后，靠钻模回转依次加工各孔。因此，这类钻模必须有分度装置。

回转式钻模一般可用标准化的回转工作台和专用夹具组合使用形式，这样当同一批工件加工完后，只需更换专用夹具，即可供另一种工件加工使用。

3）盖板式钻模

盖板式钻模是最简单的一种钻模，它没有夹具体，只有一块钻模板。钻模板上除了装有钻套外，还装有定位元件和夹紧装置，加工时，将它盖在工件上定位夹紧即可。这类夹具一般用于加工大型零件上的小孔。由于每次加工完毕后夹具必须重新安装，所以这类夹具结构要简单、轻巧，重量不能超过 10 kg。但其生产效率较低，不适宜大批量生产。

三、典型案例

1. 三级减速器箱体加工工艺案例

1）三级减速器结构及技术要求

减速器箱盖、箱体及减速器箱分别如图 4-58 ~ 图 4-60 所示。

学习笔记

学习笔记

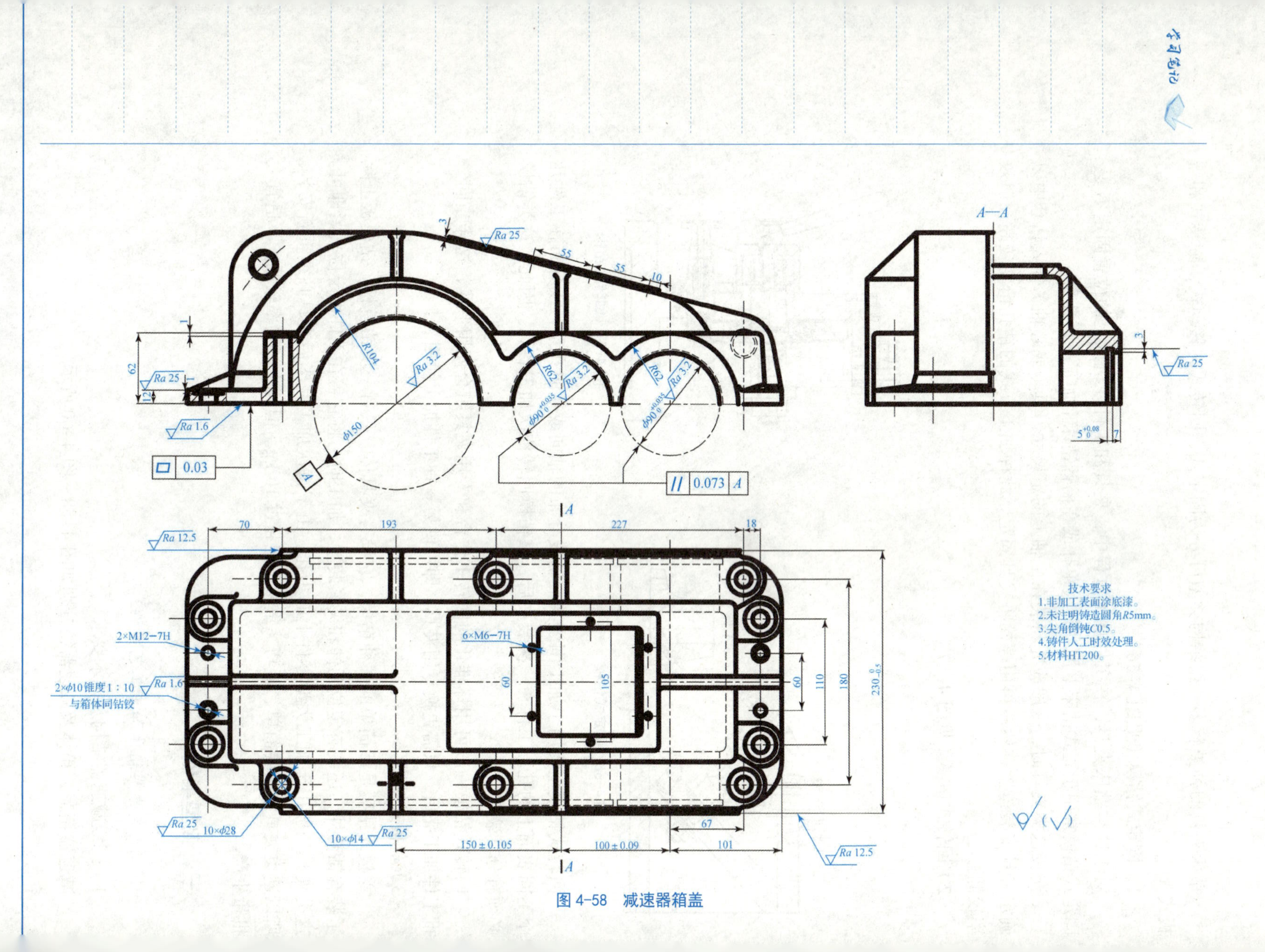

图 4-58 减速器箱盖

学习笔记

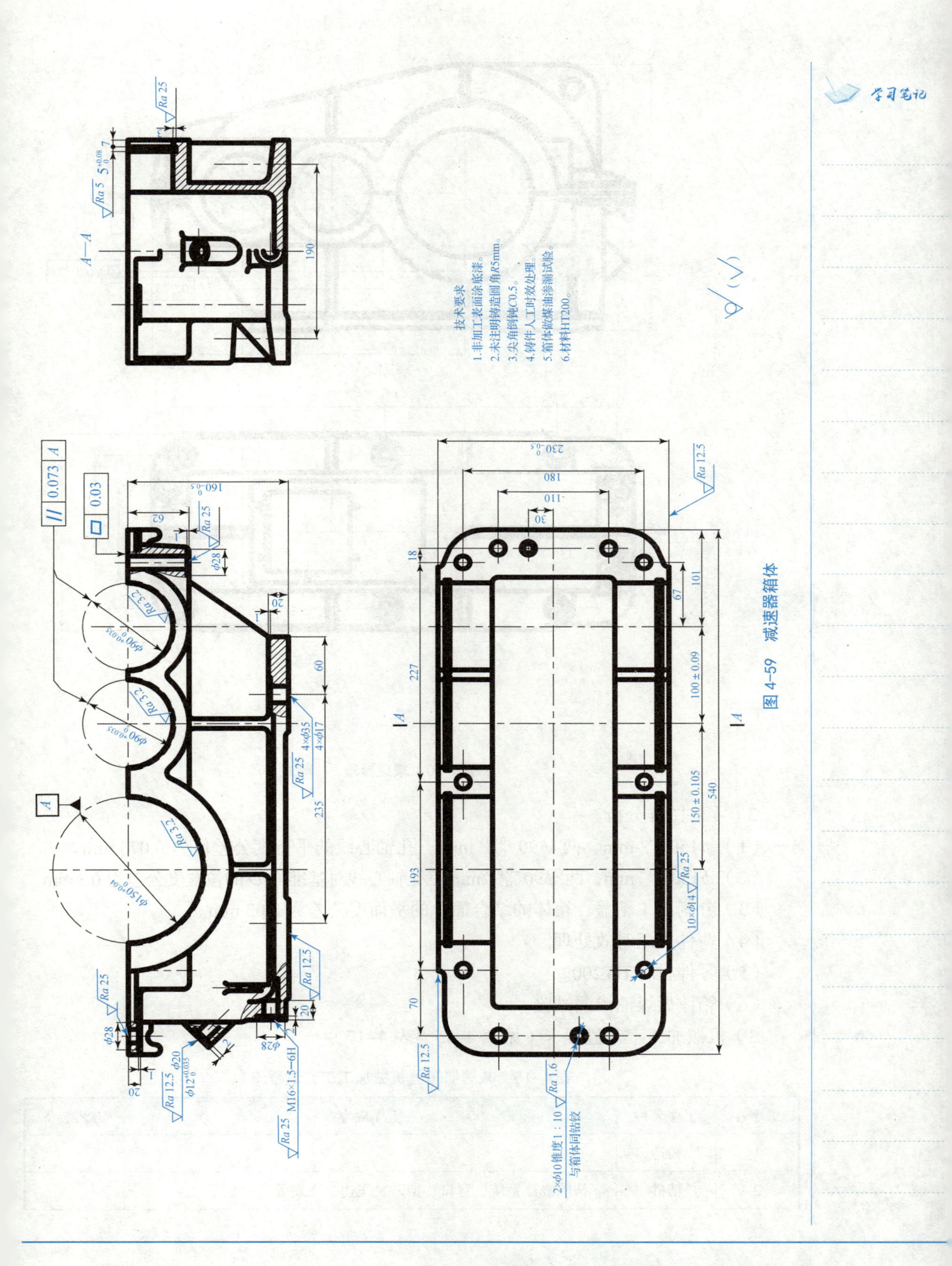

图 4-59　减速器箱体

学习笔记

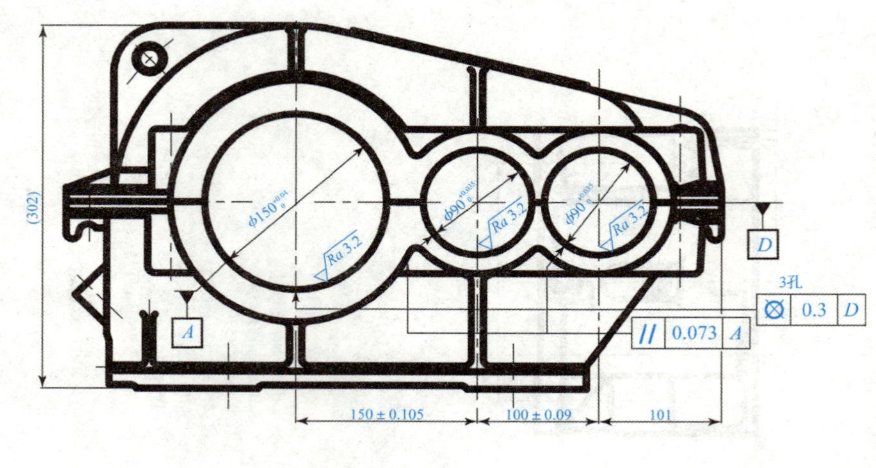

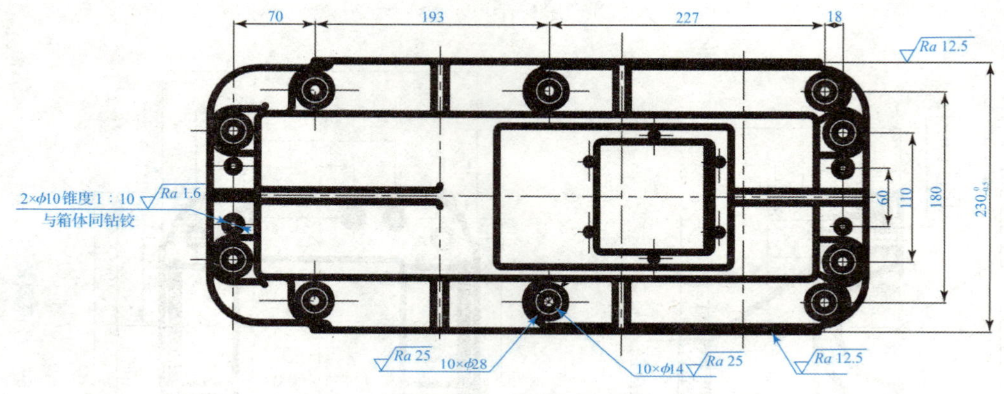

技术要求

1.合箱后结合面不能有间隙，防止渗油。

2.合箱后必须打定位销。

图 4-60　减速器箱

2）零件图样分析

（1）$\phi150^{+0.04}_{0}$ mm，两 $\phi90^{+0.035}_{0}$ mm 三孔轴心线的平行度公差值为 0.073 mm。

（2）$\phi150^{+0.04}_{0}$ mm，两 $\phi90^{+0.035}_{0}$ mm 三孔轴心线对基准面 D 的位置度公差为 0.3 mm。

（3）分割面（箱盖、箱体的结合面）的平面度公差为 0.03 mm。

（4）铸件人工时效处理。

（5）零件材料 HT200。

（6）箱体做煤油渗漏试验。

3）机械加工工艺过程卡（见表 4-15 ~ 表 4-17）

表 4-15　减速器箱盖机械加工工艺过程卡

工序号	工序名称	工序内容	工艺装备
1	铸造		
2	清砂	清除浇注系统、冒口、型砂、飞边、飞刺等	

续表

工序号	工序名称	工序内容	工艺装备
3	热处理	人工时效处理	
4	涂底漆	非加工面涂防锈漆	
5	划线	划分割面加工线。划 $\phi 150^{+0.04}_{0}$ mm、两 $\phi 90^{+0.035}_{0}$ mm 三个轴承孔端面加工线，划上平面加工线（检查孔）	
6	刨	以分割面为装夹基面，按线找正，夹紧工件，刨顶部斜面，保证尺寸 3 mm	B665 专用工装
7	刨	以已加工顶斜面做定位基准，装夹工件（专用工装），刨分割面，保证尺寸 12 mm（注意周边尺寸均匀），留有磨削余量 0.6 ~ 0.8 mm	B665 专用工装
8	钻	以分割面及外形定位，钻 10× ϕ14 mm 孔，锪 10× ϕ28 mm 孔，钻攻 2×M12–7H 螺纹孔	Z3050 专用工装
9	钻	以分割面定位，钻攻顶斜面上 6×M6–7H 螺纹孔	Z3050 专用工装
10	磨	以顶斜面及一侧面定位，装夹工件，磨分割面至图样尺寸 12 mm	M7132 专用工装
11	检验	检查各部尺寸及精度	

表 4–16　减速器箱体机械加工工艺过程卡

工序号	工序名称	工序内容	工艺装备
1	铸造		
2	清砂	清除浇口、冒口、型砂、飞边、飞刺等	
3	热处理	人工时效处理	
4	涂漆	非加工面涂防锈漆	
5	划线	划分割面加工线。划三个轴承孔端面加工线、底面线，壁厚均匀	
6	刨	以底面定位，按线找正，装夹工件，刨分割面，留磨量 0.5 ~ 0.8 mm（注意尺寸 12 mm 和 62 mm）	B665
7	刨	以分割面定位装夹工件刨底面，保证高度尺寸 $160.8^{0}_{-0.5}$ mm（工艺尺寸）	B665
8	钻	钻底面 4× ϕ17 mm 孔，其中两个铰至 $\phi 17.5^{+0.01}_{0}$ mm（工艺用），锪 4– ϕ35 mm 孔，深 1 mm	Z3050 专用钻膜
9	钻	钻 10× ϕ14 mm 孔，锪 10× ϕ28 mm 孔，深 1 mm	Z3050 专用钻模
10	钻	钻、铰 $\phi 12^{+0.035}_{0}$ mm 测油孔，锪 ϕ20 mm 孔，深 2 mm	Z3032

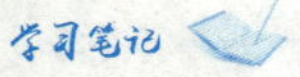

续表

工序号	工序名称	工序内容	工艺装备
11	钻	以两个 $\phi17.5^{+0.01}_{0}$ mm 孔及底面定位，装夹工件，钻 M16×1.5 底孔，攻 M16×1.5，锪 $\phi28$ mm 孔，深 2 mm	Z3032 专用工装
12	磨	以底面定位，装夹工件，磨分割面，保证尺寸 $160^{0}_{-0.5}$ mm	M7132
13	钳	箱体底部用煤油做渗漏试验	
14	检验	检查各部尺寸及精度	

表 4–17　减速器箱机械加工工艺过程卡

工序号	工序名称	工序内容	工艺装备
1	钳	将箱盖、相体对准合箱，用 10–M12 螺栓、螺母紧固	
2	钻	钻、铰 2–$\phi10$ mm，1∶10 锥度销孔，装入锥销	Z3050
3	钳	将箱盖、箱体做标记，编号	
4	铣	以底面定位，按底面一边找正，装夹工作，兼顾其他三面的加工尺寸，铣两端面，保证尺寸 $230^{0}_{-0.5}$ mm	X62W
5	划线	以合箱后的分割面为基准，划 $\phi150^{+0.04}_{0}$ mm 和 2–$\phi90^{+0.035}_{0}$ mm 三轴承孔加工线	
6	镗	以底面定位，以加工过的端面找正，装夹工件，粗镗 $\phi150^{+0.04}_{0}$ mm 和 2–$\phi90^{+0.035}_{0}$ mm 三轴承孔，留加工余量 1 ~ 2 mm。保证中心距 150±0.105 mm 和 100±0.09 mm，保证分割面与轴承孔的位置度公差 0.3 mm	T68
7	镗	定位夹紧同工序 6，按分割面精确对刀（保分割面与轴承孔的位置度公差 0.3 mm），精镗三轴承孔至图样尺寸。保证中心距 150±0.105 mm 和 100±0.09 mm，精镗 6 处宽 $5^{+0.08}_{0}$ mm，深 3 mm，距端面 7 mm 环槽	Y68
8	钳	拆箱、清理飞边，毛刺	
9	钳	合箱，装锥销、紧固	
10	检验	检查各部尺寸及精度	
11	入库	入库	

4）工艺分析

（1）减速器箱盖、箱体主要加工部分是分割面、轴承孔、通孔和螺孔，其中轴承孔要在箱盖、箱体合箱后再进行轴承孔加工，以确保三个轴承孔中心线与分割面的位置，以及三孔中心线的平行度和中心距。

（2）减速器整个箱体壁薄，容易变形，在加工前要进行人工时效处理，以消除铸件内应力，加工时要注意夹紧位置和夹紧力的大小，防止零件变形。

（3）如果磨削加工分割面达不到平面度要求，则可采用箱盖与箱体对研的方法。最终安装使用时，一般加密封胶密封。

（4）减速器箱盖和箱体不具有互换性，所以每装配一套必须钻铰定位销，作标记和编号。

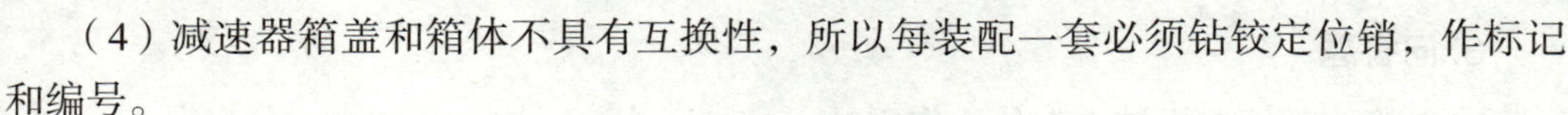

（5）减速器若批量生产可采用专用钻模或专用机床，以保证加工精度及提高生产效率。

（6）三孔平行度的精度主要由设备精度来保证。工件一次装夹，主轴不移动，靠移动工作台来保证三孔中心距。

（7）三孔平行度检查，可用三根心轴分别装入三个轴承孔中，测量三根心轴两端的距离差即可得出平行度误差。

（8）三孔轴心线的位置度也通过三根心轴进行测量。

（9）箱盖、箱体的平面度检查，可将工件放在平台上，用百分表测量。

（10）一般孔的位置，靠钻模和划线来保证。

学习笔记

四、巩固自测

1. 填空题

（1）箱体上一系列有______________要求的孔的组合称为孔系。孔系一般可分为________________、________________和________________。

（2）常用的平面加工方法有刨、铣、磨等，其中__________常用于平面的精加工，而__________和__________则常用于平面的粗加工和半精加工。

（3）铣削用量四要素为____________、____________、____________和____________。

（4）箱体材料一般选用________________，负荷大的主轴箱材料也可采用____________。

（5）铣削的主运动是________________，进给运动是________________。

（6）平面磨削方式有__________和__________两种，相比较而言，__________的加工精度和表面质量更高，但生产率较低。

（7）拟定箱体零件工艺的共同性原则包括__________的加工原则、__________以及__________和用箱体上重要孔作粗基准等方面。

（8）大批量生产箱体常采用的定位方式是__________，它是属于基准选择原则中的__________原则。

2. 判断题

（1）设计箱体零件加工工艺时，应采用基准统一原则。（　　）

（2）工件表面有硬皮时，应采用顺铣法加工。（　　）

（3）键槽铣刀的端面切削刃是主切削刃，圆周切削刃是副切削刃。（　　）

（4）硬质合金浮动镗刀能修正孔的位置误差。（　　）

（5）采用宽刃刀精刨，可获得与刮研相近的精度。（　　）

学习笔记

（6）在淬火后的工件上通过刮研可以获得较高的形状和位置精度。（ ）

（7）平面磨削的加工质量比刨削和铣削都高，还可以加工淬硬零件。（ ）

3. 问答题

（1）箱体零件在机械中有什么作用？

（2）箱体零件一般技术要求有哪些？

（3）箱体零件常用材料有哪些？各有什么特点？

（4）铸造箱体零件时，为什么常会有残余应力？如何消除？

（5）对于某具体的箱体零件，如何选择铸造方法？

（6）不同箱体零件加工工艺有什么共性特点？

（7）箱体零件加工的粗基准选择时，一般应满足什么要求？

（8）为了保证箱体零件孔与孔、孔与平面、平面与平面之间的相互位置和距离尺寸精度，箱体类零件精基准常选择基准统一和基准重合两种原则，什么是基准统一和基准重合？

（9）简述刨削加工的加工范围。

（10）什么是磨具？砂轮有哪几个要素？

（11）简述找正法、镗模法和坐标法。

学习笔记

任务五　减速器装配工艺编制

课程思政案例 5-1

任务目标

通过本任务的学习，学生掌握以下职业能力：

□ 通过参考资料、网络、现场及其他渠道收集信息；

□ 在团队协作中正确分析和解决实际问题；

□ 正确分析减速器装配技术要求，选择合理可靠的装配方法；

□ 正确划分装配单元并合理确定装配顺序；

□ 合理划分装配工序；

□ 正确应用装配尺寸链；

□ 正确、清晰、规范地填写工艺文件。

课程思政案例 5-2

任务描述

● **装配的基本概念**

任何机器都是由若干个零件、组件和部件所组成的。按照规定的技术要求，将零件、组件与部件进行配合和连接，使之成为半成品或成品的工艺过程称为装配。把零件、组件装配成部件的过程称为部件装配，而将零件、组件和部件装配成最终产品的过程称为总装配。

装配不仅对保证机器质量十分重要，还是机器生产的最终检验环节。通过装配可以发现产品设计上的错误和零件制造工艺中存在的质量问题。因此，研究装配工艺、选择合适的装配方法、制定合理的装配工艺规程，不仅可以保证机械装配质量，也可提高生产效率与降低制造成本。

● **减速器简介**

减速器是原动机与工作机之间独立的闭式传动装置，具有降低转速增大扭矩、减少负载惯量的作用。它是一种典型的机械基础部件，广泛应用于各个行业，如冶金、运输、化工、建筑、食品，甚至艺术舞台。在某些场合，也可用作增速的装置，此时称为增速器。

减速器种类繁多、型号各异，不同种类有不同的用途。按照传动类型可分为齿轮减速器、蜗杆减速器和行星齿轮减速器；按照传动级数不同可分为单级和多级减速

学习笔记

器；按照齿轮形状可分为圆柱齿轮减速器、圆锥齿轮减速器和圆锥—圆柱齿轮减速器；按照传动的布置形式又可分为展开式、分流式和同轴式减速器。常用的减速器类型如图 5-1 所示。

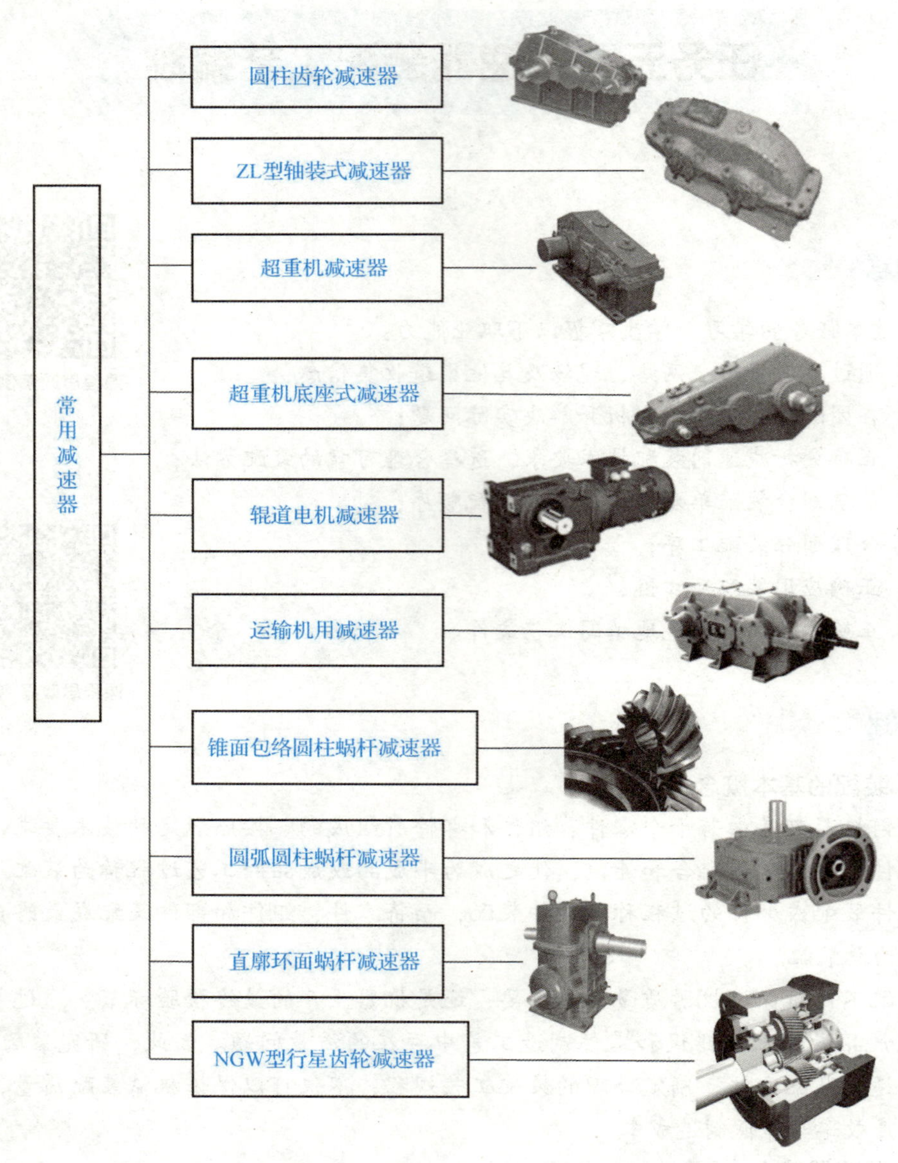

图 5-1　标准减速器系列

● 任务内容

某厂设计制造各型号减速器，拥有多种加工设备，具体见表 2-1。图 2-1 所示为某型号减速器的装配图，年产量为 150 台。现在该减速器的零件已经备好，请分析该减速器，确定生产类型，选择正确的装配方法，确定装配顺序，正确划分装配工序，并填写工艺文件。

● **实施条件**

（1）减速器装配图、零件图、多媒体课件及必要的参考资料，供学生自主学习时获取必要的信息，教师在引导或指导学生实施任务时提供必要的答疑。

（2）工作单及工序卡，供学生获取知识和任务实施时使用。

学习笔记

步骤一 装配工艺认知

一、装配工艺相关术语

装配工艺过程是指按照规定的程序和技术要求，将零件进行配合和连接，使之成为机器或部件的工艺过程。

任何机器都可以分为若干个装配单元，如合件、组件和部件。由两个或两个以上的零件结合成的整体件，装配后一般不可拆卸，这种整体件称为合件，它是最小的装配单元；在一个基准零件上，装上若干个合件及零件的组合体称为组件，组件组装后，在以后的装配中根据需要可以拆开；在一个基准零件上，装上若干个组件、合件或零件组合体，可以完成某种功能的零件集合称为部件，为形成部件而进行的装配工作称为部装。零件、合件、组件、部件及机器之间的关系如图 5-2 所示。

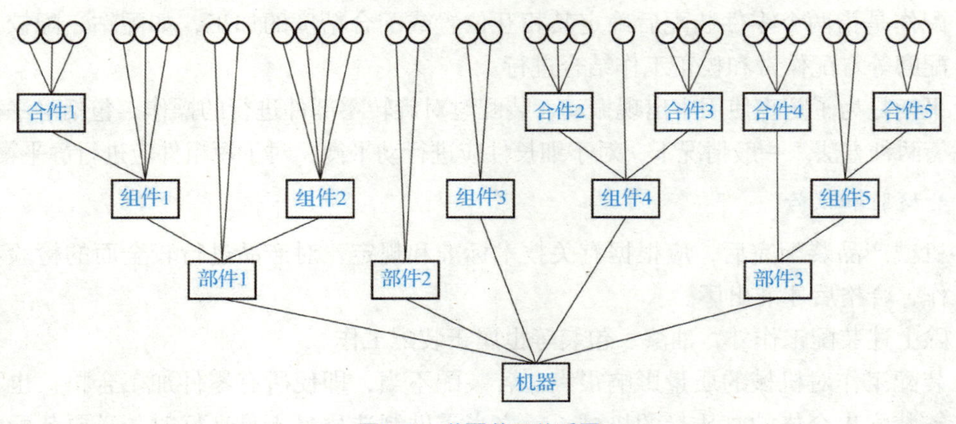

图 5-2　装配单元关系图

想一想：合件、组件、部件或机器都是在一个基准零件上，由若干零件构成的零件集合，分析合件、组件、部件或机器是否可能有两个或两个以上的基准零件。

提示：

合件与组件的区别在于合件在以后的装配中一般不可拆卸，组件可以拆卸。

有些合件组合后可能还需要继续加工。

二、装配工作的基本内容

装配是机械制造全过程的最后一个环节，装配过程不是将合格零件简单地连接起来，而是要通过一系列工艺措施才能最终达到产品质量要求。常见的装配工作有清洗、连接、调整、检验和试验等几项。

1. 清洗

应用清洗液和清洗设备，采用浸洗、喷洗、气相清洗或超声波清洗等合适的清洗方法对装配前的零件或部件进行清洗，去除表面残存油污及机械杂质，使零件达到规定的清洁度。

2. 连接

装配中的连接一般有可拆连接和不可拆连接两类。在装配后可方便拆卸而不会导致任何零件的损坏，拆卸后还可方便重装的连接，称为可拆连接，如螺纹连接、键连接等；装配后一般不再拆卸，若拆卸往往会损坏某些零件的连接，称为不可拆连接，如焊接、铆接或胶接等。

3. 调整

在装配过程中，对某些具体零件的相互位置、配合精度、运动特性等进行的校正、配作或平衡等系列工艺过程，称为调整。

校正是通过某些调整方法校正相关零部件间的相互位置、保证装配精度要求等。

配作是指两个零件装配后确定其相互位置或配合精度的加工，如配钻、配铰、配刮、配磨等。配作常和校正工作结合进行。

平衡是为了防止使用中出现振动，装配时对旋转零部件进行的操作，包括静平衡和动平衡两种方法。一般情况下，对于细长件应进行动平衡，对于短粗件应进行静平衡。

4. 检验和试验

机械产品装配完后，应根据有关技术标准和规定，对产品进行较全面的检验和试验工作，合格后才准出厂。

除上述装配工作外，油漆、包装等也属于装配工作。

装配工作对机械的质量影响很大。若装配不当，即使所有零件加工合格，也不一定能够装配出合格的高质量的机械；反之当零件制造质量不是良好时，只要装配中采用合适的工艺方案，也能使机械达到规定的要求。因此，装配质量对保证机械质量起了极其重要的作用。

三、制定装配工艺规程的基本原则

在制定机器装配工艺规程时，一般应着重考虑以下原则：

（1）保证装配质量，力求提高质量，以延长机械的使用寿命。

（2）合理安排装配顺序和工序，尽量减少手工劳动量，缩短装配周期，提高装配效率。

（3）尽量减少装配占地面积，提高单位面积的生产率。

（4）尽量减少装配工作所占的成本，如减少装配生产面积，提高单位面积的生产率；减少工人的数量，缩短装配周期，降低对工人的技术等级要求，减少装配投资等。

想一想：制定机械装配工艺规程的基本原则是否与机械加工工艺的总原则“保证质量、提高效率、降低成本”一致？

四、装配工艺制定步骤

1. 研究分析产品装配图及验收技术条件

（1）了解机器及部件的具体结构、装配技术要求和检验验收的内容及方法。

（2）审核机械图样的完整性、正确性，分析审查产品的结构工艺性。

（3）研究技术文件规定的装配方法，进行必要的装配尺寸链的分析与计算。

2. 确定装配方法与装配组织形式

装配方法与装配组织形式的选择，主要取决于质量、尺寸及复杂程度等机械结构特点、生产纲领和现有的生产条件，要结合具体情况，从机械加工和装配的全过程着眼应用尺寸链理论，综合考虑，进而确定装配方法。

装配的组织形式主要分固定式和移动式两种，对于固定式装配，其全部装配工作在一个固定的地点进行，产品在装配过程中不移动，多用于单件小批生产或重型产品的成批生产。移动式装配是将零部件用输送带或移动小车按装配顺序从一个装配地点移动至下一个装配地，各装配点仅完成一部分工作。

想一想：固定式与移动式装配组织形式有什么优点？它们对保证质量、提高效率、降低成本有什么意义？

3. 划分装配单元和确定装配顺序

装配单元的划分是制定装配工艺规程中最重要的步骤，这对于大批大量生产结构复杂的机械尤为重要，只有划分好装配单元，才能合理安排装配顺序和划分装配工序。

无论哪一级装配单元都要选定某一零件或比它低一级的单元作为装配基准件。通常应选择体积或质量较大，有足够支承面，能够保证装配时稳定性的零件、部件或组件作为装配基准件。

如车床装配时，一般将床身零件作为床身组件的装配基准件，将床身组件作为床身部件的装配基准组件，将床身部件作为车床的装配基准部件。

划分好装配单元并确定装配基准零件之后，即可安排装配顺序。确定装配顺序的要求是保证装配精度，以及使装配、连接、调整、校正和检验工作能顺利地进行，前

学习笔记

面工序不妨碍质量等。为了清晰地表示装配顺序，常用装配单元系统图来表示，如图 5-3 ~ 图 5-5 所示。

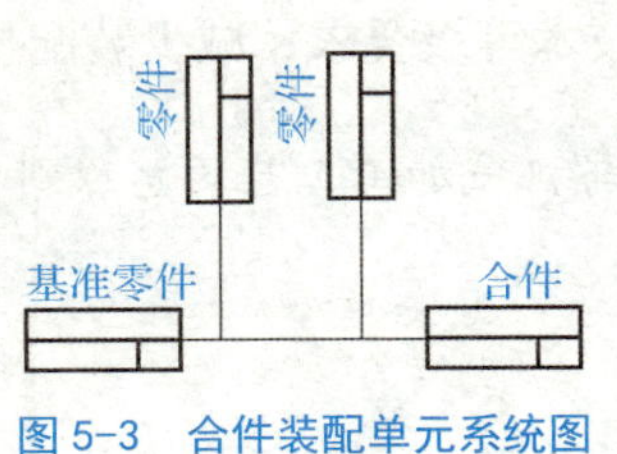

图 5-3　合件装配单元系统图

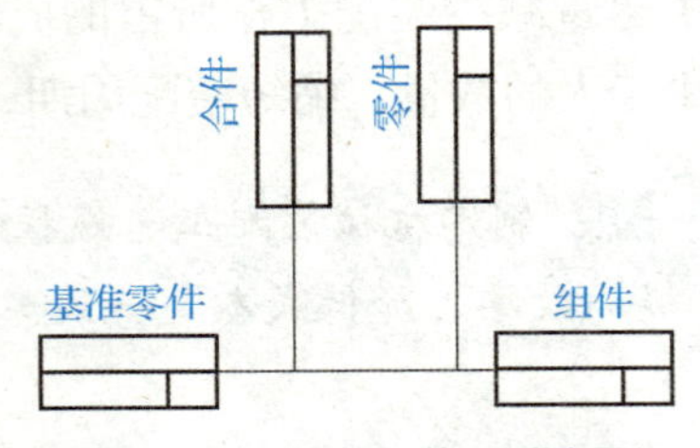

图 5-4　组件装配单元系统图

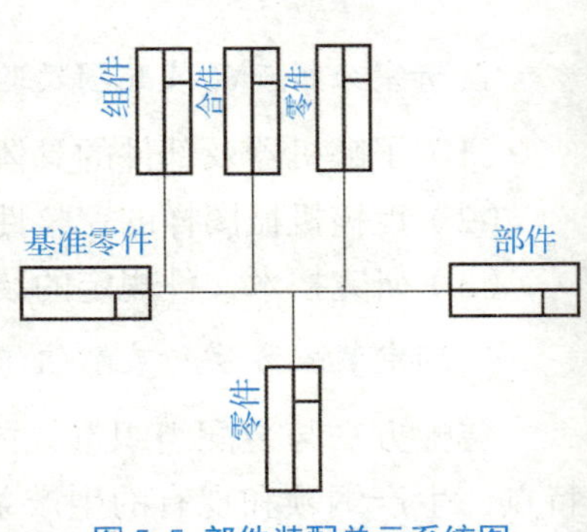

图 5-5 部件装配单元系统图

装配单元系统图是表示产品零、部件间相互装配关系及装配流程的示意图，具体来说，装配顺序一般是“先难后易、先内后外、先下后上，预处理工序在前”。

4. 装配工序的划分与设计

装配工序确定后，即可将工艺过程划分为若干个工序，并进行具体装配工序的设计。装配工序的划分主要是确定工序集中与工序分散的程度。工序的划分通常和工序设计一起进行。工序设计的主要内容如下：

（1）制定工序的操作规范。例如，过盈配合所需压力、紧固螺栓连接的预紧扭矩及装配环境等。

（2）选择设备与工艺装备。若需要专用装备与工艺装备，则应提出设计任务书。

（3）确定工时定额，并协调各工序内容。在大批大量生产时，要平衡工序的节拍，均衡生产，实施流水装配。

5. 编制装配工艺文件

单件小批生产时，通常只绘制装配系统图，装配时按机械装配图及装配系统图工作。成批生产时，通常还制定部件、总装的装配工艺卡，写明工序次序、简要的工序内容、设备名称、工装夹具名称及编号、工人技术等级和时间定额等。

6. 制定机械检验与试验规范

机械检验与试验规范一般包括以下几项内容：

（1）检测和试验的项目及检验质量指标。

（2）检测和试验的方法、条件与环境要求。

（3）检测和试验所需工艺装备的选择与设计。

（4）质量问题的分析方法和处理措施。

5. 装配工艺文件

1）装配工艺过程卡

装配工艺过程卡片是装配工艺的主要文件，其中包括装配工序、装配工艺装备

（工具、夹具、量具等）、时间定额等，见表 5-1。

2）装配工艺系统图

单件小批生产时通常不制定工艺过程卡，而是用装配工艺系统图来代替。装配工艺系统图在装配单元系统图上加注了必要的工艺说明（如焊接、配钻、攻丝、铰孔及检验等），此图较全面地反映了装配单元的划分、装配的顺序及方法，是装配工艺中的主要文件之一。

对复杂产品，还需填写装配工序卡，见表 5-2。此外，还有装配检验及试验卡片。

做一做

（1）学习教材相关知识，回答下面问题。

装配工艺过程是指按照规定的程序和技术要求，将零件进行＿＿＿＿＿和连接使之成为机器或部件的工艺过程。

由两个或两个以上的零件结合成的整体件，装配后一般＿＿＿＿＿＿，这种整体件称为合件，它是最小的装配单元；在一个基准零件上，装上若干个合件及零件的组合体，组装后，在以后的装配中根据需要可以拆开，称为＿＿＿＿＿；在一个基准零件上，装上若干个组件、合件及零件组合体，可以完成某种功能的零件集合称为＿＿＿＿＿＿。

常见的装配工作有清洗、＿＿＿＿＿＿＿、＿＿＿＿＿＿、＿＿＿＿＿与试验等几项。

（2）根据制定装配工艺规程的基本原则，完成下面问题。

①保证装配质量，力求＿＿＿＿＿＿＿，以延长机械的使用寿命。

②合理安排装配顺序和工序，尽量减少＿＿＿＿＿劳动量，缩短装配周期，提高装配效率。

③尽量减少装配＿＿＿＿＿＿，提高单位面积的生产率。

④尽量减少装配工作所占的成本，如减少装配生产面积，提高单位面积的生产率；减少工人的数量，缩短装配周期，降低对＿＿＿＿＿＿＿要求，减少装配投资等。

（3）探讨分析装配工艺制定步骤一般有哪些，及其需要注意什么问题。

＿＿

＿＿

＿＿

＿＿

（4）完成任务单 5.1 的相应任务。根据所学装配工艺基本知识，手工绘制装配工艺过程卡、装配工序卡，并对比分析装配工艺过程卡与机械加工工艺过程卡（见表 1-4），以及装配工序卡与机械加工工序卡（见表 1-6）之间有何异同。

学习笔记

表 5-1　装配工艺过程卡片

		装配工艺过程卡片	产品型号		零（部）件图号		
			产品名称		零（部）件名称	共（　）页	第（　）页
	工序号	工序名称	工序内容	装配部门	设备及工艺装备	辅助材料	工时定额 min
描图							
描校							
底图号							

装订号										设计（日期）	审核（日期）	标准化（日期）	会签（日期）	
	标记	处数	更改文件号	签字	日期	标记	处数	更改文件号	签字	日期				

表 5-2　装配工序卡片

	装配工序卡片	产品型号		零（部）件图号			
		产品名称		零（部）件名称		共（　）页	第（　）页

工序号		工序名称		车间		工段	设备			工序工时	
简　图											

	工步号	工步内容	工艺装备	辅助材料	工时定额 min
描图					
描校					
底图号					

											设计（日期）	审核（日期）	标准化（日期）	会签（日期）	
装订号															
	标记	处数	更改文件号	签字	日期	标记	处数	更改文件号	签字	日期					

学习笔记

学习笔记

步骤二　生产类型的确定及结构技术要求分析

一、装配工艺特征

根据装配工作生产值的大小，装配生产类型可分为大批量生产、成批生产和单件小批生产，生产类型不同，装配工作在组织形式、装配方法和工艺装备等方面有很大区别。各种生产类型的装配工艺特征见表5-3。

表5-3　各种生产类型的装配工艺特征

装配工艺特征	生产类型		
	大批量生产	成批生产	单件小批生产
产品专业化程度	产品固定，生产活动长期重复，生产周期一般较短	产品在系列化范围内变动，分批交替投产或多品种同时投产，生产活动在一定时期内重复	产品经常变换，不定期重复生产，生产周期一般较长
组织形式	多采用流水装配线：有连续移动、间歇移动及可变节奏移动等方式，还可采用自动装配机或自动装配线	笨重、批量不大的产品多采用固定流水装配，多品种平行投产时采用多品种可变节奏流水装配	多采用固定装配或固定式流水装配进行总装，同时对批量较大的部件亦可采用流水装配
装配工艺方法	按互换法装配，允许有少量简单的调整，精密偶件成对供应或分组供应装配，无任何修配工作	主要采用互换法，但应灵活运用其他保证装配精度的装配工艺方法，如调整法、修配法及合并法，以节约加工费用	以修配法及调整法为主，互换件比例较少
工艺过程	工艺过程划分很细，力求生产节拍的均衡性	工艺过程的划分须适合批量的大小，尽量使生产均衡	一般不制定详细的工艺文件，工序可适当调整，工艺也可灵活掌握
工艺装备	专业化程度高，宜采用高效工艺装备，易于实现机械化、自动化	通用设备较多，但也采用一定数量的专用工、夹、量具，以保证装配质量和提高工效	一般为通用设备及通用工、夹、量具
手工操作要求	手工操作比重小，熟练程度容易提高，便于培养新工人	手工操作比重较大，技术水平要求较高	手工操作比重大，要求工人有高的技术水平和多方面的工艺知识
应用实例	汽车，拖拉机，内燃机，流动轴承，手表，缝纫机，电气开关	机床，机车车辆，中小型锅炉，矿山采掘机械	重型机床，重型机器，汽轮机，大型内燃机，大型锅炉

学习笔记

二、机器结构的装配工艺性

装配工艺性是指机器的结构在满足装配精度要求和方便维修、使用的条件下，能用较少的劳动量和较高的生产率进行装配的一种属性，也就是结构的装配工艺性好，则容易保证装配精度和生产率，并便于机器的维修和使用；结构的装配工艺性不好，则装配工作比较困难，甚至装配工作无法进行，同时机器的使用和维修也会受到影响。

1. 独立的装配单元

机器能否分为若干独立的装配单元，是装配结构工艺性的首要问题。将机器划分为若干独立的装配单元，一是有利于组织流水装配，使装配工作专业化；二是有利于提高装配质量，缩短整个装配工作的周期，从而提高装配劳动生产率；三是有利于重型机械包装运输。

2. 便于装配和拆卸

便于装配主要表现在零件能顺利装配出机器来。此外，因为机器在使用过程中不可避免地要进行小、中、大修，所以注意零、部件拆卸要方便。

3. 减少在装配时的机械加工和修配工作

装配时的修配工作，不仅技术要求高，而且多半是手工操作，既费工又难以确定工作量。因此，在结构设计中应考虑如何将装配时的修配工作减到最低限度。

三、装配体结构工艺性

（1）在轴和孔配合时，若要求轴肩和孔的端面相互接触，则应在孔口处加工出倒角或在轴肩处加工退刀槽，以确保两个端面的接触良好，如图 5-6 所示。

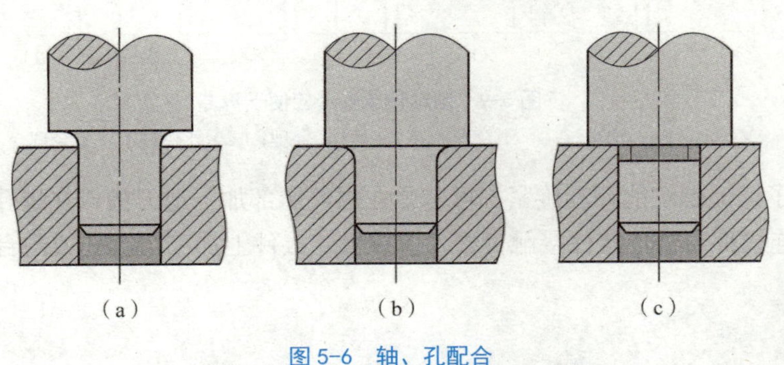

图 5-6　轴、孔配合
（a）不合理；（b）倒角；（c）退刀槽

轴孔配合

（2）两个零件在同一方向上只允许有一对接触面，这样既方便加工又能保证良好接触；反之，既会给加工带来麻烦，又无法满足接触要求，如图 5-7 所示。

（3）在安装滚动轴承时，为防止其轴向窜动，有必要采用一些轴向定位结构来固定其内、外圈。常用的结构有轴肩、台肩、圆螺母和各种挡圈，如图 5-8 所示。在安装滚动轴承时还应考虑到拆卸的方便与否，如图 5-9 所示。

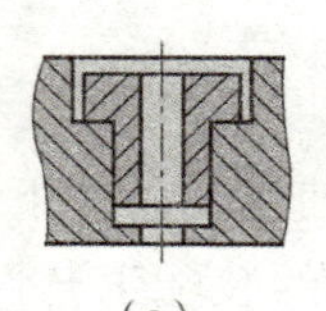
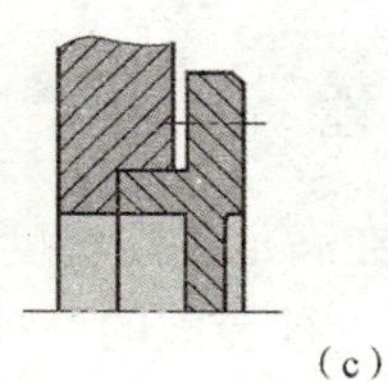
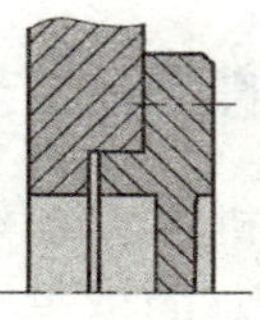
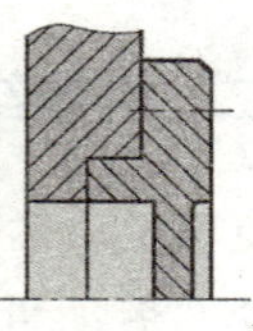

（a）（b）（c）（d）

图 5-7 零件接触面

（a）径向一对接触面，合理；（b）径向两对接触面，不合理；（c）轴向一对接触面，合理；（d）轴向一对接触面，不合理

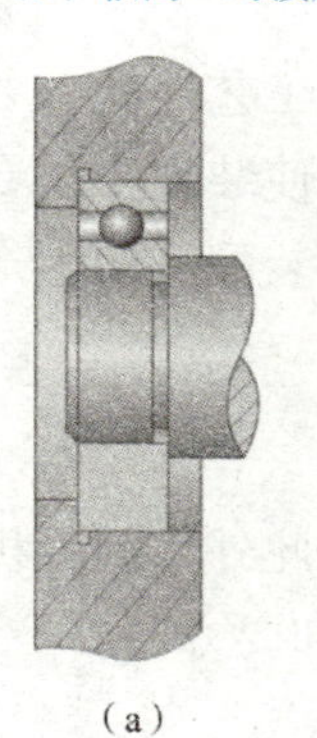
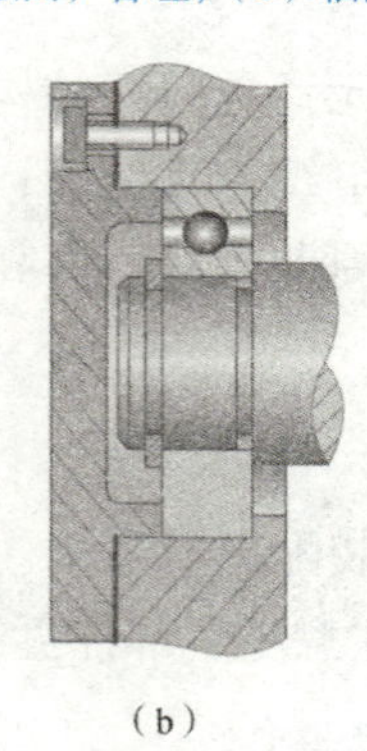
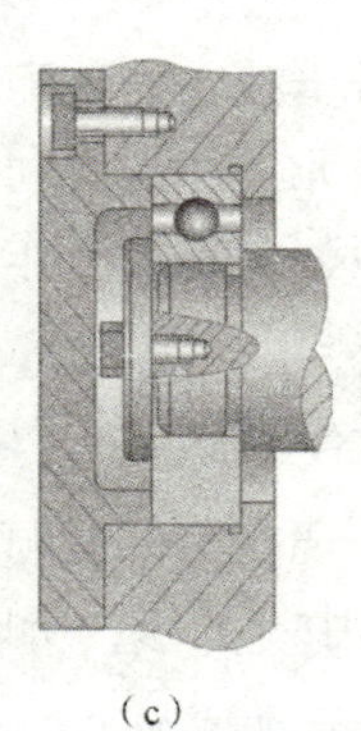

（a）（b）（c）

图 5-8 滚动轴承定位

（a）轴肩与台肩定位；（b）挡圈与轴肩定位；（c）圆螺母与轴肩定位

滚动轴承安装应便于拆卸

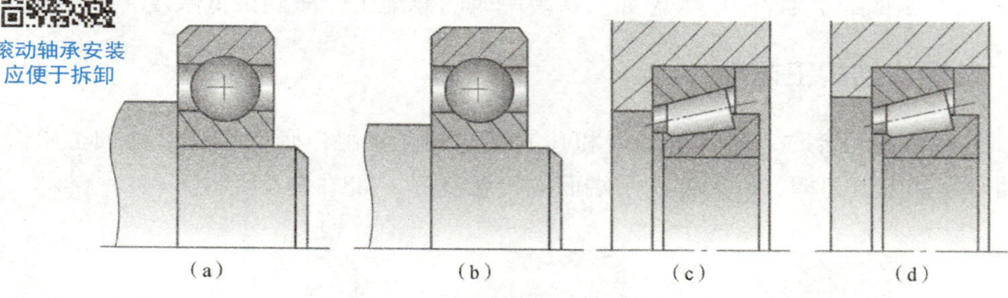

图 5-9 滚动轴承安装应便于拆卸

（a）轴肩过高，不合理；（b），（d）合理；（c）孔径过小，不合理

（4）为了保证螺纹能顺利旋紧，可考虑在螺纹尾部加工退刀槽或在螺孔端口加工倒角。为保证连接件与被连接件接触良好，应在被连接件上加工出沉孔或凸台，如图 5-10 所示。

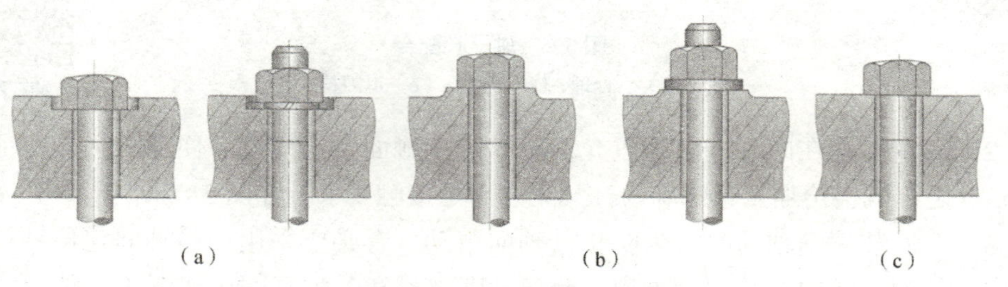

图 5-10 螺纹连接

（a）沉孔；（b）凸台；（c）不合理

（5）螺纹紧固件的防松结构：大部分机器在工作时常会产生振动或冲击，因而导致螺纹紧固件松动，影响机器的正常工作，甚至诱发严重事故，所以螺纹连接中一定要设计防松装置。常用的防松装置有双螺母、弹簧垫圈、止退垫圈和开口销等，如图 5-11 所示。

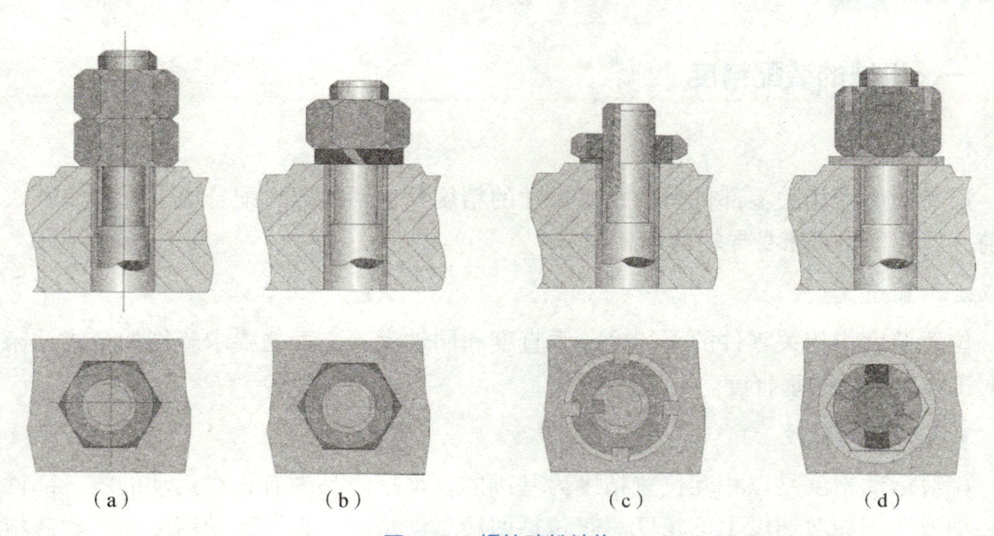

图 5-11　螺纹防松结构
（a）双螺母防松；（b）弹簧垫圈防松；（c）止退垫圈防松；
（d）开口销防松

想一想： 查阅相关资料，结合实际分析还有哪些机械装配结构工艺性需要在工作中加以注意。

做一做

（1）阅读教材相关知识，分析生产类型不同，装配工作在组织形式、装配方法、工艺装备等方面有哪些区别。

____

____

____

（2）完成任务单 5.1 的相应任务。根据减速器年产量及本步骤所学知识，确定生产类型，查询表 5-3 分析该减速器装配工艺特征，及其结构与技术要求。

学习笔记

步骤三　装配方法的选择与装配顺序的安排

知识准备

一、机械的装配精度

1. 尺寸精度

尺寸精度指相关零部件间的距离尺寸的精度，包括间隙、配合要求。例如卧式车床前、后两顶尖对床身导轨的等高度。

2. 位置精度

位置精度指相关零件的平行度、垂直度和同轴度等方面的要求。例如台式钻床主轴对工作台台面的垂直度。

3. 相对运动精度

相对运动精度是以相互位置精度为基础的，是指产品中有相对运动的零、部件间在运动方向和相对速度上的精度。它包括回转运动精度、直线运动精度和传动链精度等。例如滚齿机滚刀与工作台的传动精度。

4. 接触精度

接触精度是指两个配合或连接表面达到规定的接触面积大小的接触点的分布情况，它主要影响接触变形，同时也影响配合性质。例如齿轮啮合、锥体、配合以及导轨之间的接触精度。

二、零件精度与装配精度的关系

（1）机械及其部件都是由零件组成的，装配精度与相关零、部件制造误差的累积有关，特别是关键零件的加工精度。因此，零件的精度是保证装配精度的基础。

（2）有了精度合格的零件，若装配方法不当也可能装配不出合格的机器；反之，当零件制造精度不高时，若采用恰当的装配方法，也可装配出具有较高装配精度的产品。因此，装配精度不但取决于零件的精度，还取决于装配方法。

三、装配尺寸链

1. 装配尺寸链的基本概念

装配尺寸链是产品或部件在装配过程中，由相关零件的有关尺寸（表面或轴线间距离）或相互位置关系（平行度、垂直度或同轴度等）所组成的尺寸链。其基本特征是具有封闭性，即由一个封闭环和若干个组成环所构成的尺寸链封闭图形，如图 5–12 所示。封闭环不是零件或部件上的尺寸，而是不同零件或部件的表面或轴心线间的相对位置尺寸，它不能独立地变化，而是在装配过程的最后形成的，即为装配精度，如图 5-12 中的 A_0。各组成环不是在同一个零件上的尺寸，而是与装配精度有关的各零件上的有关尺寸，如图 5-12 中的 A_1、A_2、A_3、A_4 和 A_5。装配尺寸链各环的定义及特征见任务二。显然，A_1 是增环，A_2、A_3、A_4 和 A_5 是减环。

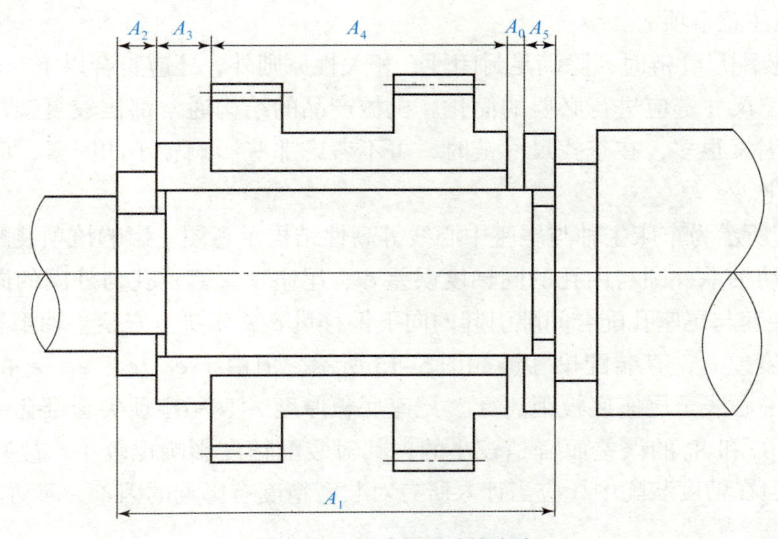

图 5-12　组成环尺寸的注法

装配尺寸链按照各环的几何特征和所处的空间位置大致可分为线性尺寸链、角度尺寸链、平面尺寸链和空间尺寸链，其中前两种最为常见。

2. 装配尺寸链的建立

装配尺寸链也是由封闭环和组成环组成的。建立装配尺寸链就是根据封闭环，查找组成环（相关零件设计尺寸），并画出尺寸链图，判别组成环的性质（判别增、减环）。

1）确定封闭环

在装配过程中，要求保证的装配精度就是封闭环，如图 5-12 中的 A_0。

2）查明组成环，画装配尺寸链图

从封闭环任意一端开始，沿着装配精度要求的位置方向，将与装配精度有关的各零件尺寸依次首尾相连，直到封闭环另一端相接为止，形成一个封闭形的尺寸图，图上的各个尺寸即是组成环。

3）判别组成环的性质

在装配关系中，对装配精度有直接影响的零、部件的尺寸和位置关系，都是装配尺寸链的组成环。如同工艺尺寸链一样，装配尺寸链的组成环也分为增环和减环。画出装配尺寸链图后，按照任务二所述的定义判别组成环的性质（即增、减环）。

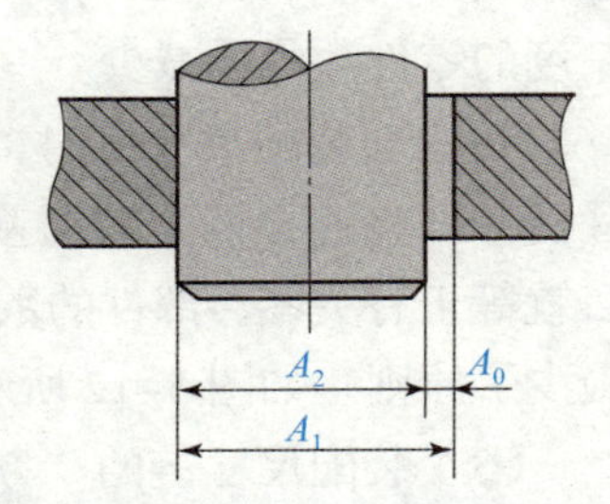

图 5-13　轴孔配合的装配尺寸链

图 5-13 所示为轴与孔配合的装配关系，装配后要求

学习笔记

轴、孔有一定的间隙。轴孔间的间隙 A_0 就是该尺寸链的封闭环，它是由孔尺寸 A_1 和轴尺寸 A_2 装配后形成的。此时，孔尺寸 A_1 增大，间隙 A_0（封闭环）亦随之增大，故 A_1 为增环；反之，轴尺寸 A_2 为减环。其尺寸链方程为

$$A_0 = A_1 - A_2$$

4）其他注意事项

在建立装配尺寸链时，除满足封闭性、相关性原则外，还应符合以下要求。

（1）装配尺寸链应进行必要的简化。机械产品的结构通常都比较复杂，对装配精度有影响的因素很多，在查找尺寸链时，可不考虑那些影响较小的因素，应使装配尺寸链适当简化。

图 5-14 所示为车床主轴与尾座中心线等高性结构示意图，影响该项装配精度的因素有主轴滚动轴承外圆与内孔的同轴度误差 e_1、尾座顶尖套锥孔与外圈的同轴度误差 e_2、尾座顶尖套与尾座孔配合间隙引起的向下偏移量 e_3、床身上安装主轴箱和尾座的平导轨面的高度差 e_4，其装配尺寸链如图 5-15 所示。但由于 e_1、e_2、e_3、e_4 的数值相对于主轴锥孔中心线至尾座底板距离 A_1、尾座底板厚度 A_2、尾座顶尖套锥孔中心线至尾座底板距离 A_3 和 A_0 的误差而言是较小的，其对装配精度影响也较小，故装配尺寸链可以简化。但在精度装配中，应当计入所有对装配精度有影响的因素，不可随意简化。

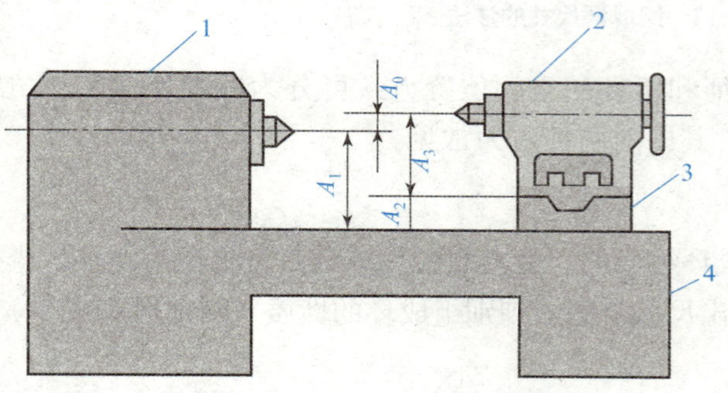

图 5-14　主轴箱主轴与尾座套筒中心线等高结构示意图

1—主轴箱；2—尾座；3—尾座底板；4—床身

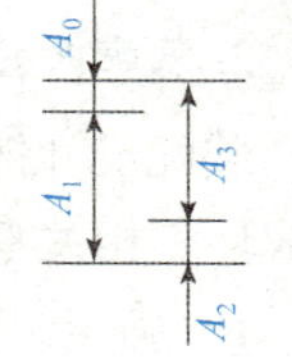

图 5-15　尺寸链

（2）装配尺寸链组成的“一件一环”原则。在装配精度既定的条件下，组成环数越少，则各组成环分配到的公差值就越大，零件加工越容易、越经济。这样，在产品结构设计时，在满足产品工作性能的条件下，应尽量简化产品结构，使影响产品装配精度的零件数尽量减少。

在建立装配尺寸链时，每个相关的零部件只应有一个尺寸作为组成环列入装配尺寸链，即将连接两个装配基准面间的位置尺寸直接标注在零件图上，这样组成环的数目就等于有关零、部件的数目，即“一件一环”，这就是装配尺寸链的最短路线（环数最少）原则。如图 5-12 所示，轴只有 A_1 这一个尺寸进入尺寸链。

（3）装配尺寸链的“方向性”。在同一装配结构中，当在不同位置方向都有装配精度要求时，应按不同方向分别建立装配尺寸链。

学习笔记

3. 装配尺寸链的计算方法

装配方法与装配尺寸链的计算方法密切相关。同一项装配精度，采用不同的装配方法时，其装配尺寸链的计算方法也不相同。

装配尺寸链的计算可分为正计算、反计算及中间计算法等。

1）正计算法

已知组成环的基本尺寸及偏差，代入公式，求出封闭环的基本尺寸偏差，多用于校核验算已设计的图样，其计算比较简单，不再赘述。

2）反计算法

已知封闭环的基本尺寸及偏差，求各组成环的基本尺寸及偏差，常在产品设计过程之中用来确定各零、部件的尺寸和加工精度。

3）中间计算法

已知封闭环及组成环的基本尺寸及偏差，求另一组成环的基本尺寸及偏差，其计算也较简便，不再赘述。

4）极值法

用极值解装配尺寸链的计算方法和公式，与任务二的步骤九中解工艺尺寸链的公式相同。

5）概率法

极值法的优点是简单可靠，其缺点是从极端情况下出发推导出的计算公式比较保守，当封闭环的公差较小，而组成环的数目又较多时，各组成环分得的公差是很小的，此时加工困难，制造成本高。生产实践证明，加工一批零件时，其实际尺寸处于公差中间部分的是多数，而处于极限尺寸的零件是极少数的，而且一批零件在装配中，尤其是对于多环尺寸链的装配，同一部件的各组成环恰好都处于极限尺寸的情况更是少见。因此，在成批、大量生产中，当装配精度要求高，而且组成环的数目又较多时，应用概率法计算装配尺寸链比较合理。

概率法和极值法所用的计算公式的区别只在封闭环公差的计算上，其他完全相同。

（1）极值法的封闭环公差：

$$T_0 = \sum_{i=1}^{m} T_i$$

式中 T_0——封闭环公差；

T_i——组成环公差；

m——组成环个数。

（2）概率法封闭环公差：

$$T_0 = \sqrt{\sum_{i=1}^{m} T_i^2}$$

式中 T_0——封闭环公差；

T_i——组成环公差；

m——组成环个数。

学习笔记

应用题：如图 5-16 所示，已知 A_1=41 mm，A_3=7 mm，A_2=A_4=17 mm，要求轴向间隙为 0.05 ~ 0.15 mm。

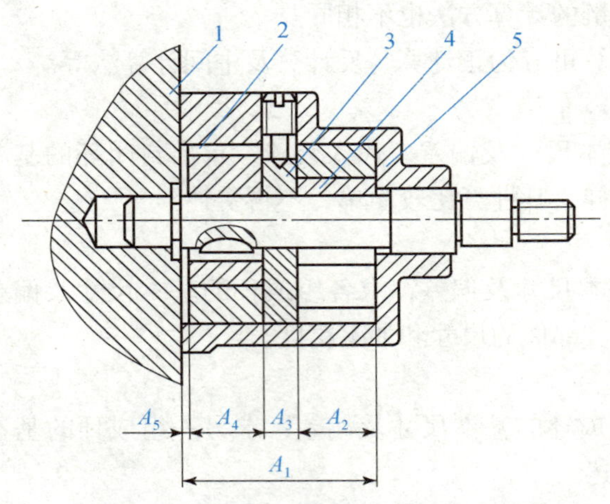

图 5-16　双联转子泵的轴向装配关系简图

1—机杯；2—外转子；3—隔板；4—内转子；5—壳体

解：

（1）分析和建立尺寸链。

封闭环尺寸为

$$A_{\Sigma}=0_{+0.05}^{+0.15}\ \text{mm}$$

验算封闭环的基本尺寸为

$$A_{\Sigma}=\vec{A}_1-(\overleftarrow{A}_2+\overleftarrow{A}_3+\overleftarrow{A}_4)=41-(17+7+17)=0$$

故各环的基本尺寸正确。

（2）确定各组成环公差。

隔板 A_3 容易在平面上磨削，精度容易达到，故选其作为“相依尺寸”（协调环）。

因为

$$T(A_{\Sigma})=0.15-0.05=0.1\ (\text{mm})$$

故各组成环的平均公差为

$$T_{\text{cp}}(A_i)=\frac{T(A_{\Sigma})}{n-1}=\frac{0.1}{5-1}=0.025\ (\text{mm})$$

根据基本尺寸的大小和加工的难易程度，调整各组成环的公差为

$$T(A_1)=0.049\ \text{mm},\ T(A_2)=T(A_4)=0.018\ \text{mm}$$

计算“相依尺寸”公差为

$$\begin{aligned}T(A_3)&=T(A_{\Sigma})-[T(A_1)+T(A_2)+T(A_4)]\\&=[0.1-(0.049+0.018+0.018)]\ \text{mm}=0.015\ \text{mm}\end{aligned}$$

计算“相依尺寸”偏差，列尺寸链竖式，解得

$$A_3=7_{-0.065}^{-0.050}\ \text{mm}$$

学习笔记

应用题： 已知 A_1=60（+0.20）mm，A_2=57（−0.20 mm），A_3=3（−0.10）mm，各组成环均呈正态分布，即分布中心与公差带中心重合，求解封闭环的公差和偏差。

解： 封闭环的基本尺寸为

$$A_{\Sigma}=A_1-A_2-A_3=60-57-3=0\ (\text{mm})$$

封闭环的公差为

$$T_{\Sigma}=\sqrt{\sum_{i=1}^{n-1}T_i^2}=\sqrt{0.2^2+0.2^2+0.1^2}=0.3(\text{mm})$$

封闭环的平均偏差为

$$B_M(A_{\Sigma})=B_M(A_1)-B_M(A_2)-B_M(A_3)$$
$$=0.1-(-0.1)-(-0.05)=0.25\ (\text{mm})$$

封闭环的上、下偏差为

$$B_s(A_{\Sigma})=B_M(A_{\Sigma})+\frac{T_{\Sigma}}{2}=0.25+0.3/2=0.4(\text{mm})$$

$$B_x(A_{\Sigma})=B_M(A_{\Sigma})-\frac{T_{\Sigma}}{2}=0.25-0.3/2=0.1(\text{mm})$$

封闭环尺寸（略）。

四、保证装配精度的工艺方法

装配精度是靠正确选择装配方法和零件制造精度来保证的，装配方法对部件的装配生产率和经济性有很大影响。为达到装配精度，应合理选择装配方法。常用装配方法有互换法、选配法、修配法、调整法等，其工艺特征见表 5–4。

表 5–4　不同装配方法的工艺特征

装配方法		概念	选用场合
互换法	完全互换法	各配合件不需要挑选、修配，也不需要调整，装配后即可达到规定的装配精度	优先选用，多用于低精度或较高精度的少环装配
	不完全互换法	各配合件需经挑选、修配或调整后再进行装配，才可达到规定的装配精度	大批量生产、装配精度要求较高、环数较多的情况
选配法	直接选配法	由工人在许多待装的零件中经多次挑选、试装，凭经验保证装配精度	成批大量生产、精度要求很高、环数少的情况
	分组选配法	事先将互配零件的尺寸公差按完全互换法所求的值扩大数倍（一般为 2 ~ 4 倍），使其能按经济精度加工，再通过测量按零件尺寸分组，装配时按对应组分别装配，以达到装配精度要求	大批量生产、精度要求特别高、环数少的情况

学习笔记

续表

装配方法		概念	选用场合
选配法	复合选配法	直接选配法和分组选配法的复合，即零件预先测量分组，装配时再在各相应组内凭工人经验直接选配	大批量生产、精度要求特别高、环数少的情况
修配法	单件修配法	将零件按经济精度加工后，装配时将预定的环用修配加工来改变其尺寸，以保证装配精度	单件小批生产、装配精度要求很高、环数较多的情况，组成环按经济精度加工，生产率低
	合并修配法	将两个或多个零件合并在一起进行加工修配	
	自身加工修配法	在机床装配后自己加工自己，以保证加工精度	
调整法	可动调整法	采用改变调节件的位置来保证装配精度的方法	小批生产、装配精度要求较高、环数较多的情况
	固定调整法	在尺寸链中选定一个或加入一个零件作为调整环	大批量生产、装配精度要求较高、环数较多的情况
	误差抵消调整法	通过调节某些相关零件的误差方向，使其互相抵消	小批生产、装配精度要求较高、环数较多的情况

应知应会

互换装配法

互换装配法是在装配过程中，零件互换后仍能达到装配精度要求的装配方法。其实质就是通过控制零件的加工误差来保证产品的装配精度。根据互换程度的不同，互换法分为完全互换法和大数互换法。

1. 完全互换装配法

1）装配尺寸链计算

采用完全互换装配法时，装配尺寸链采用极值法计算，即尺寸链各组成环的公差之和应小于封闭环公差（即装配精度要求）：

$$T_0 \geqslant \sum_{i=1}^{n-1} T_i$$

式中 T_0——封闭环公差；

T_i——第 i 个组成环公差；

n——尺寸链总环数。

学习笔记

求解尺寸链时，存在两种情况，一是组成环公差已知，求封闭环的公差，此时可以校核按照给定的相关零件的公差进行完全互换式装配是否能满足相应的装配精度要求；二是封闭环公差已知，求解分配各相关零件（各组成环）的公差 T_i，此时可以按照“等公差法”或“相同精度等级法”进行，“等公差法”较为常用。

“等公差法”是按各组成环公差相等的原则分配封闭环公差的方法，即假设各组成环公差相等，求出组成环的平均公差：

$$\overline{T} = \frac{T_0}{n-1}$$

然后根据各组成环尺寸大小和加工难易程度，将其公差适当调整。但调整后的各组成环公差之和仍不得大于封闭环要求的公差。

2）调整参照原则

（1）当组成环是标准件尺寸时，其公差值和分布位置在相应的标准中已有规定，为已定值。

（2）当组成环是几个尺寸链的公共环时，其公差值和分布位置应由对其要求最严的那个尺寸链先行确定，而对其余尺寸链来说该环尺寸为已定值。

（3）当分配待定的组成环公差时，一般可按经验视各环尺寸加工难易程度加以分配。如尺寸相近、加工方法相同，则取其公差值相等；难加工或难测量的组成环，则其公差可取较大值。

在确定各组成环极限偏差时，一般可按“入体原则”确定，即对相当于轴的被包容尺寸，按基轴制（h）决定其下偏差；对相当于孔的包容尺寸，按基孔制（H）决定其上偏差；而对孔中心距尺寸，则按对称偏差选取，即 $\pm T_i/2$。

注意：应使组成环尺寸的公差值和分布位置符合《公差与配合》国家标准的规定，以便于组织生产。例如，可以利用标准极限量规（卡规、塞规等）来测量尺寸。

当各组成环都按上述原则确定其公差值和分布位置时，往往不能恰好满足封闭环的要求，因此就需要选取一个协调环，该环一般应选用便于加工和可用通用量具测量的零件尺寸。

3）完全互换装配方法的特点

装配质量稳定可靠，装配过程简单、生产率高，易于实现装配机械化、自动化，便于组织流水作业与各零部件的协作和专业化生产，有利于产品的维护和零部件的更换。这种装配方法常用于高精度的少环尺寸链或低精度的多环尺寸链的大批大量生产装配中。

学习笔记

2. 大数互换装配法

大数互换装配法的实质是放宽尺寸链各组成环的公差，以利于零件的经济加工。由于零件所规定的公差要比完全互换法所规定的大，故会有极小可能使封闭环的公差超出规定的范围，从而产生极少量的不合格产品。

大数互换法是以概率论为理论依据的。在正常生产条件下加工零件时，零件获得极限尺寸的可能性是较小的，大多数零件的尺寸处于公差带范围的中间部分。而在装配时，各零部件的误差恰好都处于极限尺寸的情况更为少见。因此，在尺寸链环数较多、封闭环精度要求又较高时，使用概率法计算更为合理。

用概率法求解装配尺寸链的基本问题是合理确定各组成环的公差。根据概率统计原理，封闭环的平均值等于各组成环平均值的代数和，即

$$\overline{A_0} = \sum_{j=0}^{m} \overline{A_j} - \sum_{k=m+1}^{n-1} \overline{A_k}$$

式中 A_j——增环；

A_k——增环；

m——尺寸链的增环环数；

n——尺寸链总环数。

根据上式，若采用等公差分配原则，则可求出组成环的平均公差为

$$\overline{T} = \frac{K_0 \cdot T_0}{\sqrt{\sum_{i=1}^{n-1} \xi_i^2 K_i^2}}$$

式中 K_i——第 i 个组成环的相对分布系数；

ξ_i——第 i 个组成环的传递系数。

大数互换法以一定置信水平为依据。通常，封闭环趋近正态分布，取置信水平 P=99.73%，装配不合格品率为 0.27%。

置信水平 P 与相对分布系数 K 的相应数值可查表 5–5。

表 5–5 置信水平与相对分布系数

P/%	99.73	99.5	99	98	95	90
K	1	1.06	1.16	1.29	1.52	1.82

为了避免大数互换装配法的超差，应采用适当的工艺措施。只有当放大组成环公差所得到的经济效果超过为避免超差所采取的工艺措施花的代价后，才可能采用大数互换装配法。大数互换装配法常应用于生产节拍不是很严格的成批生产中。例如，机床和仪器仪表等产品，此外封闭环要求较宽的多环尺寸链应用较多。

学习笔记

想一想： 查阅相关资料，试说明如何应用互换法、选配法、修配法、调整法装配方法解决工程中的实际问题。

提示：

（1）一般来说，应优先选用完全互换法；在生产批量较大、组成环又较多时，应考虑采用不完全互换法；在封闭环的精度较高、组成环环数较少时，可以采用选配法；只有在上述方法使零件加工很困难或不经济，特别是中小批生产，尤其是单件生产时，才宜采用修配法或调整法。

（2）在采用补偿法（调整装配法和修配装配法）时，应合理选择补偿环。补偿环的位置应尽可能便于调节或拆卸。

做一做

（1）结合所学知识，研讨零件精度与装配精度有什么关系。

（2）试讨论分析完全互换法与大数互换法有何不同。

（3）什么场合适合应用完全互换法或大数互换法？

（4）完成任务单 5.1 的相应任务。参照图 5–17 所示的装配工艺系统图，划分减速器装配单元，确定装配方法，并安排装配顺序。

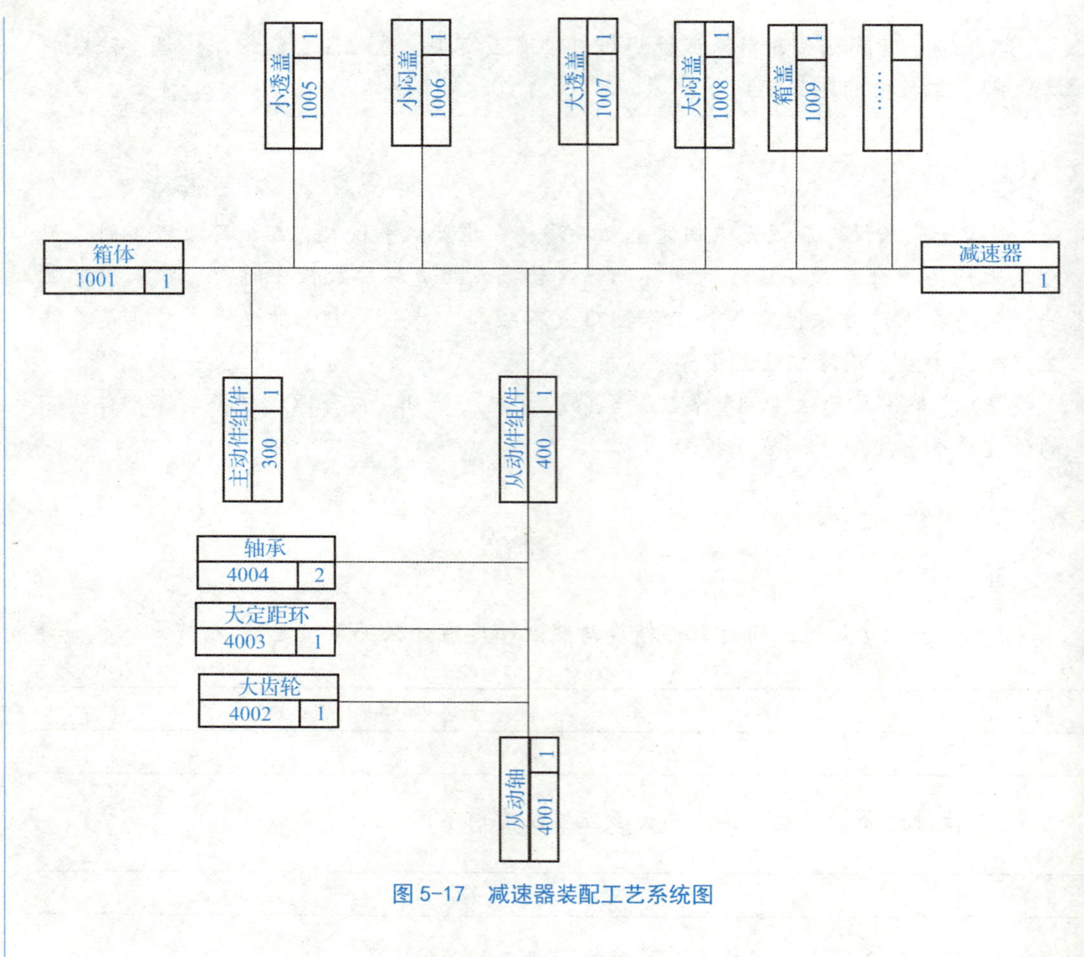

图 5-17　减速器装配工艺系统图

步骤四　划分装配工序

知识准备

一、装配工序的划分原则

（1）前面工序不应妨碍后面工序的进行。因此，预处理工序要先行，如将清洗、倒角、去毛刺和飞边、防腐除锈处理、涂油漆等安排在前。

（2）后面工序不能损坏前面工序的装配质量。因此，冲击性装配、压力转、加热装配、补充加工工序等应尽量安排在早期进行。

（3）减少装配过程中的运输、翻身、转位等工作量。因此，相对基准件处于同一范围的装配作业，使用同样装配工装、设备或对装配环境有同样特殊要求的作业应尽可能连续安排。

（4）减少安全防护工作量及其设备。对于易燃、易爆、易碎、有毒物质或零部件的安装，应尽可能放到后期进行。

（5）电线、气管、油管等管、线的安装，根据情况安排在合适工序中。

（6）及时安排检验工序，特别是在对产品质量影响较大的工序后，要经检验合格后才允许进行后面的装配工序。

学习笔记

二、装配工序的划分步骤

（1）确定工序集中与分散的程度。

（2）划分装配工序，确定各工序的作业内容。

（3）确定各工序所需的设备和工序，需要时要拟定专用装配的设计任务书。

（4）制定各工序操作规范，如清洗工序的清洗液，清洗湿度及时间，过盈配合的压入力，变温装配的加热温度，紧固螺栓、螺母的旋紧力矩和旋紧顺序，装配环境要求，等等。

（5）制定各工序装配质量要求、检测项目和方法。

（6）确定各工序工时定额，并平衡各工序的生产节拍。

做一做

完成任务单5.1的相应任务。根据本步骤所学知识，并参照图5-18所示的装配流程图，划分减速器装配工序。

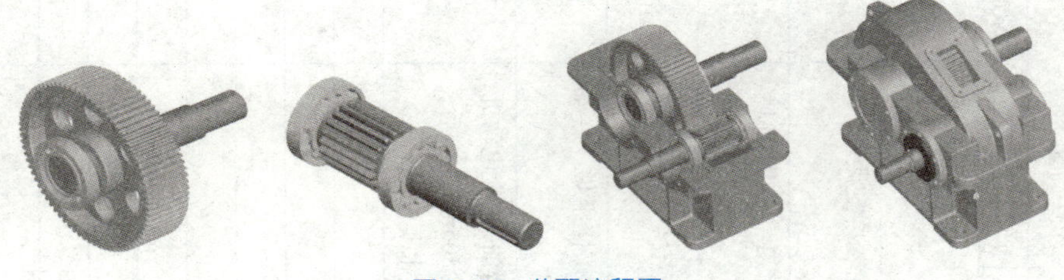

图5-18　装配流程图

步骤五　工艺文件的填写

做一做

（1）完成任务单5.1的相应任务。根据步骤一至步骤四所确定的装配方案，填写装配工艺过程卡（见表5-6）。

（2）对比表5-6，分析查找自己制定的装配工艺与表5-6是否相同，若不相同，分析其有何不同。

表 5-6　装配工艺过程卡

		装配工艺过程卡片	产品型号		零（部）件图号		
			产品名称	减速器	零（部）件名称	共（　）页	第（　）页
	工序号	工序名称	工序内容	装配部门	设备及工艺装备	辅助材料	工时定额 min
	1	钳	主动轴组件的装配：1- 小齿轮、2- 定距环、3- 两端轴承	钳工车间	钳工台，游标卡尺，钢尺，皮锤，螺旋测微仪，塞尺，扳手	润滑油，黄甘油，毛毡	
	2	钳	从动轴组件的装配：1- 大齿轮、2- 大定距环境、3- 两端轴承	钳工车间	钳工台，游标卡尺，钢尺，皮锤，螺旋测微仪，塞尺，扳手	润滑油，黄甘油，毛毡	
	3	钳	箱体部件的装配：1- 从动轴组件、2- 主动轴组件、3- 螺塞、4- 油尺组件	钳工车间	钳工台，游标卡尺，钢尺，皮锤	润滑油，黄甘油	
	4	钳	总装：1- 箱盖、2- 定位销及螺栓组件、3- 轴承端盖、4- 窥视孔盖及通气器	钳工车间	钳工台，游标卡尺，钢尺，皮锤	润滑油，黄甘油	
	5	检验	运转试验：清理内腔，注入润滑油，连上电动机，接上电源，进行空转试车，运转 30 min 左右后，要求传动系统噪声等符合各项技术要求				
描图							
描校							
底图号							

装订号										设计（日期）	审核（日期）	标准化（日期）	会签（日期）
	标记	处数	更改文件号	签字	日期	标记	处数	更改文件号	签字	日期			

重点难点

学习笔记

通过减速器装配工艺的编制，使学习者了解机械或机器的结构特点及技术要求、装配单元划分、装配顺序安排及装配方法等相关知识，掌握机械装配工艺编制的一般思路，能够编写一般机械的装配工艺。

按照规定的技术要求，将零件、组件和部件进行配合和连接，使之成为半成品或成品的工艺过程称为装配；把零件、组件装配成部件的过程称为部件装配；而将零件、组件和部件装配成最终产品的过程称为总装配。装配不仅对保证机器质量十分重要，还是机器生产的最终检验环节。

装配工艺过程是指按照规定的程序和技术要求，将零件进行配合和连接，使之成为机器或部件的工艺过程，包括清洗、连接、调整、检验与试验等。装配顺序一般是“先难后易、先内后外、先下后上，预处理工序在前”。装配工序的划分主要是为了确定工序集中与工序分散的程度。

生产类型不同，装配工作在组织形式、装配方法和工艺装备等方面有很大区别。零件的精度是保证装配精度的基础。装配精度不但取决于零件的精度，还取决于装配方法。

装配尺寸链是产品或部件在装配过程中，由相关零件的有关尺寸（表面或轴线间距离）或相互位置关系（平行度、垂直度或同轴度等）所组成的尺寸链。

装配方法对部件的装配生产率和经济性有很大影响。为达到装配精度，应合理选择装配方法，常用的装配方法有互换法、选配法、修配法、调整法等。

难点点拨：

（1）装配尺寸链的计算及应用。

（2）装配方法及其选择。

任务实施

- **任务实施提示**

（1）机械装配工艺的编制涉及知识点较多，教材仅仅给出了部分关键知识点和知识脉络，任务实施时需要查阅大量相关文献，在保证形成知识框架的前提下，拓展自己的知识，特别是装配方法的相关知识。

（2）拓展资源提供了任务实施所有步骤的参考方案，建议学习者完成任务后，对照参考方案，深入分析自己制定的工艺或方案与其有何不同，以加深知识的理解，提高解决实际问题的能力。

- **任务部署**

学习教材相关知识，按照任务单 5.1 的要求完成学习工作任务。

学习笔记

任务单 5.1　减速器装配工艺编制

<table>
<tr><td>任务名称</td><td>减速器装配工艺编制</td><td>任务编号</td><td>5.1</td></tr>
<tr><td>任务说明</td><td colspan="3">一、任务要求
通过减速器装配工艺的编制，系统学习机械或机器的结构特点及技术要求、装配单元的划分、装配顺序的安排及装配方法等相关知识，掌握机械装配工艺编制的一般思路，能够编写一般机械的装配工艺。
二、任务实施所需知识
机械或机器的结构特点及技术要求、装配单元的划分、装配顺序的安排及装配方法等</td></tr>
<tr><td>任务内容</td><td colspan="3">分析该减速器，确定生产类型，选择正确的装配方法，确定装配顺序，正确划分装配工序，并填写工艺文件</td></tr>
<tr><td rowspan="4">任务实施</td><td colspan="3">一、装配工艺认知</td></tr>
<tr><td colspan="3">学习装配工艺基本知识，手工绘制装配工艺过程卡、装配工序卡，并对比分析装配工艺过程卡与机械加工工艺过程卡（见表 1–4），以及装配工序卡与机械加工工序卡（见表 1–6）之间有何异同</td></tr>
<tr><td colspan="3">二、生产类型的确定及结构技术要求分析</td></tr>
<tr><td colspan="3">确定生产类型，查询表 5–3，分析该减速器的装配工艺特征及其结构与技术要求</td></tr>
</table>

续表

任务名称	减速器装配工艺编制	任务编号	5.1
任务实施	三、装配方法的选择与装配顺序的安排		
	划分减速器装配单元，确定装配方法，并安排好装配顺序		
	四、划分装配工序		
	根据本步骤所学知识，划分该减速器的装配工序		
	五、工艺文件的填写 填写表 5-7 所示机械加工工序卡，分析查找自己制定的装配工艺与其他同学是否相同，若不相同，分析其有何不同		

学习笔记

表 5-7　装配工艺过程卡

	装配工艺过程卡片		产品型号		零（部）件图号		
			产品名称		零（部）件名称		共（　）页 第（　）页
	工序号	工序名称	工序内容	装配部门	设备及工艺装备	辅助材料	工时定额 分钟
描图							
描校							
底图号							

											设计（日期）	审核（日期）	标准化（日期）	会签（日期）
装订号														
	标记	处数	更改文件号	签字	日期	标记	处数	更改文件号	签字	日期				

- **任务考核**

任务二　考核表

任务名称：减速器装配工艺编制　　专业＿＿＿＿＿　　＿＿＿级＿＿＿班

第＿＿＿＿＿小组　　姓名＿＿＿＿＿＿　　学号＿＿＿＿＿＿＿＿

考核项目		分值 / 分	自评	备注
信息收集	信息收集方法	5		能够从教材、网站等多种途径获取知识，并能基本掌握关键词学习法
	信息收集情况	15		基本掌握教材任务五的相关知识
	团队合作	15		团队合作能力强
任务实施	装配工艺认知	10		每个步骤的任务完成思路正确给分 70%，即解决某问题时，能兼顾该问题所有需要考虑的方面，缺少一方面扣 20%，扣完为止；任务方案或答案正确给分 30%，答案模糊或不正确酌情扣分
	生产类型的确定及其结构和技术要求分析	10		
	装配方法的选择与装配顺序的安排	20		
	划分装配工序	15		
	工艺文件的填写	10		字迹端正，表达清楚，数据准确
小计		100		

其他考核			
考核人员	分值 / 分	评分	
（指导）教师评价	100		根据学生情况教师给予评价，建议教师主要通过肯定成绩引导学生，少提缺点，对于存在的主要问题可通过单独面谈反馈给学生
小组互评	100		主要从知识掌握、小组活动参与度及见习记录遵守等方面给予中肯考核
总评	100		总评成绩 = 自评成绩 ×40%+（指导）教师评价 ×35%+ 小组评价 ×25%

巩固与拓展

一、拓展任务

（1）选择校内实训基地或见习企业的机械产品，结合本课程所学知识制定该机械

产品的装配工艺。

（2）利用本课程所学知识，分析见习企业的机械工艺有哪些不足，并提出修改意见。

二、拓展知识

装配安全操作规程

（1）待装的零、部件，必须有质量检验部门的合格证或标记，否则不准进行装配。

①待装的外协加工零、部件，必须有本厂质量检验部门复检合格的证明或标记才可进行装配。

②待装的外购零件，必须有供给厂的出厂产品合格证明。凡经本厂拆装试验过的部件，必须有本厂质量检验部门复检的合格证明才可进入装配。

（2）装配前对零、部件的主要配合尺寸，特别是过盈配合件的轴台尺寸、内孔倒角及配合尺寸必须复检，确认符合图样要求后才可进行装配。

（3）装配前必须将零件的飞边、毛刺、切屑、油污、锈斑及其他残留不洁物去除，清洗干净，并用干燥压缩空气吹净并擦干，特别是对零件上的孔道要切实达到清洁畅通。

（4）减速器的润滑管路及其配置的弯曲成形管路，应经酸洗、中和、清洗、干燥清洁后才可进行装配。

（5）装配前必须对零件的锐边、棱角进行倒钝，图样中未规定倒角处，均按 $C1$ 要求倒钝。

（6）零件装配前，必须将加工过程中使用的焊块、焊点、铸棒及加工中凸台残留部分清除掉，并铲磨平齐。

（7）装配时各种油槽的边缘应修整成光滑的圆角，铲剔成的油槽应通过油孔中心。

（8）装配过程中加工的光孔或螺纹孔应符合图纸的要求，并经过检查员检查。

（9）装螺纹孔攻丝要求：螺纹中心线与加工件表面的垂直度误差不得大于100 mm：0.20 mm，螺纹齿面不得压扁、乱扣，不得有断裂、伤痕等缺陷存在。

（10）在装配过程中，凡自制件，如纸垫、塑料垫、橡胶垫、石棉橡胶板垫、毛毡垫及薄钢垫、薄铜垫等均应按图样制作。

（11）密封件的装配。

①各种密封毡圈、毡垫、石棉绳、皮碗等密封件在装配前必须浸透油；钢纸垫用热水泡软；紫铜垫做退火处理，加热温度为 600～650℃，并在水中冷却。

②对螺纹连接处的密封，采用聚四氟乙烯生料带作填料时，其缠绕层数不得多于两层；对于平面用各种密封胶作密封，其零件接合面间隙不得大于 0.2 mm，涂胶层不宜太厚，应均匀且薄为好。

③装配后，密封处不得有渗漏现象。

（12）弹簧在装配时，不得拉长或切短。

（13）装配时管子弯曲的规定。

①图样中未规定管子的弯曲半径时，最小弯曲半径应大于或等于所弯管公称直径的两倍。

②钢管直径小于 ϕ20 mm、弯曲半径大于 R50 mm 者允许不灌细砂进行冷弯钢管；直径在 ϕ20 ~ ϕ30 mm、弯曲半径在 R50 ~ R200 mm 者，无论是冷弯还是热弯均应灌满干燥细砂进行弯管。灌砂要充实，管子端加木塞。热弯时木塞须留排气口，管子加热温度不得超过 900℃，管子弯成后不可急速冷却。

③紫铜管冷弯前必须先进行退火。退火时加热至 600 ~ 650℃并在常温水中冷却。弯曲较粗的铜管，管内填充松香为好。

④塑料硬管的弯曲，只能用 80 ~ 100℃的水加热，软化后进行弯曲，然后浸入冷水中定型。弯曲较粗的塑料管，管内用水或木屑填充，管口加木塞。

⑤所有弯曲的管子表面应光整，不得有皱纹、挤扁和裂口等缺陷存在。

（14）装配打印标记的规定如下。

①产品在装配过程中如不允许用户在安装时互换零件、变更零件装配位置，而且这些零、部件装配后又需要拆开包装时，必须打上能够容易识别原装配关系的钢印，或粘牢可防止涂抹的标签。

②装配中已配好的管路需拆开包装者，在连接处必须作易识别的标记或捆扎标签。

③同一打印组的标号必须一致，同一台产品中不同打印组的编号不得重复。

④打印的字迹必须清晰、整齐。

⑤打印位置应靠近相关件连接的非滑动面上。毛坯面打印，应在打印处磨出平面；在大件上打印，应用红色油漆圈上方框。各打印处不准涂漆或打腻子，但必须涂防锈油。

三、巩固自测

1. 填空题

（1）在大批大量生产中，对于组成环数少而装配精度特别高的部件，常采用________装配法。

（2）保证装配精度的方法归纳起来有________法、________法、________法和调节法。

（3）选配法分为________选配法、________选配法和________选配法。

（4）生产中通过修配来达到装配精度的方法有很多，常见的有三种：________修配法、________修配法、________修配法。

（5）调节法分为________调节法、________调节法和________调节法三类。

2. 判断题

（1）机械产品的装配精度对产品的质量和经济性能有很大影响，所以必须合理规定装配精度。（　　）

学习笔记

学习笔记

（2）若装配精度要求较高，且组成环的数目较多，则应采用完全互换法。（　　）

（3）大批大量进行装配时，应以修配法和调节法为主。（　　）

（4）机器的装配能否达到预期的精度和生产率，除与零件的加工质量有关外，还与机器结构的装配工艺性有密切的关系。（　　）

（5）只要零件的精度合格，就一定能装配出合格的机器产品。（　　）

3. 问答题

（1）什么是合件、组件、部件、机器？它们之间有什么异同点？

（2）装配工作的基本内容有哪些？什么情况需要进行动平衡或静平衡？

（3）制定装配工艺规程的基本原则是什么？

（4）制定装配工艺的步骤有哪些？

（5）装配工序设计的主要内容有哪些？

（6）不同生产类型的装配工艺有什么特点？

（7）机械的装配精度主要包括哪些？

（8）零件精度与装配精度有什么关系？

（9）保证装配精度的工艺方法有哪些？

（10）查找装配尺寸链应注意哪些问题？

（11）划分装配工序的原则有哪些？

（12）划分装配工序的步骤是什么？